“十三五”国家重点出版物出版规划项目

光电技术及其军事应用丛书

军用光电系统及其应用

Military Opto-Electronic System with Applications

黄勤超 王峰 王硕 李雷◇著

国防工业出版社
·北京·

内容简介

本书在作者多年科研实践的基础上，梳理总结了军用光电系统的基本概念、分类组成、工作原理、特点作用及发展趋势，着重阐述了激光主动透窗探测系统、轻便式野战光电对抗系统、便携式区域激光主动拒止系统、激光告警干扰一体化系统、宽变频激光干扰系统与激光驾束制导对抗半实物仿真测试系统。分别介绍各系统的结构组成、主要指标、工作过程、关键技术、性能测试及系统应用。

本书可供军用光电系统相关领域的学生、研究人员和工程技术人员学习和参考。

图书在版编目（CIP）数据

军用光电系统及其应用/黄勤超等著．—北京：国防工业出版社，2021.6

（光电技术及其军事应用丛书）

ISBN 978－7－118－12399－9

Ⅰ.①军…　Ⅱ.①黄…　Ⅲ.①光电子技术—研究　Ⅳ.①TN2

中国版本图书馆 CIP 数据核字（2021）第 126128 号

※

国防工業出版社 出版发行

（北京市海淀区紫竹院南路 23 号　邮政编码 100048）

雅迪云印（天津）科技有限公司印刷

新华书店经售

*

开本 710×1000　1/16　**印张** 14¼　**字数** 272 千字

2021 年 6 月第 1 版第 1 次印刷　**印数** 1—2000 册　**定价** 116.00 元

国防书店：（010）88540777　书店传真：（010）88540776

发行业务：（010）88540717　发行传真：（010）88540762

光电技术及其军事应用丛书
编委会

序

新时代陆军正从区域防卫型向全域作战型转型发展，加速形成适应“机动作战、立体攻防”战略要求的作战能力，对体系对抗日益复杂下的部队防御能力建设提出了更高的要求。陆军炮兵防空兵学院长期从事目标防御的理论、技术与装备研究，取得了丰硕的成果。为进一步推动目标防御研究发展，现对前期研究成果进行归纳总结，形成了本套丛书。

丛书以目标防御研究为主线，以光电技术及应用为支点，由7分册构成，各分册的设置和内容如下：

《光电制导技术》介绍了精确制导原理和主要技术。精确制导武器作为目标防御的主要对象，了解其制导原理是实现有效干扰对抗的关键，也是防御技术研究与验证的必要条件。

《稀疏和低秩表示目标检测与跟踪及其军事应用》《光电图像处理技术及其应用》是防御系统目标侦察预警方面研究成果的总结。防御作战要具备全空域警戒能力，尽早发现和确定威胁目标可有效提高防御作战效能。

《偏振光成像探测技术及军事应用》针对不良天候、伪装隐身干扰等特殊环境下的目标探测难题，开展偏振光成像机理与探测技术研究，将偏振信息用于目标检测与跟踪，可有效提升复杂战场环境下防御系统侦察预警能力。

《光电防御系统与技术》系统介绍了目标防御的理论体系、技术体系和装备体系，是对目标防御技术的概括总结。

《末端综合光电防御技术与应用》《军用光电系统及其应用》研究了特定应用场景下的防御装备发展问题，给出了作战需求分析、方案论证、关键技术解决途径、系统研制及试验验证的装备研发流程。

丛书聚焦目标防御问题，立足光电技术领域，分别介绍了威胁对象分析、目标探测跟踪、防御理论、防御技术、防御装备等内容，各分册虽独立成书，但也有密切的关联。期望本套丛书能帮助读者加深对目标防御技术的了解，促进我国光电防御事业向更高的目标迈进。

2020年10月

前言

习主席指出陆军要朝着机动作战、立体攻防的战略要求，实现区域防卫型向全域作战型转变。信息化作战力量建设是实现这一转变的有力抓手，军用光电系统正是其重要组成部分。当前，军用光电系统已在侦察预警、精确打击、智能作战等行动中得到广泛应用，是陆军实现特战、精战、夜战、智战能力生成的重要支撑。

光电技术每次的革新进步，均推动了军用光电装备的发展变化，促进了作战理论和战法的创新，影响甚至改变了作战模式或战争形态。随着陆军火力打击精确化、作战单元无人化的规划进程持续推进，军用光电系统的重要性将更加凸显，因此，开展军用光电系统及其应用等相关问题研究则有很强的现实意义，也是实现陆军新型作战力量生成的必然要求。作者团队长期从事军用光电系统理论与技术研究，针对典型陆战场任务需求开展了系统设计、技术攻关、试验研究、应用分析等方面的工作，研制了多种类型的军用光电系统。

本书是对作者团队研究成果的系统分析与整理，首先对军用光电系统的概念、分类组成、工作原理、特点作用及发展趋势进行重新梳理归类，然后重点阐述了激光主动透窗探测系统、轻便式野战光电对抗系统、便携式区域激光主动拒止系统、激光告警干扰一体化系统、宽变频激光干扰系统与激光驾束制导对抗半实物仿真测试系统，分别对各系统的结构组成、主要指标、工作过程、关键技术、性能测试及系统应用进行介绍。本书力求各系统章节结构完整、内容充实、逻辑清晰、应用性强，能对军用光电系统的应用及相关领域的研究人员有所启发。

本书由黄勤超、王峰、王硕、李雷撰写，谷康、王晨辰、吴令夏、褚凯、杨钒、王勇、吴云智、张良、祖鸿宇、朱虹、贾镕、徐瑶等同志也参与了资料整理工作。对姚翎、李小明、郑云飞、孙建国、张志正、张永峰等相关课题研究人员为本书做出的贡献表示感谢！本书参考和引用了一些文献的观点和素材，在此向这些文献的作者表示衷心的感谢。

国防工业出版社对本书的撰写和出版给予了热情的支持，对此表示诚挚的感谢。由于作者水平和视野有限，对前沿新技术跟踪有所滞后，书中不当之处在所难免，敬请同行和读者批评指正。

作者

2021 年 1 月

目 录

第1章 概述

第2章 激光主动透窗探测系统

第 3 章　轻便式野战光电对抗系统

第 4 章　便携式区域激光主动拒止系统

第5章 激光告警干扰一体化系统

第6章 宽变频激光干扰系统

第7章 激光驾束制导对抗半实物仿真测试系统

第1章 概述

全球范围内兴起的新军事变革逐渐将变革核心转向信息技术，作为军用信息设备的新秀，军用光电系统逐渐发展为不可缺少的高技术装备，目前已与雷达电子、水声系统等共处于应用前列[1]，成为当今世界高技术军事装备发展的重点之一。从 20 世纪的海湾风云至 21 世纪初的伊拉克战争、阿富汗战争乃至利比亚战争，军用光电系统在现代军事上的应用无处不在，展现出了光电装备在高科技战争中的重要地位。

1.1 军用光电系统的基本概念

军用光电系统主要是以光电子技术为核心，利用光频辐射所固有的信息和能量载体，集成多种传感器，依托于计算机、自动控制、光学工程、信息处理等专业技术，通过控制光频辐射的产生、传输、处理和使用来实现一定功能的系统的总称[1]。

简单来看，光电子技术就是一种利用不同光频波段的电子技术，也可以说是电子技术在光频波段的延伸和拓展。光电子技术可运用于多个领域，比如红外、可见光、紫外、激光、光纤、光存储、光电子集成等技术领域，涉及信息获取、传输、处理、存储等诸多环节。

光电子学是以光学和电子学为基础，研究光的产生、控制、传输、探测、显示的学科。在实际应用中，光子学和光电子学通常需要交叉配合使用。光子学是指产生或利用以量子单元为光子的光和其他形式的辐射能的技术。其

中包括光学器件对光的发射、传输、放大、探测和信息处理。

因此，我们要注意区分“光电子”和“光电”，它们看似相似却不属于同一概念，“光电”主要研究光学与电学之间关系。与“光电子”和“光子”之间可交替使用的特性相比，“光电子”和“光电”之间则不具有可交替使用的性质。

1.2 军用光电系统的分类

军用光电系统作为武器装备，其技术发源于20世纪50年代，成长于70年代，发展于90年代，已逐步发展成完整的装备体系，其应用涵盖信息的感知、显示、存储、处理以及对抗等各个领域[1]。

军用光电系统按不同的承载平台可分为星载光电系统、机载光电侦察系统、舰载光电系统[2]、岸基光电系统[3]、单兵光电系统和车载光电系统等。

军用光电系统按不同的应用领域区分，可分为以下几类：

1. 光电侦察[2]

光电侦察是通过红外、可见光、紫外或激光等光谱的成像系统，对外界环境进行成像，再将图像用显示或存储装置进行处理，分别实现实时显示或事后图片的调用，以实现对外界环境的监测，从而做出合适的应对措施。

2. 光电制导[2]

光电制导是利用光电子技术的高精度、高准确率特性对来袭目标进行探测、追踪，并引导武器打击目标，其功能与光电火控类似，能对目标参数进行高精度检测、跟踪。

3. 光电告警[2]

光电告警系统对实时性要求极高，主要是通过对来袭目标实时监测，并在可能出现危险时发出警报的装备系统。告警按其精度或置信度可分为两类：一类是对来袭目标只能示以大致的方位且虚警率较高；另一类则具备多目标预警能力，以及对目标运动参数的精确解算能力和对威胁程度的判断能力。

4. 光电对抗[1]

光电对抗是指在红外、可见光、紫外等光谱波段上，双方通过干扰、隐身、预警、侦察、防护、反摧毁、压制、摧毁等多种手段，在保证己方光电设备正常运行且能获取对方信息的同时，致使对方光电设备系统失灵，起到提高己方武器系统的打击威力的作用。光电对抗根据其有源特性可分为有源对抗系统和无源对抗系统，有源对抗是指自身主动发射电磁波或射线，对对方的设备进行干扰；无源对抗是指利用某些介质对对方信号进行衰减和吸收从而达到干扰作用。

5. 光电火控[3]

光电火控是指对来袭目标进行高精度测量的光电跟踪系统。能够实现对目标的高低、方位、距离的实时探测，并能进行高精度火控解算。

6. 光电通信[2]

光电通信是指利用光学器件作为信息传输的载体，把待传输的信息加载到光源上来控制光源的开关频率或闪烁频率，从而实现信息的传输。

7. 光电导航[1]

光电导航是指通过探测天体的电磁辐射来实现对载体定位的设备和系统，如天文导航、射电导航系统等。

1.3 军用光电系统的一般组成和工作原理

军用光电系统是指通过接收来自目标反射或自身辐射的光，利用转换、接收、处理、控制等方式，获取信息并进行相应处理的光电装置[4]。

军用光电系统基本功能就是将接收到的光信号转换为电信号，并对采集的信号采取一定的处理，从而获得外界目标的温度、距离、辐射度量等信息，甚至可以通过光电系统实现运动物体速度测量、目标物的三维坐标标定以及形变量的探测等功能。通过所测得的信息进行相应处理和控制，可以搭建成像、搜索、跟踪、测距、制导等多种军用光电系统。

军用光电系统的基本组成如图 1-1 所示。

光学系统接收到目标辐射（包括目标漫反射、自身辐射等）的光，通过光学系统将其聚集到探测器前的物镜上，用于接收光信号[4]。

通常情况下，光学系统结构主要包含光学物镜、斩波器或调制器、光机扫描器、标定参考源、光学滤波器和聚光镜等。其中光学物镜主要用于收集待测目标的光辐射，将光聚集到探测器中；斩波器或调制器主要用于对连续光辐射进行调制从而使其呈现一定的规律性；光机扫描器的作用是使目标图像能够被探测器规律连续而完整地分解；标定参考源用于将待测目标进行定标；光学滤波器用于在待测目标的光信号中筛选出需要的光谱波段，通常需要与特定光谱特性的探测器配合使用[5]。

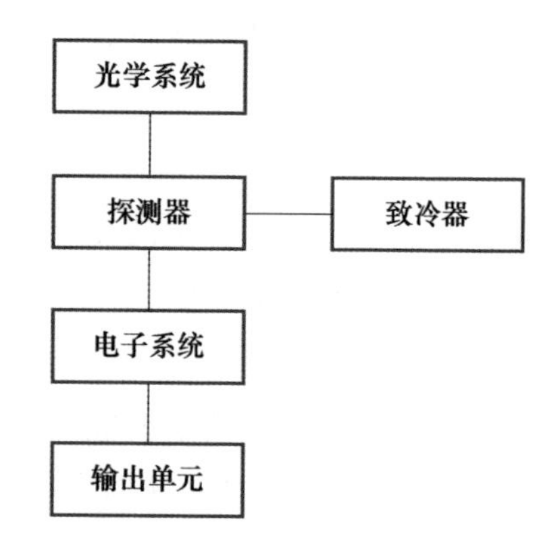

图 1-1　军用光电系统的基本组成

如图 1-2 所示为红外十字形多元跟踪器光学系统。

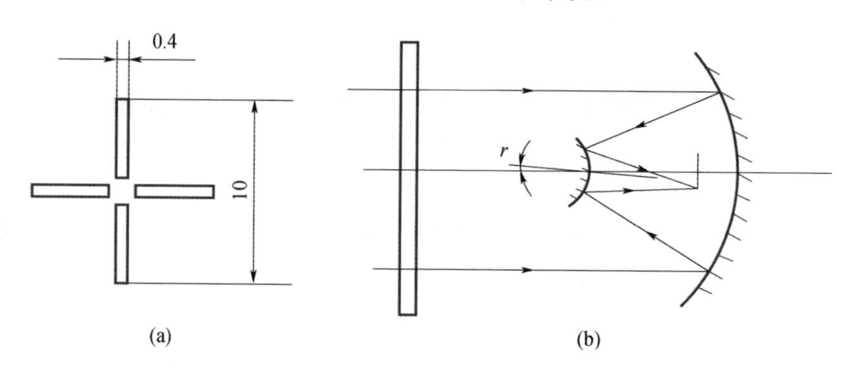

图 1-2　红外十字形多元跟踪器光学系统

图 1-2（a）为十字形多元探测器的形状及尺寸，元件采用锑化铟器件，其工作波段为 3～5μm，中心波长为 4μm。图 1-2（b）为偏轴双反射镜系统，在它前面安置一平行平板红外玻璃作为窗口，起保护作用。

通常情况下系统所能接收到的是相当微弱的和恒定的光辐射，直接经探测器进行光电转换，再经直流放大形成系统的探测信号。由于直流放大器的零点漂移等影响，这种处理方法对远距离探测很不理想。因此希望在探测器上接收交变的目标光辐射，转变为交流信号，进行交流放大，这样的处理方法精度高，且比较方便。为此，在系统中加入切割光辐射的部件，通常称为斩波器，具有提供目标位置信息和抑制强背景光辐射能力的斩波器称为调制盘。

经过调制盘调制后的包含目标位置等信息的交变光辐射通过探测器转换成电信号，供光电系统进一步处理、控制、输出[6]。探测器按其工作原理来区分，可分为光电探测器和热电探测器。光电探测器是基于光辐射的光子与物质中光电直接作用而使物质电学特性发生变化的光电效应，其具有灵敏度高、反应时间快等特性。此外，由于材料的电学特性变化需要达到一定阈值条件，并且光子的能量与光辐射的波长有关，所以光电效应的光谱特性对光谱有一定的选择性，且存在红限。热电探测器则是基于热电效应原理，物质由于吸收了光辐射的能量使得自身温度升高，从而导致其电学特性发生变化。如热敏电阻、热电偶和热电堆、热释电探测器等。由于这类探测器需要一定升温时间，因此与光电效应相比，其反应速度较慢，灵敏度较低，但由于有吸能升温过程的存在，使该类探测器只要能够吸收足够的光辐射，则其光谱特性将无选择性[7]。

军用光电系统具有多样性，主要包括以下部分：

(1) 通过设置适当的偏置电路，使探测器工作在所要求的合理的工作点上。例如光敏电阻的偏置电路根据工作要求不同可以有恒流偏置、恒压偏置及最大输出功率偏置电路。

(2) 采用前置放大器对采集到的信号放大，从而使偏置电路获得的信号电平得到提高。这种放大器根据工作要求，偏置电路间可通过功率匹配和最佳信噪比匹配两种方式。军用光电系统中因信号通常很弱，一般采用最佳信噪比匹配。

(3) 放大后的信号按照不同系统功能要求采用完全不同的信号处理电路，主要有各种类型的放大器、带宽限制电路、检波电路、整形电路、钳位电路、直流电平恢复电路、有用信息提取电路等[4]。

光电系统检测到的目标信号的最终表现或应用形式则是通过输出或控制单元呈现。有一些系统只需要对采集到的信号进行显示和记录，那么只需在输出单元设置显示装置，如显示屏显示、数字显示或指针式显示，以供人眼判读；另一些系统则需要通过获得的数据，对下一系统进行相应的控制，那么需要在该系统的输出单元设置通过 A/D 变换、计算机处理、D/A 变换，以及其他的专用控制部件，实现对下一系统控制[5,7]。

1.4 军用光电系统的特点和作用

军用光电系统由于工作波长短这一特征，具有以下特点[1]：

（1）分辨精度高；

（2）信号带宽宽，信息容量大；

（3）工作频率高且被动工作，具有强抗干扰性和隐蔽性[8]；

（4）受大气吸收和散射作用的影响，导致作用距离小[3]；

（5）体积小，质量轻，反应快。

军用光电系统以其信息容量大、精度高、反应快等优势逐渐成为现代战争中的主力，是信息技术的重要支柱，在实际军事应用上，军用光电系统的应用给各方带来便捷，让使用者更快、更准地做出反应。

军用光电系统的作用是由信息化战争的特点所决定的。现代高科技局部战争的基本特点表现在以下两个方面：

（1）对敌方信息的获取是双方能够抗衡的首要因素。信息的掌控程度直接影响战争的成功与否。而信息获取的手段已慢慢趋于多元化、复杂化，目前已集陆、海、空、天、电五位一体，远、中、近、末端共存。在现代高科技战争中，从战争准备到结束全过程中，交战双方无时无刻不在进行信息获取方面的争夺。交战双方既要使用电磁能量探测对方信息，又要利用、削弱或阻止另一方使用电磁频谱，防止自身信息被窃取，这就是现代电子信息战[1,3]。

（2）利用探测到的对方信息，对敌方目标进行高精度、高灵敏度的远程精准打击。以上两方面结合，就能够更好地压制敌方，防止自身处于战争被动方。

军用光电系统已逐渐成为现代战争中最重要的信息感知手段，虽然其面临目标隐身、电子对抗、反辐射攻击和超低空等难题，通过不同平台的军用光电系统，可以有效避免雷达探测系统的不足。此外，军用光电系统还具备多形式集成化，可装载在各类武器系统中。装载了光电系统的装备不仅可以获取对方信息，还可以防止敌方的电磁干扰，大大提升自身作战能力[1,3]。

光电火控和光电制导系统随着光电技术的不断发展逐渐成为近程防御和精确打击最有效的方法[2]。光电火控系统的打击精度远高于雷达火控，并且隐蔽性好、探测精度高、抗干扰能力强，是现代军用武器装备的效能倍增器[9]。

光电对抗系统是指通过光电技术，对敌方信息进行探测、干扰、获取等处理，从而取得战争主导权，是电子对抗领域的重要组成部分。

光电导航系统是高强度电子战条件下隐蔽性与可靠性最好、精度最高的自主导航手段，可为综合电子信息系统提供精确的空间和时间坐标，是最重要的信息保障装备之一。光电导航已在核潜艇、航空母舰、中远程轰炸机、洲际弹道导弹等武器平台上得到广泛的应用。

光电通信系统是电子战环境下，进行通信的重要手段，其具有通信容量大、抗电磁干扰能力强、保密性好等特点[3]。目前光纤通信是光电通信系统的发展重点，并逐步应用到平台单兵前沿。

军用光电系统是新军事变革的标志性装备之一。光电系统的发展将现代战争逐渐演变成敌我双方的信息战，同时也大大提升了军用装备的信息获取与防御能力，其发展也在不断促进新军事变革的发展[1]。

1.5 军用光电系统的发展历程和发展趋势

军用光电系统经历了从作为武器系统的辅助装置[10]，逐步走向构成武器系统本身的发展过程。可以从第二次世界大战以来出现的不同类型军用光电装备，以及对战争态势的影响，看出这一发展过程。第二次世界大战期间出现的主要军用光电设备有望远镜、潜望镜、主动红外夜视仪、探照灯等。

20 世纪 50 年代由于光电子技术的发展，红外夜视仪、激光测距机、微光夜视仪等逐渐应用于军用装备；到 70 年代，逐渐出现了将激光技术与电子技术相结合的红外热成像仪、激光红外雷达、光电制导武器、军事侦察卫星和激光通信器材等装备；到 90 年代末，在空间高分辨率光学侦察、导弹红外预警、远程光电精密探测/跟踪/瞄准系统、战术激光武器、反卫星战略激光武器技术与装备等方面更是取得了举世瞩目的进展；21 世纪初期，随着新体制、新波长激光技术，以及大功率激光武器技术的逐步成熟，不仅战略激光武器与战术激光武器即将走向实战，而且激光技术还将催生更多新型空间进攻型武器面世。

由此可见，军用光电装备正在逐步由以前的面窄、单一、少量和仅作为武器系统的配套设备，逐步向面宽、多样、大量和构成武器系统本身的方向发展。其发展趋势可分为如下几个方面：

（1）提升功能和波段范围。军用光电系统装备体制上，从可见光、红外向X射线、γ射线、紫外和超远红外波段发展，从单一功能向多功能综合体发展[10]。

（2）实现功能模块化。为满足日益增长的对军用光电系统的作战需求，根据不同平台、不同目的，军用光电系统装备向系列化、模块化的方向发展[1]。

（3）减小系统体积，实现集成化、微型化[2]。

（4）提高装备多层次化、决策控制中心网络化[2]。

（5）性能指标完成突破，随着计算机、自动控制等技术的发展，军用光电装备在工作距离、检测精度等关键技术指标上逐步提升。

（6）与时俱进，不断结合新材料、新器件[10]。

（7）与武器系统和信息系统结合，将光波的能量属性用于武器系统，实现信息装备武器化，同时将光波作为信息传递的载体，运用在武器系统中，从而实现武器系统信息化，使武器与信息逐步融合[11]。

参考文献

[1] 陈福胜．军用光电系统技术发展的战略思考［J］．舰船科学技术，2005（04）：7-10.

[2] 李成，何铮进．光电系统作为武器装备的应用及发展趋势［J］．火力与指挥控制，2009（S1）：6-8.

[3] 陈福胜．概念、趋势与对策——军用光电系统技术发展的战略思考［J］．光电与光电技术，2005，3（1）：1-4.

[4] 李波．CCD技术在四维坐标测量系统的应用研究［D］．吉林：吉林大学，2007.

[5] 孙宁．应用CCD技术的相对位置非接触测量系统研究［D］．长春：长春光学精密机械与物理研究所，2003.

[6] 黄志立，李波，李奇．现代光电瞄准系统［J］．光机电信息，2011（03）：63-69.

[7] 林为才．CMOS图像传感器在变形测角仪中的应用研究［D］．长春：长春光学精密机械与物理研究所，2003.

[8] 刘瑾．无人机起降光电信号方位角测量系统研究［D］．南京：南京航空航天大学，2010.

[9] 邹勇华. 光电技术与装备发展方向探讨 [J]. 舰船科学技术，2007 (05)：18-23.
[10] 周维虎，韩晓泉，吕大昊，等. 军用光电系统总体技术研究 [J]. 红外与激光工程，2006 (z1)：6-6.
[11] 吕学身. 军用光电子技术发展与市场预测 [J]. 激光与红外，1987 (03)：12-15.

第2章 激光主动透窗探测系统

激光主动成像系统是一种用于对室内外等一些暗环境条件下的重要目标进行成像侦察的便携式仪器设备，同时还具有透窗探测能力，该设备为隐蔽目标侦察提供了一种有效手段。其核心是采用人眼不可见的近红外波段激光光源对暗环境中的重要目标实施连续照射，利用目标反射的红外光实现对目标局部进行清晰成像的侦察系统。

2.1 系统组成及功能

激光主动成像系统包含半导体光纤耦合激光器、多倍激光扩束镜、CCD 探测器、激光带通滤光片、偏振片、图像采集处理和显示单元等组成（图 2-1）。

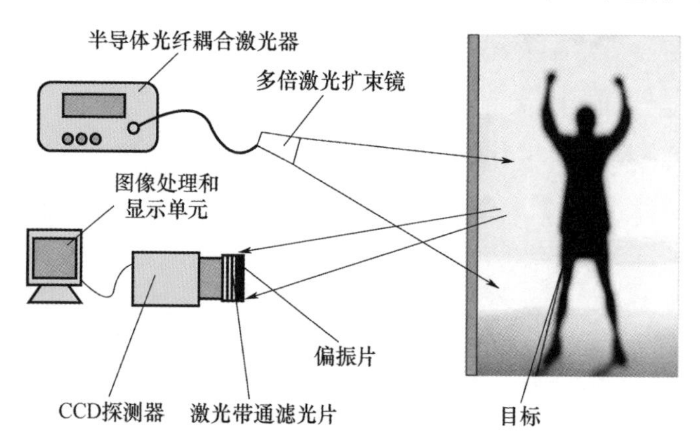

图 2-1　激光主动成像系统组成图

2.1.1 发射子系统

发射子系统由工作在近红外波段的半导体光纤激光器，以及激光扩束镜组成。激光器的选择主要考虑波长和成像器件的匹配效果、激光传输的大气窗口以及小型一体化的设计要求。从人眼安全的角度，波长为 1.54μm 的激光安全性高，且其辐照强度比传统光电阴极灵敏的短波段辐照强度要高很多，处于大气窗口内，但与普通成像器件匹配度较低。工业和军事上常用的 Nd:YAG激光器，经倍频后波长为 0.53μm，易与成像器件匹配，但恶劣天气下的大气传输能力较差。综合以上考虑，选取了中心波长在 0.8～1.0μm 的半导体激光器。这类激光光源单位体积产生的光强大，便于集成，轻巧便携，且波长处于近红外波段，兼顾隐蔽性，能够实现昼夜两用。

2.1.2 探测子系统

探测子系统由 CCD 探测器、滤光片、偏振片及显示设备组成，系统要求成像器件具有较高空间分辨率和量子效率，噪声低，孔径大，有足够的增益动态范围。因此选用在 0.8μm 波长范围仍具有较高量子效率的 CCD 成像器件，配合大孔径变焦扩束镜头，以实现较好的成像效果。CCD 量子效率曲线如图 2-2 所示。

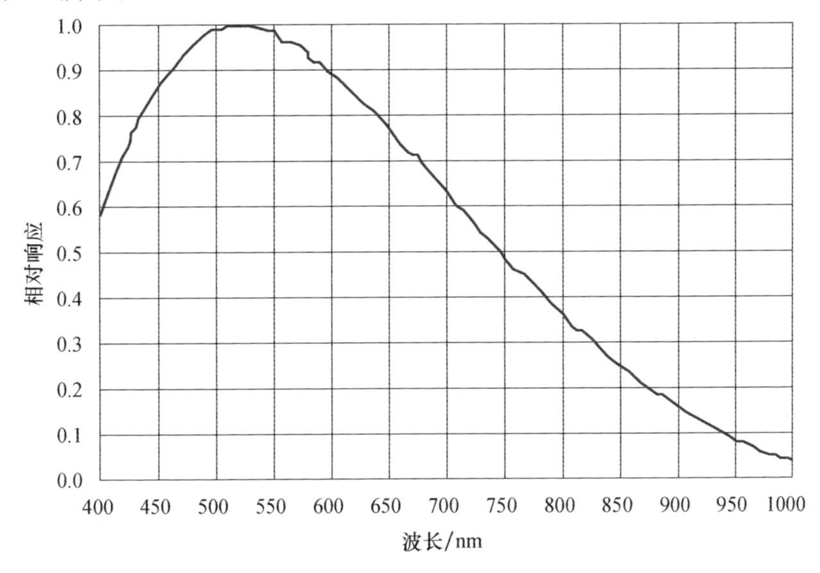

图 2-2　CCD 量子效率曲线

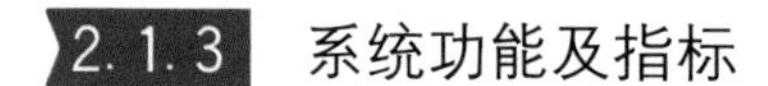

2.1.3 系统功能及指标

2.1.3.1 主要功能

(1) 能够对白天不小于 300m、夜晚不小于 500m 远处的室内、车内目标进行清晰成像；

(2) 能够对雨雾天气不小于 200m 远处的室内、车内目标进行清晰成像；

(3) 具备深色、贴膜玻璃透视功能。

2.1.3.2 主要性能指标

(1) 激光器输出功率：大于 2W 且连续可调；

(2) 出射激光光斑面积：0.2～2m^2 连续可调；

(3) 滤光片通光率：光＞98％@915nm，通过率＜2％@其他光；

(4) 偏振片消光比：大于 10000∶1；

(5) 焦距变化范围：6～60mm 连续可调；

(6) 系统质量：不大于 10kg；

(7) 探测距离：影响探测距离的主要因素包括发射激光峰值功率、发射激光束散角、大气能见度、探测器灵敏度等。只有当信号回波功率不小于主动探测系统成像器件的最小可探测功率，同时满足大于背景回波功率的大小时，目标信号才能被识别，临界值对应的探测距离就是最大探测距离。

在实际成像过程中，限制最大作用距离的两个主要条件如下。

(1) 为了能探测到“猫眼”目标，必须满足目标的回波功率应不小于主动探测系统 CCD 的最小可探测功率。即

$$P \geqslant P_{\min} \tag{2-1}$$

由于 CCD 的灵敏度通常用光照度表示，光能量通常用光通量表示，所以式 (2-1) 可转化为

$$P \geqslant E \cdot A_d / k \tag{2-2}$$

式中：k 为光视效能因子，值为 683lm/W；E 为 CCD 的灵敏度；A_d 为 CCD 的光敏面积；取式 (2-2) 中的等号，可解得一个最大作用距离 R_1。

(2) 为了能区分目标与背景，必须满足在相同距离条件下，“猫眼”目标相对于背景的回波功率对比度应大于 1，即

$$P / P_b > 1 \tag{2-3}$$

假设背景为朗伯反射体，根据背景与激光探测光斑的大小关系，可以将背景分为漫反射小目标和漫反射大目标两种。

对于漫反射小目标而言，其回波功率为

$$P_{b1}=4P_tA_dA_{b1}\tau_t\tau_d\tau^2\rho_1/\pi^2\theta_t^2R^4 \tag{2-4}$$

式中：P_t为发射激光峰值功率；A_d为 CCD 的光敏面积；A_{b1}为漫反射小目标的有效反射面积；τ_t为“猫眼”目标的镜头透过率；τ_d为探测光学镜头的透过率；ρ_1为漫反射小目标的反射率；θ_t为发射激光束散角；R 为激光器与目标之间的距离；τ^2为激光双程水平大气透过率，$\tau^2=\exp\left[-3.912\times(\lambda/0.55)^{-1.3\sim-1.6}\times 2R/V\right]$，$\lambda$ 为波长，V 为大气能见度。故

$$P/P_{b1}=4A_c\tau_c^2\rho_c/A_{b1}\rho_1\theta_e^2 \tag{2-5}$$

式中：τ_c为目标的透过率；ρ_c为等效反射元件的反射率。

由式（2-5）可以看出，两者之比与距离无关。因此，当背景为漫反射小目标时，最大作用距离主要受 CCD 探测灵敏度的影响。

对于漫反射大目标而言，其回波功率为

$$P_{b2}=P_tA_d\tau_t\tau_d\tau^2\rho_2/\pi R^2 \tag{2-6}$$

式中：ρ_2为漫反射大目标的反射率。故

$$P/P_{b2}=16A_c\tau_c^2\rho_c/\pi R^2\rho_2\theta_e^2\theta_t^2 \tag{2-7}$$

令 $P/P_{b2}=1$，可得到另一个最大作用距离 R_2。

根据以上两个限制条件，可以求出两个探测值，因此最大作用距离应为

$$R_{max}=\min（R_1，R_2） \tag{2-8}$$

2.2 系统工作原理及关键技术

2.2.1 系统工作原理

激光主动成像原理与激光雷达十分类似，原理如图 2-3 所示。激光器发射激光照射目标物体，目标反射光和散射光经过大气（或水下）传输进入探测器前端的变焦扩束镜头，随后通过探测器成像后在显示终端上为人们所观察。调节激光器的发散角可以改变照明区域的大小：激光功率一定的情况下，当目标较近时可以使激光发散角大些，扩大成像面积；当目标较远时，可采用较小发散角，保证目标的照度。发散角较小时，只能照亮目标的部分区域，可以通过改变激光器的角度和位置对目标不同部位进行成像，然后对获取图像进行整合，从而实现对整个目标的成像。

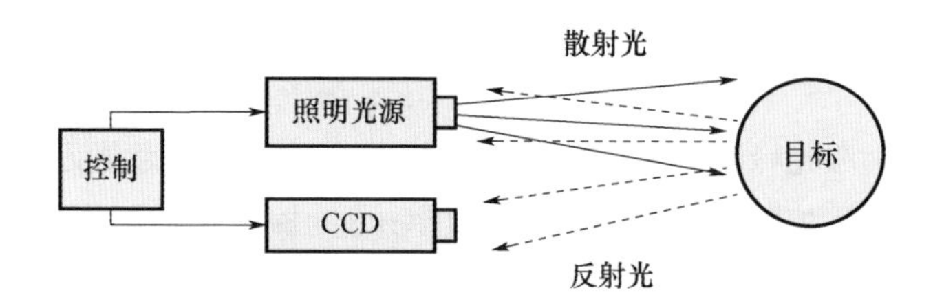

图 2-3　激光主动成像原理示意图

2.2.2 系统关键技术

2.2.2.1 偏振透窗图像信息重构技术

普通相机很难实现透窗成像：一方面是由于窗户玻璃对光线有很强的反射作用，当环境光照射到玻璃表面时，大部分环境光被反射，使得成像系统获得较强的环境光；另一方面，因为玻璃对室内目标光有很强的阻碍衰减作用，使得透过玻璃的光强较弱，从而有效降低了目标区域内的目标图像亮度，造成图像对比度下降。

透窗成像探测示意图如图 2-4 所示。

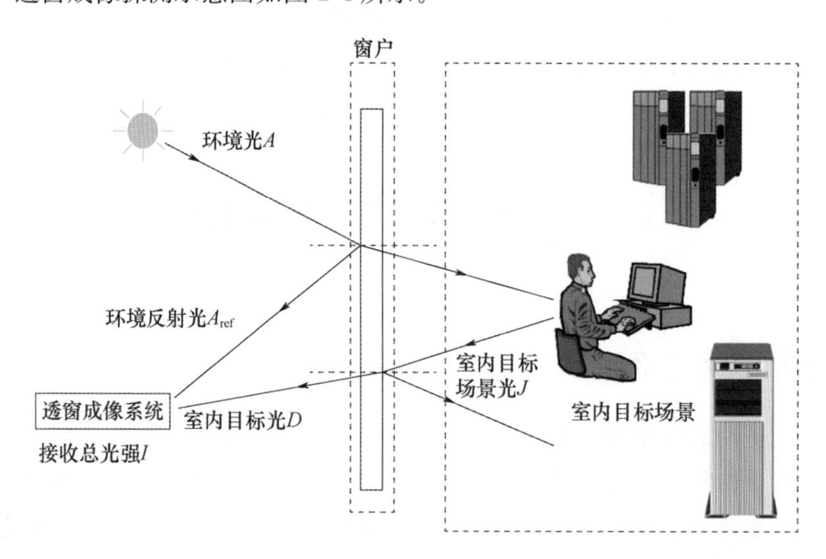

图 2-4　透窗成像探测示意图

虽然成像系统获得的室外环境光强、室内目标光弱，但室内目标光和室外环境光的偏振态信息不同，可利用该差异对两者进行分离，进而提取出室内目标场景。

到达成像系统的总光强可表示为

$$I(x,y)=D(x,y)+A_{ref}(x,y) \tag{2-9}$$

式中：$D(x,y)$ 为室内目标景物光 $J(x,y)$ 透过窗户到达成像系统的目标光，包含了室内目标的有效信息；$A_{ref}(x,y)$ 为太阳光等环境光 $A(x,y)$ 被窗户反射的环境反射光。

窗户的光学特性有反射率、透射率和吸收率，模型中用反射系数 $r(x,y)$ 表示各像素点处窗户对光线的反射特性，传输系数 $t(x,y)$ 表示各像素点处窗户对光线的透射特性，即光线经过窗户系统时受到反射、吸收作用后，出射光强与入射光强的比值。窗户系统的入射、出射光强分别为室内目标景物光 $J(x,y)$、到达成像系统的目标光 $D(x,y)$，窗户系统的光强传输系数可以表示为

$$t(x,y)=D(x,y)/J(x,y) \tag{2-10}$$

偏振透窗探测模型可表示为

$$I(x,y)=J(x,y)\,t(x,y)+A(x,y)\,[1-t(x,y)] \tag{2-11}$$

当光与传输介质中的粒子发生散射或者在物体表面发生反射时，其偏振特性会发生变化，如果在同一时刻任意散射粒子的散射源来自同一个方向，定义光源、散射粒子、观察者这三点确定的平面为一个入射平面[1]，则 $I(x,y)$ 可以分为垂直于入射平面 $I_{\perp}(x,y)$ 和平行于入射平面 $I_{\parallel}(x,y)$ 两部分，总光强可表示为

$$I(x,y)=I_{\perp}(x,y)+I_{\parallel}(x,y) \tag{2-12}$$

联合式（2-10）、式（2-12），可得

$$t(x,y)=D_{\perp}(x,y)+D_{\parallel}(x,y)/J_{\perp}(x,y)+J_{\parallel}(x,y) \tag{2-13}$$

对于总光强为 $I(x,y)$ 的光，采用某一偏振方向的检偏器获得其偏振图像时，该方向下偏振图像等于各偏振分量之和，则到达探测系统的垂直和平行两个偏振方向的偏振图像时，垂直和平行方向下的模型表达式可表示为

$$I_{\perp}(x,y)=D_{\perp}(x,y)+A_{ref,\perp}(x,y)=J_{\perp}(x,y)\,t(x,y)+A_{\perp}(x,y)\,[1-t(x,y)] \tag{2-14}$$

$$I_{\parallel}(x,y)=D_{\parallel}(x,y)+A_{ref,\parallel}(x,y)=J_{\parallel}(x,y)\,t(x,y)+A_{\parallel}(x,y)\,[1-t(x,y)] \tag{2-15}$$

由于窗户各点 $t(x,y)$ 不同，对薄膜系统各点采用光学调制传递函数（MTF）的计算方法，得到能反映各点 $t(x,y)$ 的逐像素点 $p\mathrm{MTF}(x,y)$，即

$$pMTF(x,y)=\frac{M_D(x,y)}{M_J(x,y)}=\frac{D_{max}(x,y)-D_{min}(x,y)}{D_{max}(x,y)+D_{min}(x,y)}\Big/\frac{J_{max}(x,y)-J_{min}(x,y)}{J_{max}(x,y)+J_{min}(x,y)} \tag{2-16}$$

式中：$D_{max}(x,y)$、$D_{min}(x,y)$ 为各像素点 $D(x,y)$ 强度的最大值和最小值；$J_{max}(x,y)$、$J_{min}(x,y)$ 为各像素点 $J(x,y)$ 强度的最大值和最小值。

线偏振光透过检偏器后，透射光强度会随检偏角度的变化出现最大值和最小值，且最大值和最小值处对应的偏振角度相对正交，因此采用相对正交的偏振分量$I_{\perp}(x,y)$ 和$I_{\parallel}(x,y)$ 分别表示透射光强度的最大值$I_{max}(x,y)$和最小值$I_{min}(x,y)$，则

$$pMTF(x,y)=\frac{D_{\perp}(x,y)-D_{\parallel}(x,y)}{D_{\perp}(x,y)+D_{\parallel}(x,y)}\Big/\frac{J_{\perp}(x,y)-J_{\parallel}(x,y)}{J_{\perp}(x,y)+J_{\parallel}(x,y)} \tag{2-17}$$

联合式（2-13）、式（2-17），可得

$$t(x,y)=D_{\perp}(x,y)-D_{\parallel}(x,y)/J_{\perp}(x,y)-J_{\parallel}(x,y)\times\frac{1}{pMTF(x,y)} \tag{2-18}$$

联合式（2-14）、式（2-15）、式（2-18）可得

$$t(x,y)=\frac{\{A_{\perp}(x,y)-A_{\parallel}(x,y)-[I_{\perp}(x,y)-I_{\parallel}(x,y)]\}pMTF(x,y)+D_{\perp}(x,y)-D_{\parallel}(x,y)}{[A_{\perp}(x,y)-A_{\parallel}(x,y)]pMTF(x,y)} \tag{2-19}$$

联合式（2-12）、式（2-14）、式（2-15）可得

$$J(x,y)=\frac{I_{\perp}(x,y)+I_{\parallel}(x,y)-[A_{\perp}(x,y)+A_{\parallel}(x,y)][1-t(x,y)]}{t(x,y)} \tag{2-20}$$

环境光经过反射后强度有所减小，但由于窗户反射率较高，进入成像系统的环境反射光强度接近环境光强度。另外，实际上仍有未经反射的环境光进入成像系统，此部分环境光对窗户成像存在影响，需要进行补偿。所以此处假设 $D(x,y)$ 近似为 $I(x,y)$ 与 $A(x,y)$ 之差，即

$$D(x,y)=I(x,y)-A(x,y) \tag{2-21}$$

联合式（2-16）～式（2-21）可得

$$J(x,y)=\frac{(I_{\perp}+I_{\parallel})(A_{\perp}-A_{\parallel})pMTF-(I_{\perp}-I_{\parallel})(A_{\perp}+A_{\parallel})(pMTF-1)+(A_{\perp}+A_{\parallel})(A_{\perp}-A_{\parallel})}{[(A_{\perp}-A_{\parallel})-(I_{\perp}-I_{\parallel})](pMTF-1)} \tag{2-22}$$

式中：每个参数均为各像素点处的值；$J(x, y)$ 为重构的车内目标景物信息。

由式（2-22）可见，模型利用了目标光和环境光的偏振信息及窗户对光线的偏振传输特性，重构出室内目标景物信息需要已知成像系统接收的光强 $I(x, y)$ 和环境光 $A(x, y)$ 的偏振分量以及窗户的逐像素点 pMTF (x, y)。

1. 算法及参数估计

由式（2-22）可知，为实现透窗探测信息重构，需要计算$I_{\perp}(x, y)$ 和$I_{\parallel}(x, y)$，$A_{\perp}(x, y)$ 和$A_{\parallel}(x, y)$，以及 pMTF (x, y)，共计三组未知参数。

为求解模型中所需参数，分别采用拟合估计、偏振滤波及频率迭代算法实现对以上各参数的估计，具体算法流程图如图 2-5 所示。

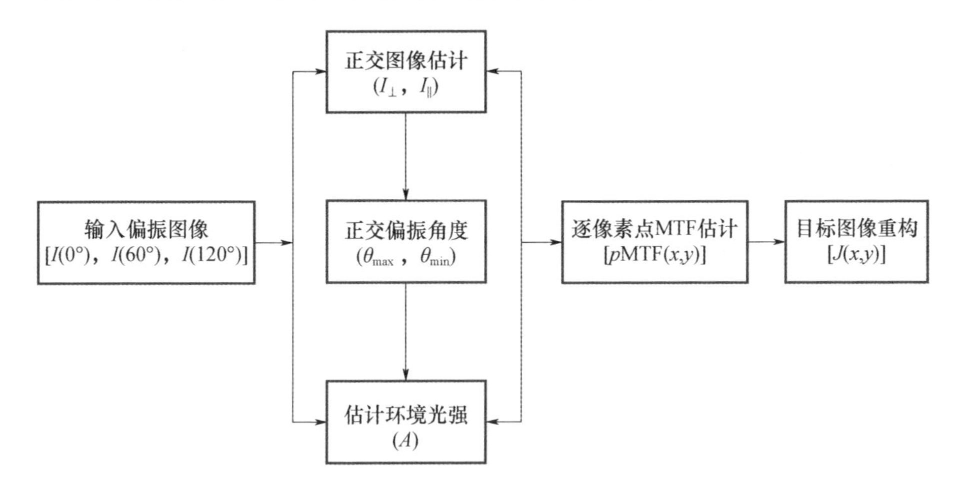

图 2-5 算法及参数估计流程图

（1）获得不同偏振角度下的偏振图像。用三通道偏振成像系统采集图像，同时获得三个偏振角度下的偏振图像 $[I_{\theta1}(x, y)、I_{\theta2}(x, y)、I_{\theta3}(x, y)]$[2]；通过 $[I_{\theta1}(x, y)、I_{\theta2}(x, y)、I_{\theta3}(x, y)]$，根据马吕斯定律拟合出射光强 $I(\theta)$ 随偏振角度 θ 的正弦变化曲线，计算角度周期内的最大值$I_{max}(x, y)$ 和最小值 $I_{min}(x, y)$作为模型中正交偏振图像的$I_{\perp}(x, y)$ 和$I_{\parallel}(x, y)$，并保存相应的两个角度θ_{max}和θ_{min}，估计环境光$A(x, y)$，对三幅图像进行偏振滤波处理，通过平滑图像中目标的边缘轮廓信息估计出相应三个角度下的环境光（$A_{\theta1}(x, y)$、$A_{\theta2}(x, y)$、$A_{\theta3}(x, y)$），根据环境光的三幅偏振图像拟合出环境光强 $A(\theta)$ 随 θ 的正弦变化曲线，根据θ_{max}和θ_{min}计算该角度下的$A_{\perp}(x, y)$ 和$A_{\parallel}(x, y)$。

（2）估计薄膜系统 pMTF (x, y)。利用$I_{\perp}(x, y)$ 和$A_{\perp}(x, y)$ 计算 $D(x, y)$的偏振图像，以目标光的$D_{\perp}(x, y)$ 作为输入图像估计薄膜系统的

pMTF(x, y)。

（3）重构目标信息。根据式（2-22），利用上述步骤计算得到$I_{\perp}$和$I_{\parallel}$，$A_{\perp}(x, y)$和$A_{\parallel}(x, y)$及pMTF(x, y)，实现偏振透窗图像重构。

① 估计正交偏振图像$I_{\parallel}(x, y)$和$I_{\perp}(x, y)$。偏振光通过偏振器件后，出射光强会随着偏振角度的变化而变化，两者近似成正弦曲线，会出现一个最大值和一个最小值，且出现最大值和最小值的两个角度相差90°，两幅最值图像具有相对正交的位置关系。采用斯托克斯矢量$(I、Q、U、V)^{\mathrm{T}}$描述光的偏振态，则经过偏振角度为θ的偏振器件后，出射光强$I(\theta)$可以表述为

$$I(\theta)=\frac{I+Q\cos(2\theta)+U\sin(2\theta)}{2} \tag{2-23}$$

当获取至少三个角度下的偏振图像时，即可求解出斯托克斯矢量$\boldsymbol{I}$、$\boldsymbol{Q}$、$\boldsymbol{U}$，通过式（2-23）拟合出$I(\theta)$和θ的关系曲线，即可计算求解出一个周期内任意角度的偏振图像。

通过曲线拟合计算得到$\theta_{\max}$和$\theta_{\min}$角度下对应的$I_{\max}(x, y)$和$I_{\min}(x, y)$，分别作为透窗成像重构算法中的两幅正交偏振图像$I_{\perp}(x, y)$和$I_{\parallel}(x, y)$。

② 估计环境光$A(x, y)$。在偏振透窗成像过程中环境反射光远大于目标透射光，图像中薄膜区域信息主要以环境信息为主。为了获得环境光的偏振信息，在模型中采用偏振滤波的方法，采用平滑目标的边缘轮廓来估计环境光$A(x, y)$。

对$[I_{\theta1}(x, y)、I_{\theta2}(x, y)、I_{\theta3}(x, y)]$进行滤波处理，得到$A(x, y)$的估计图像$[A_{\theta1}(x, y)、A_{\theta2}(x, y)、A_{\theta3}(x, y)]$，根据式（2-23）所述方法拟合出$A(\theta)$随$\theta$的变化曲线，进而利用上述对$I(x, y)$图像估计正交分量时所求的$\theta_{\max}$和$\theta_{\min}$，计算相应角度下的环境光正交图像$A_{\perp}(x, y)$和$A_{\parallel}(x, y)$。

③ 估计窗户玻璃的pMTF(x, y)。由式（2-23）可知，窗户玻璃的光学传递函数直接影响该系统的传输系数，而窗户系统的传输系数是由入射的室内目标光$J(x, y)$经过窗户系统作用后的出射光强和入射光强之比决定，因此窗户系统的光学传递函数反映了出射目标光$D(x, y)$复现入射目标光$J(x, y)$的能力。

估计窗户系统的调制传递函数时，应以$D(x, y)$的偏振分量作为估计算法的输入图像，在模型中，$D(x, y)$通过式（2-21）近似得到，因此以偏振分量$I_{\perp}(x, y)$和$A_{\perp}(x, y)$计算得到的$D(x, y)$的垂直偏振分量$D_{\perp}(x, y)$作为

估计算法的输入图像。

根据傅里叶光学理论，点扩散函数（PSF）经过傅里叶变换之后的归一化模值为光学调制传递函数值，所以为求得模型中的 pMTF（x，y），只需求出PSF。由于窗户玻璃传输特性未知，PSF 无法测量且没有任何先验知识，因而采用频率迭代盲去卷积算法，利用目标光$D_{\perp}$（x，y）作为算法输入，估计窗户系统的点扩散函数，然后经傅里叶变换得到光学调制传递函数值。调制传递函数的数值表示光学系统对不同波长入射光线的调制能力，那么利用图像计算得到的调制传递函数值表示的是对相机响应波段内不同波长光线的调制能力，因此对计算得到的调制传递函数的数值取其平均值作为窗户系统对响应波段内光线的平均调制能力即为模型中的 pMTF（x，y）值。

2. 偏振信息的获取

伴随着半导体工艺及硅光技术的进步，采用金属纳米线栅技术制备的微型偏振片尺寸可以达到微米量级，将微型偏振片阵列直接集成在焦平面探测器前端，如图 2-6 所示，微型偏振片阵列中每个 2×2 单元分别代表 0°、45°、90°和 135°透偏振方向，共同组成 1 个偏振测试单元，每个偏振测试单元对应 4 个焦平面探测器像元，每一个像元对应不同的微型偏振片，其单元大小与所要集成的焦平面探测器像素单元大小完全一致，并且微型偏振片阵列单元与焦平面探测器像素单元逐一对准，通过适当的电子学处理可形成偏振探测器。这种偏振成像方式不存在偏振分光元件，省去复杂的外部装置，理论上具有高可靠、低功耗等特点[3]。

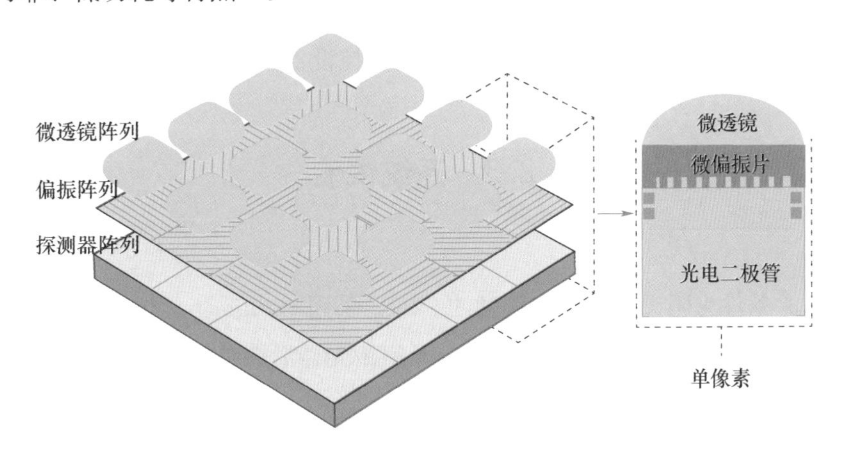

图 2-6　分焦平面偏振测量传感器示意图

偏振斯托克斯矢量的检测可以通过 3 个以上不同检偏方向的辐射强度$I_{out}(\alpha)$

表示。例如，当α=0°、45°、90°和135°时，得到4组同一目标的偏振图像$I_{out}(0°)$、$I_{out}(45°)$、$I_{out}(90°)$和$I_{out}(135°)$，则目标区域的斯托克斯矢量可以表示为

$$\boldsymbol{I}_{in}=I_{out}(0°)+I_{out}(90°) \tag{2-24}$$

$$\boldsymbol{Q}_{in}=I_{out}(0°)-I_{out}(90°) \tag{2-25}$$

$$\boldsymbol{U}_{in}=I_{out}(45°)-I_{out}(135°) \tag{2-26}$$

式中：$I_{out}(0°)$和$I_{out}(90°)$分别为0°和90°偏振方向上的光强；$I_{out}(45°)$和$I_{out}(135°)$分别为45°和135°偏振方向上的光强。

因此，通过测量0°、45°、90°和135°偏振方向上的强度图像，可计算出$\boldsymbol{I}_{in}$、$\boldsymbol{Q}_{in}$、$\boldsymbol{U}_{in}$图像以及线偏振度、偏振角图像。

2.2.2.2 光电弱信号增强技术

针对探测目标距离较远，回波信号较弱等问题，系统采用光信号增强器配合图像处理算法解决该问题，最终达到500m以远的探测距离。

2.2.2.3 背景干扰抑制技术

成像侦察过程中包含的背景噪声有可见光反射回波、空气散射回波以及探测器噪声等，对探测成像造成干扰，影响成像效果和侦察距离。系统通过采用选通915nm的窄带滤波片滤除杂光等方法解决此问题。

2.2.2.4 轻小型系统集成技术

采用小巧的半导体激光器及驱动电源，易于集成的风冷循环装置，配合高效轻便的红外相机及高倍变焦镜头，整个系统做到小型化、集成度高。最后可通过无线信号将侦察画面实时传输到监控设备输出端。

2.3 系统试验

试验条件为阴天傍晚，能见度约2km，采用808nm半导体激光器照射距离100m处停车场，照射功率为2W。开启激光器后能清晰观察到镀膜车窗后的驾驶员（图2-7）。

试验条件为阴天夜晚，同样采用808nm半导体激光器照射距离300m处居民阳台，照射功率为1.5W。开启激光器后能清晰地观察到窗花等细节（图2-8）。

图 2-7 阴天室外停车场试验效果图

图 2-8 夜晚居民阳台试验效果图

试验条件为阴天，采用激光对 300m 外贴膜的车辆车窗进行照射，开启激光器后能清楚观察到车后座人员情况（图 2-9）。

图 2-9 系统透车膜效果对比图

试验表明，该系统能有效改善暗环境条件下的目标成像效果，显著提高探测系统低照度条件下的成像分辨率，并具有透深色膜能力。进一步提高半导体激光器的探测功率，可增大探测距离，同时压缩激光束散角，可控制激光到靶功率，保证图像的分辨率。

2.4 系统应用

利用此系统并结合无人平台可便捷地实现对室内场景分布及人员数量和位置的隐蔽透窗侦察。如图 2-10 所示为无人机透窗探测系统，无人机透窗探测技术主要包括无人机成像分系统和地面控制站分系统两部分，两者之间的视频数据传输支持 H.264/H.265 压缩格式，同时支持 4G+WiFi、以太网等接口。

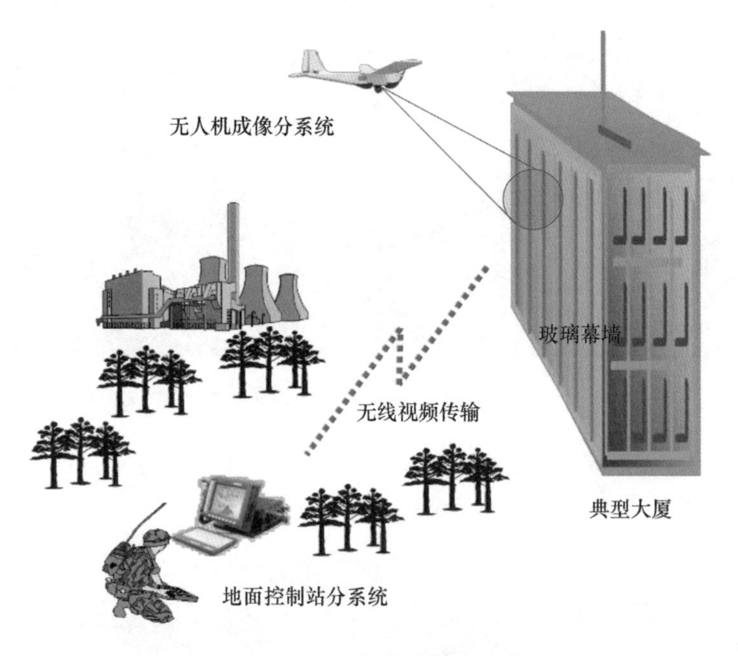

图 2-10 无人机透窗探测系统

无人机成像分系统主要获取建筑物偏振图像数据，主要包括无人机平台、光学相机（含滤光片）、红外照明光源和激光测距模块等部分。其中，红外照明的工作波长为 808nm±10nm，发散角压缩到 15°左右。

地面控制站分系统用于接收并处理无人机成像分系统回传的视频图像，包括无线传输模块、图像处理工作站及配套的图像处理算法，主要实现图像拼接、目标识别与精确定位等功能。此外，系统还包括 GPS 差分天线、供电电源、4G+WiFi 无线视频传输等辅助设备。

无人机透窗探测系统组成如图 2-11 所示。

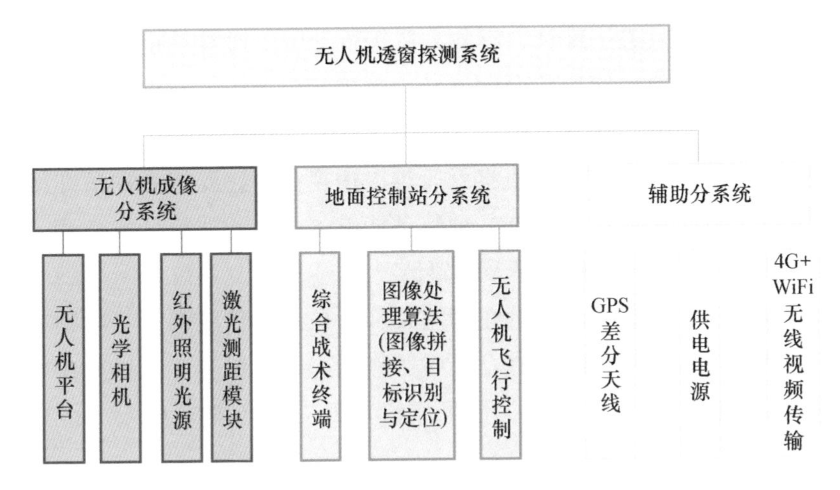

图 2-11　无人机透窗探测系统组成

系统功能指标和工作过程如下：

（1）具备脉冲激光主动照明功能，可实现昼夜偏振透窗观察与探测，并具有较强的环境光抑制能力；

（2）具备目标自主识别功能，能够快速发现并判断识别人员目标；

（3）具备目标定位功能，基于双目视觉实现目标的位置解算；

（4）无人机平台支持人工操控和程控功能，能对设定的侦察探测区域进行飞行扫描路线自动规划，并实施侦察；

（5）具备人员目标识别、目标图片抓取等实时处理功能；

（6）具备 4G＋WiFi、以太网等接口的传输功能，能实时传输视频和数据。

无人机透窗探测系统工作过程如图 2-12 所示。

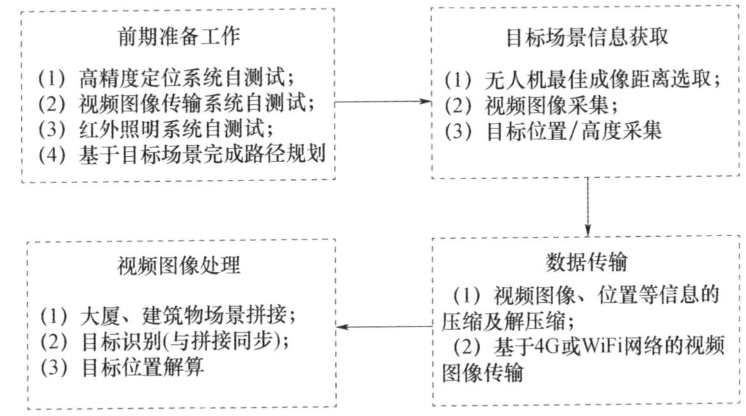

图 2-12　无人机透窗探测系统工作过程

在特种作战、反恐、维稳、解救人质等行动中，通常禁止采用可能直接伤及群众的处置措施，使用致命武器必须精确定位射击，要求作战人员必须特别清楚室内人员分布情况及位置关系，才能果断精准出击。但作战人员通常不便靠近目标建筑，一般的侦察手段难以透视窗户，要想做到精准就必须能看到室内的情况，迫切需要有一种装备能够不易被犯罪嫌疑人觉察，同时还可以透视窗户了解室内的人员及位置情况。

无人机透窗探测技术无论是在军用领域还是民用领域都有着广阔的应用前景。无人机透窗探测系统具有全天时工作能力，能够实时通过窗户探测到建筑物内部情况，为我方人员提供可靠情报的同时还能减小人员伤亡的可能性。

参考文献

[1] 毕冉．旋转偏振探测系统设计及雾天图像重构方法［D］．合肥：合肥工业大学，2017.

[2] 范之国，宋强，代晴晴，等．全局参数估计的水下目标偏振复原方法［J］．光学精密工程，2018，26（07）：1621-1632.

[3] 赵永强，张宇辰，刘吾腾，等．基于微偏振片阵列的偏振成像技术研究［J］．红外与激光工程，2015，44（10）：3117-3123.

3 第3章 轻便式野战光电对抗系统

光电观瞄系统在现代战争中的地位日益重要，是现代武器装备火控系统的重要组成部分，已成为现代坦克、自行火炮、装甲车、侦察车的基本配置，其作战效能对战斗力的发挥影响重大。通常光电观瞄系统的前端都由光学镜头组成，而光学镜头能够将入射光线按照原来的光路反射回去，人们将这种现象称为“猫眼”效应，相比于一般的漫反射回波，“猫眼”回波的强度要高出2～4个数量级。利用光学镜头的“猫眼”效应，可通过发射激光束对敌方光电观瞄系统进行扫描，进而对威胁目标实施侦察，发现目标的同时发射强激光，对敌方光电观瞄系统实施干扰。这种基于“猫眼”效应的集激光主动侦察与激光压制干扰功能于一体的光电对抗模式具有极其重要的军事应用价值。

强激光能够对光电观瞄器件和人眼造成损伤，而且随着激光功率的增强，其损伤效果越明显，但大功率的激光器系统除必要的激光器件外，还需要电源、冷却系统等附属设备，重量、体积大，不便于机动灵活地作战运用，如俄罗斯研制的PAPV野战光电对抗装置，重达56kg，可致盲0.3～1.5km的人眼。随着光电子技术、激光技术、精密机械加工技术等的飞速发展，生产相同数量级能量的激光器体积、重量大大降低，使得研制轻型、轻便式光电对抗装置有了理论和工程基础。本章论述的内容就在于通过小型化大功率激光器设计、轻便式光机电系统设计、高精度瞄准与快速激光发射等技术攻关及系统集成，研制便于使用的轻便式光电对抗装备，用来对抗敌方光电观瞄器件。

3.1 系统基本组成

系统由脉冲氙灯电光调 Q 激光发射分机、激光激励控制分机、发射光学分机、“猫眼”探测分机、整机控制分机五部分组成，如图 3-1 所示。

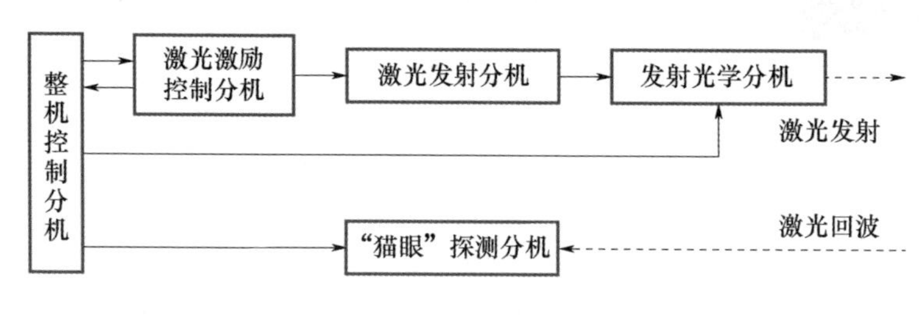

图 3-1　系统组成结构图

其中：

(1) 激光发射分机：完成 1064nm 激光发射功能、完成氙灯和 YAG 棒的冷却功能，由脉冲氙灯、Nd:YAG 棒、偏振片、输出镜、反射镜、调 Q 晶体、调 Q 驱动器、激光腔体、水循环冷却单元等组成。

(2) 激光激励控制分机：完成激光发射机内脉冲氙灯的触发、激励功能，由氙灯触发预燃单元、高压主放电单元、电压供电单元等组成。

(3) 发射光学分机：完成 1064nm 激光波段变频为 532nm 激光波段功能、完成两波段的切换功能、完成压缩激光发散角的功能，由发射望远镜、倍频晶体组成。

(4) “猫眼”探测分机：完成 1064nm 激光脉冲回波的探测功能、完成回波的显示功能，由低照度 CCD、两个可变大尺寸镜头（包括控制器）、电视寻像器和可见光滤镜组成。

(5) 整机控制分机：完成整机一次电源供电功能、完成 CCD 电子控制和时统控制功能、完成整机的故障显示功能，由一次电源（大容量可充电锂电池组和充电器）、CCD 控制电路和整机显示控制电路组成。

从定向干扰要求来看，一般地，其主要技术指标如下：

工作波长：1.06μm、0.53μm；

单脉冲能量：1.06μm 激光单脉冲能量≥50mJ，0.53μm 激光单脉冲能量≥10mJ；

发散角：1mrad；

重频：1Hz、10Hz；

连续出光时间：1min（10Hz）、大于 10min（1Hz）；

出光间隔时间：≥2min；

致盲距离：500m 内可对 CCD 类目标完全致盲，1000m 内可对人眼致盲；

干扰距离：2000m 内可对 CCD 类目标有效干扰，1000m 外可对人眼致眩；

质量：不大于 40kg。

3.2 对抗机理分析

轻便式野战光电对抗装置在作战时，首先使用 1064nm 激光对可疑区域进行扫描，并实时监测寻像器中图像的变化情况，如发现一定强度的回光光斑，则瞄准光斑位置，发射高能量双波段脉冲激光照射该区域，以达到致盲或压制干扰光电传感器的目的。

3.2.1 激光主动侦察机理

光电系统的光学前端通常由起会聚作用的透镜系统和光电探测元件所构成，而探测元件将入射光线反射，反射后的光线会按照原路径返回，同时反射强度比漫反射目标高出许多，就如同黑夜中看见动物的眼睛一样，这种现象就是“猫眼”效应[1]。当入射光线正对光电探测系统且信号较弱时，产生“猫眼”效应的探测系统可以近似等效为图 3-2 所示的透镜加反射面的模型来分析。

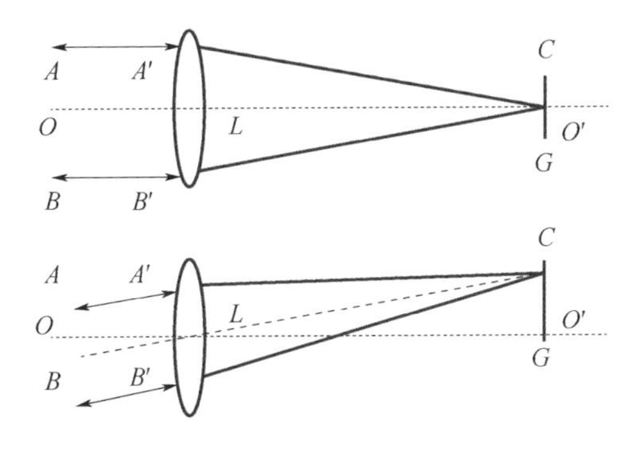

图 3-2 “猫眼”效应原理示意图

如图 3-2 所示，$AA'C$ 为入射光路，C 为光线在光敏面 G 的会聚点，$CB'B$ 为反射后的光路，由于光敏面对光线的反射作用，以及结合透镜后所产生的光线原路返回的特点，从而形成了“猫眼”效应[2]。

在实际的“猫眼”系统中，由于光学系统的复杂性，各个镜片并不严格同轴，反射面也不能认为完全等效于一个离焦的反射平面。在有关实验中发现，当瞄准激光器和光学成像系统基本同轴时，光学系统镜片越多观察到的亮环数越多，并可见多次来回反射的亮环。因此有理论认为，整个光学系统应等价为多个非同轴透镜与多个反射面的系统的组合。由于各个等价系统的非同轴性，接收到的能量位置是错开的。反射回波应该为在不同方向上的多个光源的共同效应[3]。

3.2.1.1 “猫眼”回波的发散角

经光电探测系统前端反射的“猫眼”回波会产生一个发散角，发散角的大小主要与光电探测系统中光敏面的离焦情况相关[4]。

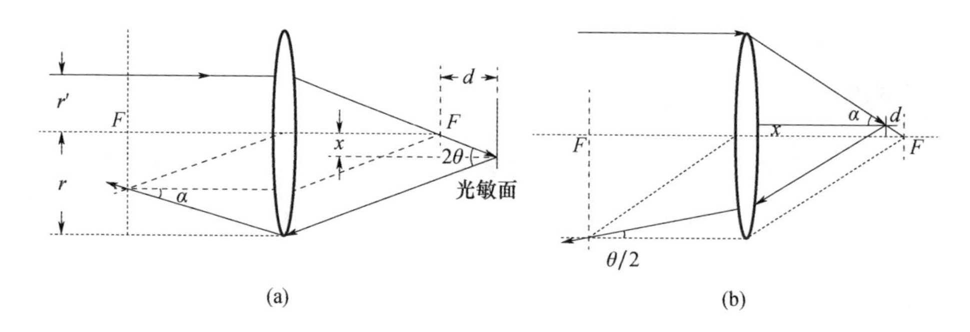

图 3-3 光敏面离焦示意图

（a）光敏面正向离焦；（b）光敏面反向离焦。

如图 3-3（a）所示，对光敏面正向离焦情况，设透镜半径为 r，焦距为 f，光敏面离焦量为 d，离焦情况下的有效半径为 r'，由于 $\tan\theta=x/d=r'/f$，则 $x=d\cdot r'/f$，由对称性可知 $x+r'=r-x$，则有 $r'=f\cdot r/(f+2d)$。

α 为光敏面正向离焦引起的回波发散角，满足 $\tan\alpha=(r-r')/f$，将 r' 代入后可得

$$\alpha=\arctan[2dr/f(f+2d)] \tag{3-1}$$

如图 3-3（b）所示，该情况为光敏面的反向离焦状态，此时有效口径并不会发生变化，但反向离焦将导致反射波束的发散，由于 $\tan\alpha=(r-x)/(f-d)=r/f$，所以 $x=rd/f$。

θ 为正入射时引起的发散角，满足 $\tan\theta/2=r-[(r-x)-x]/f=2rd/f^2$，故：

$$\theta=2\arctan(2dr/f^2) \tag{3-2}$$

3.2.1.2 激光照射不同类型目标时的回波功率

如图 3-4（a）所示只考虑大气衰减对激光传输的影响，不考虑大气扰动和大气散射。设发射激光束的功率为P_t、散射角为θ_t，侦察系统到目标的距离为 R，发射光学系统透过率为τ_t，大气单程透过率为 τ，设目标为朗伯源，被照射面积为A_s，漫反射系数为 ρ，探测器有效接收面积为A_r，透过率为τ_r，则激光垂直普通漫反射目标表面入射时，探测器接收到的功率表达式为[2]

$$P_r=\frac{4P_tA_rA_s\tau_t\tau_r\tau^2\rho}{\pi^2\theta_t^2R^4} \tag{3-3}$$

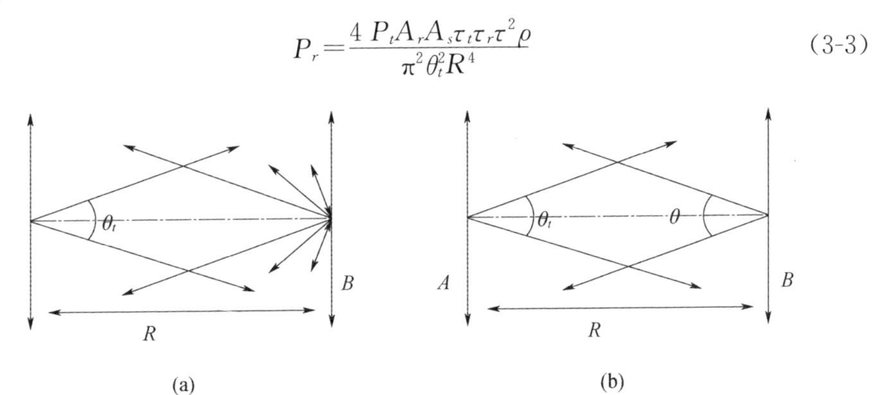

图 3-4 激光照射不同目标回波示意图

（a）回波光强示意图；（b）激光照射“猫眼”示意图。

当漫反射目标大于激光光斑时，$A_s=\pi[R\tan(\theta_t/2)]^2\approx\pi R^2\theta_t^2/4$，则有：

$$P_r'=\frac{P_tA_r\tau_t\tau_r\tau^2\rho}{\pi^2R^2} \tag{3-4}$$

“猫眼”目标和漫反射目标的区别在于：漫反射目标是向半球面（$2\pi R^2$）空间对入射激光以余弦分布进行反射，而“猫眼”目标是按照镜面反射的，如图 3-4（b）所示。

设τ_s为“猫眼”光学系统透过率，ρ'为“猫眼”反射率，A_s为“猫眼”有效光阑面积。则激光水平照射“猫眼”目标的回波功率为

$$P_r''=\frac{16P_tA_rA_s'\rho'\tau_t\tau_r\tau^2\tau_s^2}{\pi^2\theta_t^2\theta^2R^4} \tag{3-5}$$

设 $\eta=P_r''/P_r$，它表示在相同的距离 R 处，发射一束功率为P_t的主动探测

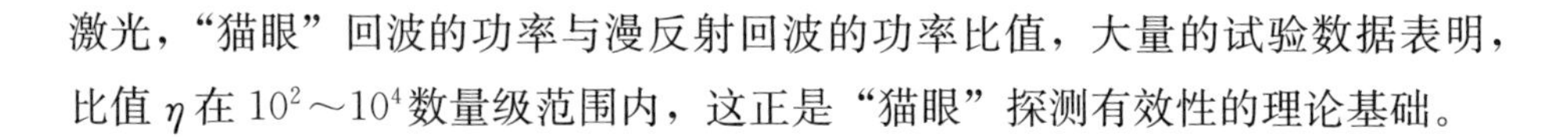

激光，“猫眼”回波的功率与漫反射回波的功率比值，大量的试验数据表明，比值 η 在 $10^2 \sim 10^4$ 数量级范围内，这正是“猫眼”探测有效性的理论基础。

3.2.2 激光致盲压制干扰机理

激光致盲压制干扰，就是用相当能量的激光，对人眼或军用光电设备实施软杀伤，使之饱和、迷盲、致眩以致丧失作战能力[5]。激光致盲压制式干扰分为三类：一是伤害人眼；二是破坏光电器件；三是破坏光学系统。

3.2.2.1 激光对人眼的伤害

人眼具有优异的聚光性能，其细胞色素又能大量吸收光能，同时它又暴露在体表，故特别易遭受激光损伤，如果攻击正在使用望远镜、瞄准镜、指挥镜等光学仪器的人，则后果更为严重。激光对人眼的伤害可能是永久性失明，也可能是使之在短时间内（例如几十秒至几十分钟）丧失视觉或视物模糊（致眩）。

激光对人眼的损伤效应概括起来有以下四种[6]。

（1）热效应。人眼在被高能量激光照射后，会产生内部组织的能量上升，导致局部温度瞬间提升，升温可达 100℃以上，内部组织中的蛋白质被破坏，同时还会有灼伤、熔融、炭化、蒸发等现象。

（2）光压效应。高能激光中的光子由于具有动量，还会对人眼内部组织表面产生机械压力，当光能密度达到 $10^3\,\mathrm{W/cm^2}$ 时，所产生光压约为 $3.4\times10^{-3}\,\mathrm{Pa}$。同时内部组织膨胀时也会产生机械压力，试验表明这种压力强度可达 $1.2 \sim 1.3\,\mathrm{kg/cm^2}$，并且会直接破坏人眼组织细胞，甚至还会导致眼球爆炸。

（3）光化学效应。高能激光的照射还会导致人眼内部组织发生光化学反应，使蛋白分子分解，造成永久性的破坏。

（4）电磁场效应。高能激光的照射还会产生电磁效应，使人眼内部组织中的原子或分子发生谐振，通过电离的方式破坏内部组织细胞。

在发射激光频率一定的条件下，激光的功率密度/能量大小就决定了对人眼的伤害程度，损伤阈值是指能够引起最小可见伤害的最低功率密度。在激光处于连续波工作条件下，人眼的损伤程度还与激光的照射时间相关。显而易见，人眼暴露在激光照射下的时间越长，其产生的伤害就越严重[7]，表 3-1 列出了美国国防部公布的损伤人眼的能量阈值。

表 3-1 美国防部公布的损伤人眼的能量阈值

激光器	运转方式	波长/μm	辐照时间	激光能量阈值
红宝石	单脉冲	0.6943	1ns～18μs	5×10^{-7}J • cm^{-2}/脉冲
红宝石	10Hz	0.6943	1ns～18μs	1.6×10^{-7}J • cm^{-2}/脉冲
Nd：YAG	单脉冲	1.06	1ns～100μs	5×10^{-6}J • cm^{-2}/脉冲
Nd：YAG	20Hz	1.06	1ns～100μs	1.6×10^{-6}J • cm^{-2}/脉冲
Nd：YAG	连续	1.06	100s～8h	0.5mW/cm^2
CO_2	连续	10.6	10s～8h	0.1W • cm^{-2}/脉冲
铒	单脉冲	1.54	1ns～1μs	1J • cm^{-2}/脉冲
钬	单脉冲	2.01	1ns～100μs	10^{-2}J • cm^{-2}/脉冲

相对于连续波激光而言，脉冲激光对人眼的损伤激励有所区别，在功率密度一定的条件下，高峰值功率的窄脉冲会导致人眼视网膜上的能量聚集，升温快，损伤大。从致盲效果来看，短脉冲甚至超短脉冲的激光比长脉冲激光更强[8]。

军用望远镜等目视仪器都有收集大孔径光束的作用，故正在使用此类仪器的人，其眼睛受激光损伤的危险明显增大。因为人在暗环境（如傍晚、阴雨天）条件下工作时，瞳孔自动扩大。因此，这时比亮环境时更易遭受激光损伤。另外，眼组织色素越多越深，吸收光能越多，受损就越严重，故眼底是易受损部位。相同照射条件下，不同的人种也会有不同的损伤效果，主要是因为不同人种的眼底色素有所区别，相对白种人而言，黄种人的眼底色素就多一些，更易受到伤害[8]。

激光致盲除了造成眼组织损伤之外还会产生闪光盲的作用效果，闪光盲是指瞬时产生的强烈光照导致的短时视觉功能丧失。在低于损伤阈值的激光照射到人眼时，由于功率密度较低，并不会带来永久性的伤害，但还是会使人产生闪光盲的干扰效果，在很长的一段时间内看不清东西。试验研究表明，当人眼受到的闪光照射强度达到 3.25×10^5 lm • s 时，会暂时使人失去视觉，持续时间大约 9～11s，当照射强度达到 5×10^4 lm • s 时，持续时间达到 12～48s，在这之后才能逐渐看清照度为 11lx 的仪表读数，而不会导致人眼的器质

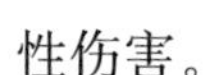

性伤害。

3.2.2.2 激光对光电器件的破坏

光电探测器是各类武器系统获取外部信息的重要来源，在其帮助下才能得到目标的各种参数信息，但光电探测器相对于其他部件而言又较脆弱，常常处于武器系统的前端，如光电导引头，工作时暴露在外。而激光武器正是针对这一特点，利用高能或中等能量的激光束对其进行压制干扰，从而对武器系统进行破坏。同时由于光电探测器本身对激光的吸收能力就比一般材质要强，更有利于对其进行干扰破坏，在高能激光的照射下，探测器表面温度迅速升高，从而产生热损伤，因此光电传感器是激光武器压制干扰的重要目标。通常对光电探测器产生的热破坏种类有破裂、碳化、分解、熔化、汽化等。

激光的照射时间、光束的发散角、激光的频率、探测器光学结构、光敏面的热特性等都是决定光电探测器损伤阈值的重要因素。国内外相关机构通过试验的方式开展了大量研究，为确定红外 CCD 面阵探测器、线阵探测器、FPA 探测器等各种类型探测器，获取了大量的试验数据。研究表明即使探测器没有完全损坏，在个别局部像元被破坏的条件下，探测器会发生信号阻塞、串扰等现象，导致整个探测系统失效。表 3-2 列出光学系统受不同情况激光辐照时的损坏情况。

表 3-2　光学系统受不同情况激光辐照时的损坏情况

光能密度	300W·cm^{-2}	0.8J·cm^{-2}	1.8J·cm^{-2}	2.3J·cm^{-2}	6J·cm^{-2}	7.8J·cm^{-2}
辐照时间	0.1s	单脉冲	单脉冲	单脉冲	单脉冲	单脉冲
破坏现象	保护玻璃熔化	反辐射膜剥落	光学件表面龟裂	光学件表面起鳞	光学件表面起泡	光学件表面蒸发、呈波纹状

用波长为 1.06μm、脉冲宽度为 0.2ns 的钕激光照射硅 CCD 成像器件，所获得的试验结果表明，当能量密度为 0.2J/cm^{2}时观测到 CCD 电气参数开始变化；当能量密度为 0.5J/cm^{2}时电气参数开始出现严重的变化；当能量密度为 1.0J/cm^{2}时 CCD 器件开始出现严重的形态变化（表 3-3）。

表 3-3　硅 CCD 器件的破坏与激光能量密度关系

材料	破坏现象	激光能量密度/（J·cm^{-2}）	
		单脉冲	多脉冲（10 个）
CCD 有效区	无表面破坏	<0.6	<0.4
	颜色改变，可能是表面温度改变	0.7～0.8	0.4～0.6
	破坏疤痕，SiO_2覆盖层破坏	1.0～1.1	0.6～0.7
	多晶硅熔融	1.1～1.2	0.8～0.9
	多晶硅熔融、起泡	>1.3	>1.0
铝线电路	无表面破坏	<0.8	<0.4
	表面变粗糙	0.9～1.0	0.6～0.7
	熔融或蜷缩	1.0～1.1	0.7～0.8
	破碎	>1.1	>0.8

3.2.2.3　激光对光学系统的破坏[9]

激光对光学系统的破坏主要有破坏光学玻璃和破坏传感器，当高能激光照射到光学玻璃表面时，瞬间吸收的大量能量得不到扩散，使得玻璃表面发生龟裂，使光学玻璃产生磨砂效应，导致透光率下降。若进一步提高激光照射能量，还会导致玻璃表面熔化，破坏光学系统。而高能激光对传感器的损伤机制主要有热损伤、缺陷损伤、电子雪崩损伤、自聚焦损伤、多光子电离损伤、强光饱和损伤等六种损伤机制模型[9]，下面分别加以讨论。

激光的加热作用会导致光电半导体传感器发生红移，即传感器的工作波长向长波的位置移动，将导致传感器生产设计的工作波长内光谱响应能力下降，传感器的工作性能被破坏。同时温度的升高也会导致光学前端材料的介电常数发生变化，改变其光学特性。以上即为激光的热损伤模型机制。

激光的能量密度很高时，传感器表面会由于过高的温度发生熔融现象，而产生局部的缺陷损伤，同时热应力还会导致传感器局部发生裂纹，甚至完全破裂从而产生局部的缺陷损伤，进一步提高激光能量，甚至会产生材料表面汽化形成的缺陷损伤。以上即为激光的缺陷损伤模型机制。

在激光的照射强度到达一定量级时，会使光电传感器发生雪崩击穿的现象，从而破坏器件，以上即为激光的电子雪崩损伤模型机制。

在激光的照射强度到达一定量级时，会产生传播的自聚焦现象，导致光电传感器的破坏，以上即为激光的自聚焦损伤模型机制。

在激光的照射强度到达一定量级时，被照射的传感器表面会产生场致电

离，导致半导体材料的介电常数发生变化，以上即为激光的多光子电离损伤模型机制。

当照射激光超过器件的最大负载值时，将发生强光饱和现象，对于光电制导武器而言，当光电导引头的传感器达到饱和深度而失效几秒时，就已使精确制导武器失去制导能力，以上即为激光的强饱和失效模型机制。

3.3 系统关键技术

轻便式野战光电对抗系统集激光主动侦察与激光压制干扰功能于一体，涉及的关键技术主要包括激光主动侦察器件选型分析与设计、干扰致盲激光能量设计、激光发射分机设计、激光发射光学分机设计、激光激励源设计等。

3.3.1 激光主动侦察器件选型分析与设计

激光主动侦察的基本原理即为3.2.1节讨论的“猫眼”效应，为观测到有效的“猫眼”回波，需要对接收设备进行合理选型，系统选择的某型CCD探测器，规格为1/2英寸，像元数为768（H）×494（V），图3-5为某型CCD探测器的波长感应灵敏度曲线。

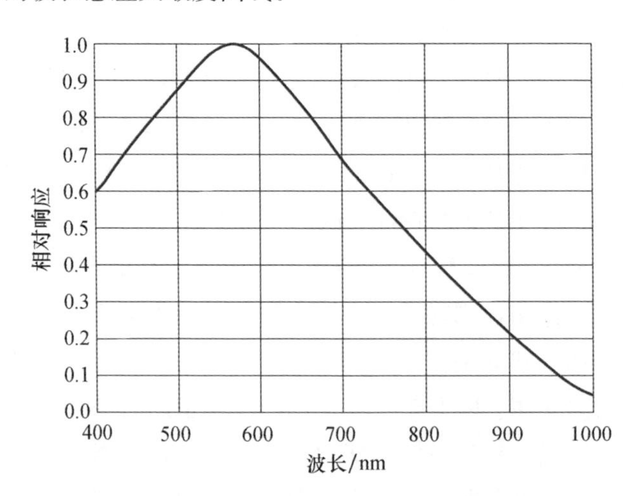

图3-5　某型CCD探测器的波长感应灵敏度曲线

假设目标镜头焦距为250mm，镜头直径为100mm，离焦量为1mm，可以计算出“猫眼”回波的发散角$\theta=1.0032$mrad。取$\rho=80\%$，$P_t=5$MW，$A_r=$

$\pi(0.2/2)^2=0.0314\ \mathrm{m}^2$，$A_s=\pi(0.1/2)^2=0.00785\ \mathrm{m}^2$，$\tau_r=90\%$，$\tau_2=(e-aR)^2=(e-0.18R)^2=0.49$（大气能见度假定为晴朗，$a$ 为 0.18），$\tau_t=90\%$，$\tau_s=90\%$，$\theta_t=1\mathrm{mrad}$，$R=2\mathrm{km}$。将以上参数代入式（3-5）得$P_r=41\mathrm{W}$。若激光脉冲宽度为10ns，则CCD收到的激光脉冲能量为$Q=P_r\times10\mathrm{ns}=4.1\times10^{-4}\mathrm{mJ}$。当“猫眼”回波为1064nm激光时，探测接收器的相对灵敏度为0.04左右。在1064nm波长附近，该CCD探测器的最低响应光照度为2.5lx，尺寸为6.4mm×4.8mm，因此可计算出所需的最低激光功率为$P=0.112\times10^{-6}\mathrm{W}$，在CCD探测器快门$t$（定为200$\mu$s）内所需的最低能量为$Q_{\min}=P\times t=2.24\times10^{-8}\mathrm{mJ}$，该值远远小于激光回波能量$4.1\times10^{-4}\mathrm{mJ}$。

由于CCD的信号转移时间远小于摄像时间（积分时间）。转移栅关闭时，光敏单元势阱收集光信号电荷，经过一定的积分时间，形成与空间分布的光强信号对应的信号电荷图像。积分周期结束时，转移光栅打开，各光敏单元收集的信号电荷并行地转移到CCD移位寄存器的相应单元中。转移光栅关闭后，光敏单元开始对下一行图像信号进行积分。而已转移到移位寄存器内的上一行信号电荷，通过移位寄存器串行输出，如此重复上述过程[10]。而激光脉冲宽度很窄（10ns左右），同时必须保证在激光脉冲到来时，CCD的快门是打开的，否则CCD无法采集到激光光斑或者采集到的光斑太弱，因此需要将发射激光的时统信号和接收系统的CCD快门信号相关联。

3.3.2 干扰致盲激光能量设计

轻便式野战光电对抗装置选用1.064μm波段的激光器对敌方光电观瞄系统定位，采用单发射1.064μm激光或发射0.53μm和1.064μm混合激光对光电传感器或人眼进行干扰致盲，采用闪光灯泵浦固体YAG脉冲电光调Q激光器作为光源。

1. 对人眼损伤所需激光能量

根据美国国防部公布的损伤人眼的能量阈值，对于单脉冲1.064μm激光器，人眼的损伤阈值为$5\mu\mathrm{J/cm}^2$。因此在此阈值以下，有可能会对人眼造成闪光盲或对视网膜短期损伤。在此损伤阈值条件下，计算激光器的最大输出能量。如图3-6所示，在1km照射距离上，以1mrad发散角发射激光，激光能量为Q，其在远场形成的光斑半径为$r=0.5\mathrm{m}$，其光斑能量密度等于损伤阈值，即$Q/\pi r^2=5\mu\mathrm{J/cm}^2$，计算得出$Q=40\mathrm{mJ}$。因此选择1.064$\mu$m激光单脉冲能量50mJ，可以满足1km外对敌方人眼的致盲杀伤效果，同时发射单脉冲能量 10mJ 的 0.53μm 激光能够取得更好的杀伤效果。

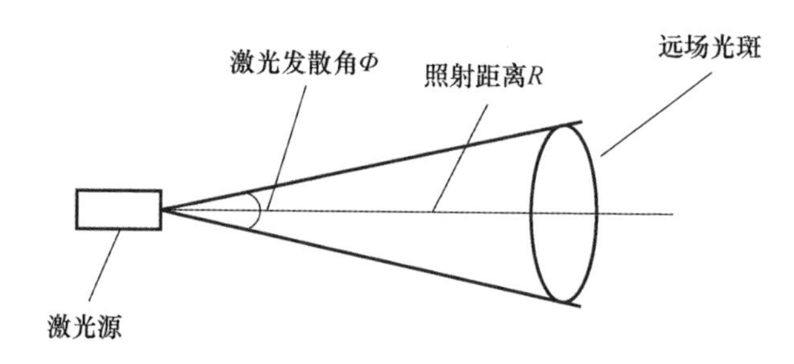

图 3-6　远场光斑分布示意图

2. 对 CCD 探测器损伤所需激光能量

对 CCD 探测器的损伤与光学镜头通光孔径（光圈大小）和 CCD 的探测灵敏度、损伤阈值有关，因此激光对不同的光学镜头、CCD 探测器的致盲效果可能是完全不同的，因此在这里，选择一种典型的 CCD 探测器和光学镜头进行分析。

（1）对镜头的选择：设要求对 500m 远的 CCD 探测器完全致盲，对 2km 远的 CCD 探测器有效干扰，一般要求 2km 外要求 CCD 能够看清 2m×2m 的物体（比如窗户），这要求显示的图像至少占整个 CCD 尺寸的 1/10，假定设计 CCD 规格为 1/3 英寸（H 为 4.8mm，V 为 3.6mm），即该窗户在 CCD 上成像高度为 $y=3.6/10=0.36$mm，如图 3-7 所示，因此可以计算出镜头的焦距。

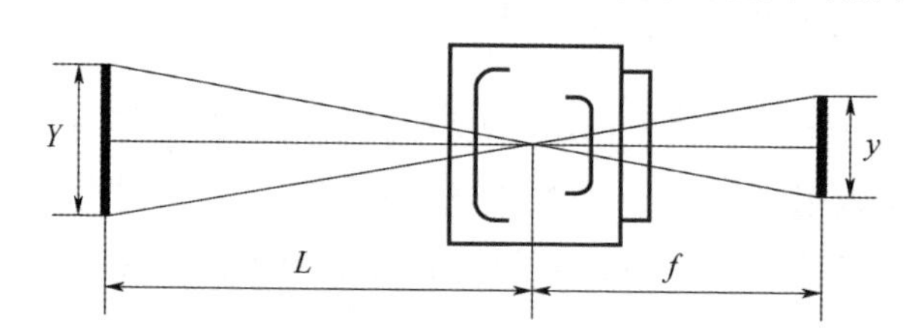

图 3-7　CCD 镜头成像物距和成像大小的关系示意图

根据下式进行计算：

$$f=yL/Y \tag{3-6}$$

式中：f 为镜头焦距；y 为 CCD 探测器上显示物体高度；L 为物距；Y 为物体高度。

因此可以计算出 $f=2000000\times0.36/2000=360$mm。

（2）对 CCD 的选择：选择普通 CCD 探测器，规格为 1/3 英寸，其像元数为 752×582，单像元尺寸为 $L\times W=6.38\mu m\times6.18\mu m$。

根据对该型 CCD 的干扰压制研究结果显示如表 3-4 所列。

表 3-4 CCD 探测器的破坏阈值

压制激光波长/μm	持续时间/ ns	有效干扰阈值/（J/cm²）	完全致盲阈值/（J/cm²）
1.064	10	0.6	48.9
0.53		0.33	18.3

根据以上数值可以计算出 500m 损伤和 2km 干扰的有效阈值。以下分别计算 500m、2km 两波段对 CCD 探测器的压制干扰能量要求。

由于距离较近，可以不考虑大气衰减影响，则激光垂直照射到探测器上的能量密度为

$$E_s=\frac{4Q}{\pi\cdot(R\cdot\theta)^2} \tag{3-7}$$

CCD 探测器光学系统增益为 $G=(\pi D_0^2/4LW)\times\tau_0$，因此入射到探测器上的光照密度为

$$E_{\mathrm{d}}=E_{\mathrm{s}}\cdot G=(QD_0^2)/[LW(R\theta)^2]$$

式中：Q 为激光器出射单脉冲能量；R 为激光器与 CCD 探测器之间的距离；θ 为激光束散角；τ_0 为光学镜头通过率；LW 为 CCD 单像元尺寸；D_0 为镜头直径。

由于镜头的衍射作用、激光发散角和斜入射的影响，在 CCD 上成像应该不止一个像元，但以上影响的数学模型较为复杂，因此在这里只考虑最为简单的情况，即只有一个像元感应的情况。设干扰有效的阈值能量 q 为 aJ（1.064μm）、bJ（0.532μm），完全损伤阈值能量 q 为 cJ（1.064μm）、dJ（0.532μm）。根据上述分析可以计算出 $a=0.105$mJ，$b=0.058$mJ，c=0.535mJ，$d=0.2$mJ。

3.3.3 激光发射分机设计

3.3.3.1 激光谐振腔选择

谐振腔采用平面平行腔，聚光腔采用镀银高反腔，相交圆柱腔型。采用电光调 Q 体制，经多项工程型号的验证，能保证良好的光束质量，输出激光接近准基模，可以保证激光目标照射器对激光模式和光束质量的要求。激光器谐振腔示意图如图 3-8 所示。

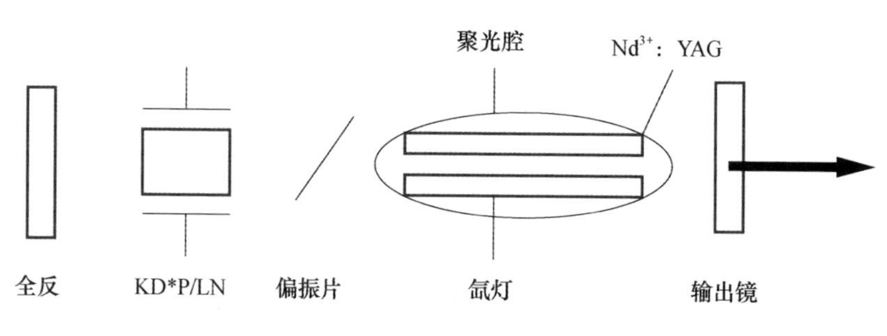

图 3-8 激光器谐振腔示意图

3.3.3.2 激光器的注入能量

激光器注入的电能量设计为10J/脉冲，按电光转换效率1%计算。由于要求输出0.532μm激光单脉冲能量大于或等于10mJ，按倍频效率30%计算，需要1.064μm激光单脉冲能量大于或等于30mJ，而1.064μm激光单脉冲能量要求还剩50mJ以上，因此总的1.064μm激光单脉冲能量大于或等于80mJ，考虑余量，要求输出的1.064μm激光能量为100mJ/脉冲。

3.3.4 激光发射光学分机设计技术

发射光学分机包括激光倍频器、激光扩束镜、可插入0.532μm滤光片三部分，示意图如图3-9所示。

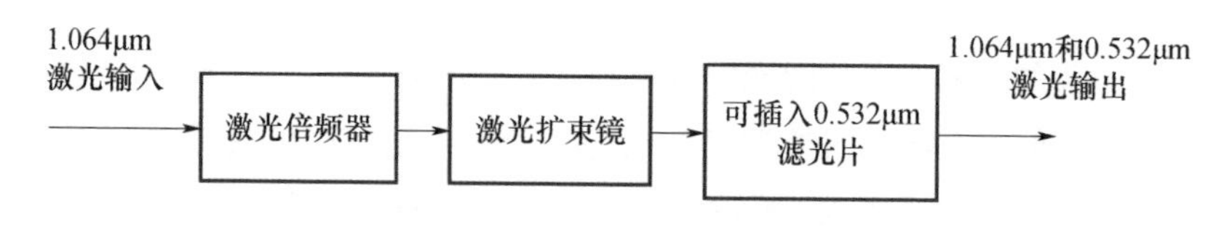

图 3-9 发射光学分机示意图

当插入0.532μm滤光片时，输出只有1.064μm激光；当不插入0.532μm滤光片时，输出既有0.532μm的激光也有1.064μm的激光。

3.3.4.1 激光扩束镜设计

扩束准直在预准直系统的基础上对激光进一步扩束准直。

扩束准直系统采用倒伽利略望远镜系统，由负透镜目镜组和正透镜物镜组组成，如图3-10所示。其中副镜的口径要与预准直系统中光学元件口径相匹配。放大倍率设计为5倍，可满足系统要求。镜片采用白宝石磨制而成，镀中红外增透膜。通过调节物镜和目镜之间的距离，保证发散角1mrad指标。

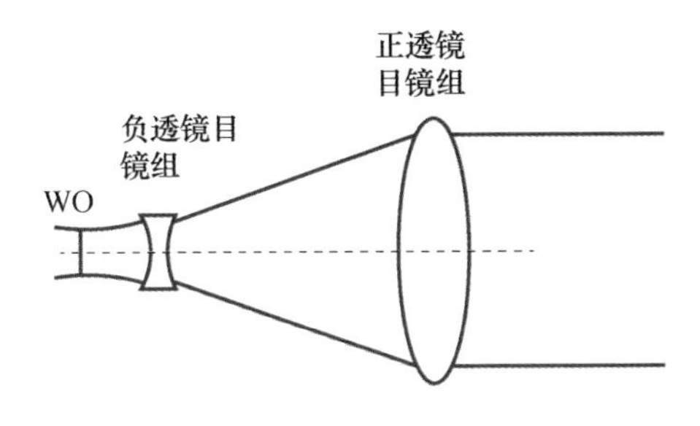

图 3-10 扩束准直示意图

3.3.4.2 激光倍频器设计

拟采用外腔式角度相位匹配方法，倍频器结构组成如图 3-11 所示。

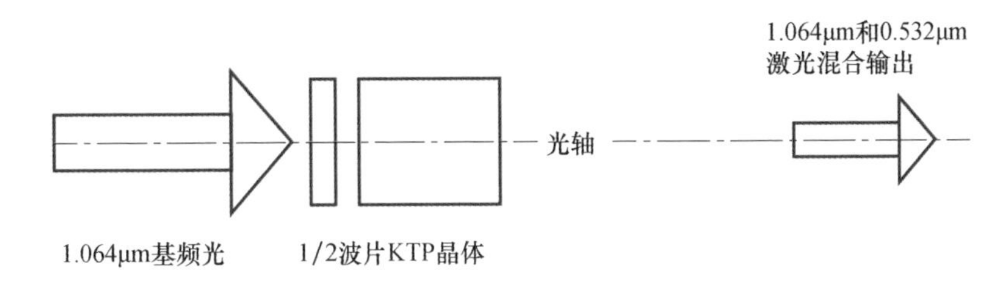

图 3-11 倍频器结构组成

其中，KTP 晶体的切割方向为 $\psi=23.5°$、$\theta=90°$。由于 1.064μm 基频光为线偏振光，所以在 KTP 晶体前加装一片 1/2 波片，通过旋转波片改变基频光的偏振方向，以达到最佳的相位匹配，这样可以提高倍频的效率和绿光输出的稳定度。采用以上措施可以使倍频效率达到 40%以上。由于激光倍频效率与激光功率密度有关，故倍频器件应加装在发射机与扩束镜之间。倍频器件设计为可拆卸件，采用机械定位保证其安装精度。

3.3.5 激光激励源设计

激光激励源一般采用晶闸管控制电网直接取电方式或开关电源电压式充电方式，这两种方式各有弊端，如电网直接取电方式电路简单，但电网直接取电，没有隔离市电，操作人员易触电，电磁干扰很大；电压充电方式在充电前半个周期，有较大的电流冲击，必须选用电流额定较大的功率管，而充电后半个周期，电流较小，造成功率管定额浪费。该系统采用开关电源的串联谐振充电方式进行设计。串联谐振充电方式对大容量电容充电属电流充电方式，其优点是充电电流不随充电电压上升而衰减，充电电压上升呈线性，并且使用串联谐振方式，主电路功率管软开关工作，电磁兼容性好，同时可提高功率开关管工作频率，减小开关损耗，减小电源体积，提高电源效率。

如图 3-12 所示为激光激励源原理框图，整个电路分主电路和控制电路两部分。主电路工作方式是将电池输出的 24V 直流电，加到谐振变换器上，经高频变压器逆变，再经高频电压整流，给储能电容充电，储能电容电压充到一定值后，控制电路发出放电信号，将放电晶闸管触发导通，储能电容电压快速向脉冲氙灯放电，激光器工作。控制电路包括辅助低压电路、触发预燃电路、晶体高压电路、逻辑控制电路、PWM 控制电路、开关管驱动电路、过温保护电路、过流保护电路等。

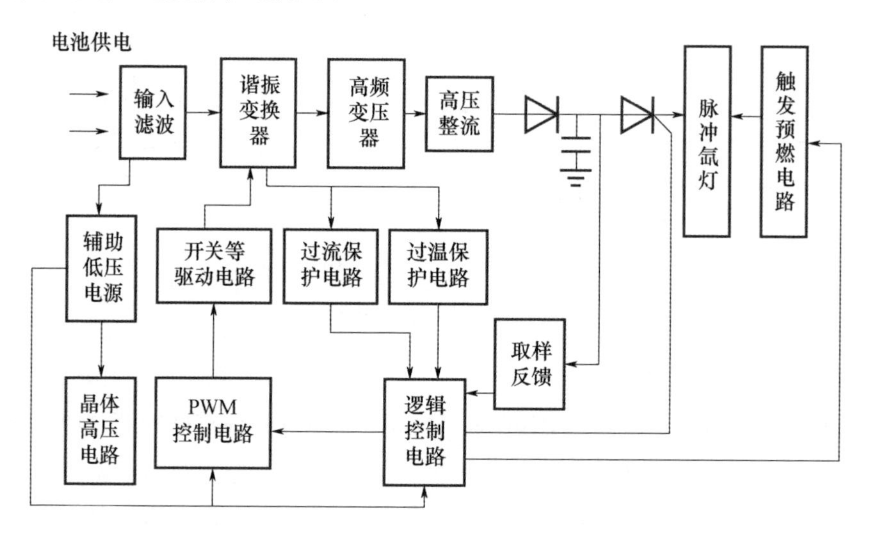

图 3-12　激光激励源原理框图

3.3.5.1　谐振式变换器

电源谐振充放电主电路电路图，如图 3-13 所示，其中充电回路主电路的等效电路图，如图 3-14 所示。

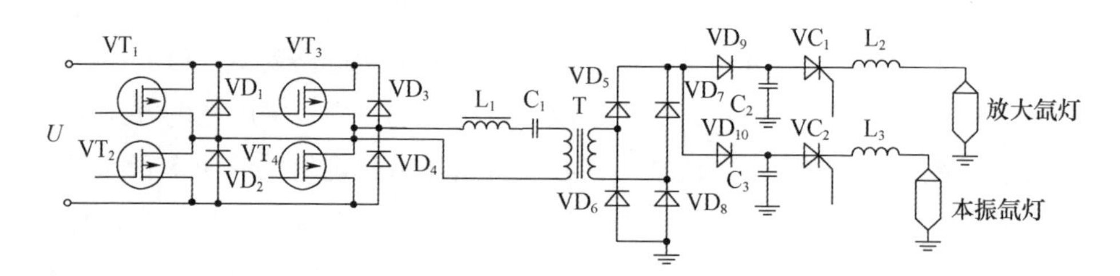

图 3-13　电源谐振充放电主电路电路图

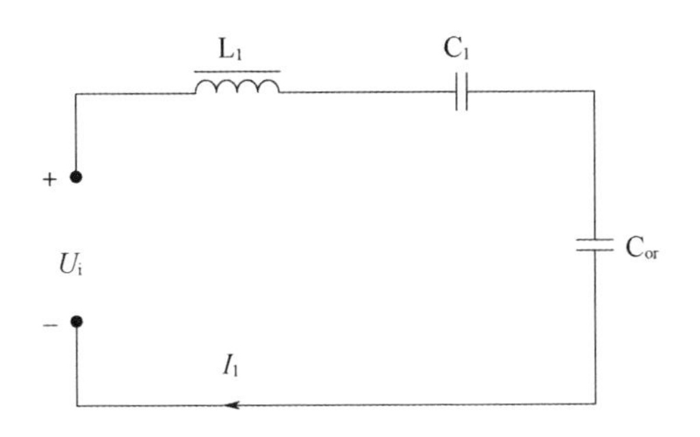

图 3-14　充电回路主电路的等效电路图

其中 L_1 为谐振电感，C_1 为谐振电容，C_{or} 为储能电容电压（C_2+C_3）经变压器等效到原边的电压，I_1 为谐振电流，U_i 为供电电压。谐振电流、充电电压波形图如图 3-15 所示。

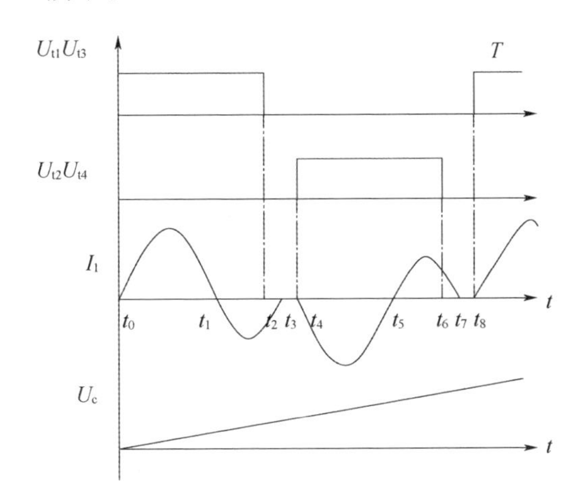

图 3-15　谐振电流、充电电压波形图

从上述分析可知，前半周期谐振电流 I_1 峰值变化将逐渐增大，后半周期谐振电流 I_1 峰值变化将逐渐减小。

3.3.5.2　放电主回路

图 3-16 给出了脉冲半导体激光器驱动电路的一般形式和相应的等效电路。其中 L 为寄生电感（由于电路中有放电电容、开关元件、半导体激光器，所以放电回路内部有寄生电感）；C 为储能电容；R 为电路的总电阻，包括激光器等效电阻、开关元件电阻和电路串联电阻。为了减小体积，储能元件一般选为电容，考虑到放电的速度，用集成电路来驱动功率 MOSFET 管作为开关元件。

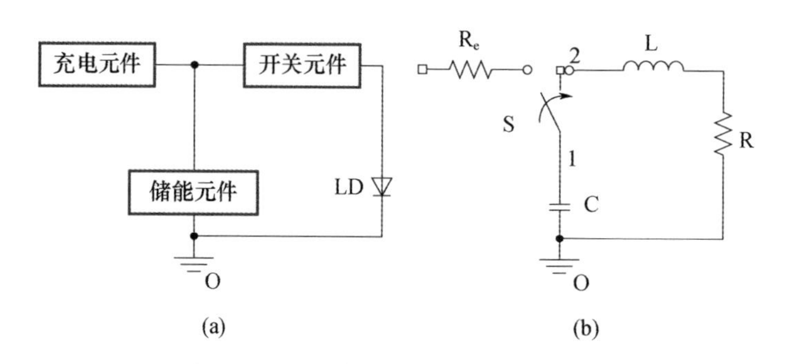

图 3-16 放电主回路的等效电路

(a) 脉冲激光电源电路一般结构形式；(b) 图 (a) 对应的等效电路。

假设开始时电容充电达到电压 V，那么电路的放电回路可以看作零输入响应的串联 RLC 电路，方程如下：

$$L\frac{\mathrm{d}i}{\mathrm{d}t}+R_i+\frac{1}{c}\int i\mathrm{d}t=0 \tag{3-8}$$

对式 (3-8) 微分可以得到一个线性常系数二阶齐次微分方程，即

$$L\frac{\mathrm{d}^2 i}{\mathrm{d}t^2}+R_i\frac{\mathrm{d}i}{\mathrm{d}t}+\frac{1}{c}i=0 \tag{3-9}$$

在驱动电路放电的情况下是工作在欠阻尼状态，即 $(R/2L)^2-1/LC<0$，因此得到式 (3-8) 的解为

$$i=A\,\mathrm{e}^{-\infty}\sin\ (\omega t+\theta) \tag{3-10}$$

其中：$R/2L=\alpha$，$\omega=\sqrt{1/LC-\alpha^2}$，当开关 S 闭合即 $t=0$ 瞬间，放电回路电流为零，电感电压为 V，即 $i=0$，$L\mathrm{d}i/\mathrm{d}t=V$，把初始条件代入式 (3-10) 可得

$$\begin{cases}\theta=0\\ A=\dfrac{V}{\sqrt{\dfrac{L}{C}-\dfrac{R^2}{4}}}\end{cases} \tag{3-11}$$

由以上的分析可知，电路的放电电流是衰减的正弦曲线，三个参数 α、A、ω 分别表示了正弦波的衰减快慢、电流的幅度和周期。在脉冲激光电源中，只利用第一个正弦波得到脉冲激励电流，所以应要求 α 值较大即有较快的衰减速度，以免后续电流脉冲对激光器造成冲击损坏；A 值应较大，以得到较高的电流脉冲幅度；θ 值应尽量小，这意味着第一个正弦波有较快的上升时间和较窄的脉冲宽度。

3.3.5.3 激励源时序控制

激励源时序控制的主要功能是：产生时统信号，对时统信号进行整形和精密延时后分成三路触发信号分别是充电信号、放电信号和调 Q 信号。这三路信号经光电耦合器隔离，分别控制主回路充放电开关和调 Q 晶体开关，其时序流程图如图 3-17 所示。

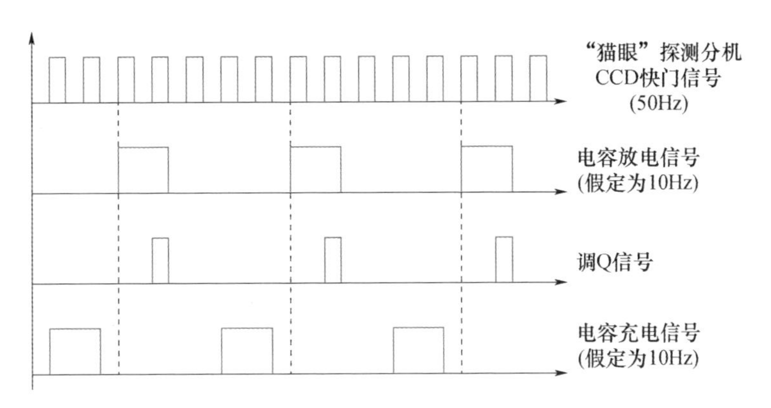

图 3-17　激励源控制单元时序流程图

3.4　系统试验与分析

为验证轻便式野战光电对抗装置激光主动侦察与压制干扰相结合的对抗体制及其干扰效果，选取与可见光光电观瞄设备同类型的光电传感器件，进行激光主动探测和激光干扰/损伤模拟试验。

3.4.1　试验主要内容

3.4.1.1　激光干扰/损伤模拟试验

激光干扰/损伤模拟试验的主要内容：利用 1.064μm、0.532μm 激光束，以可见光 CCD 为试验目标，分别进行不同距离、不同衰减倍率、干扰照射，观测并记录试验现象及试验数据。

观察现象：出现干扰条纹、出现光晕、发生饱和、暂时失效、永久失效。

检测内容：在不同距离、不同波长（1.064μm、0.532μm）、不同频率（1Hz/10Hz）的干扰激光下，出现上述现象时的激光能量密度；比较在不同激光波长、不同激光频率下模拟器的损伤阈值。

激光干扰/损伤模拟试验布局图如图 3-18 所示。选择一定通视距离的两地，分别架设干扰激光器和被干扰的目标模拟器，用干扰激光器对目标模拟器进行照射，记录目标模拟器成像情况。

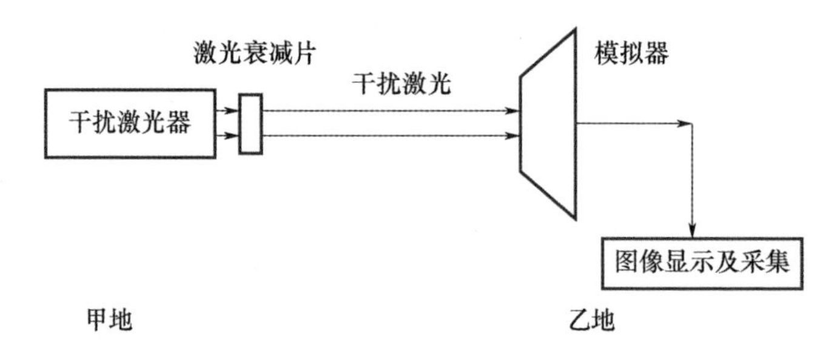

图 3-18　激光干扰/损伤模拟试验布局图

3.4.1.2　主动探测试验

主动探测试验的主要内容为：激光器、光学观瞄器和电视 CCD 三者保持在同一光路上，分别在 30m、500m 处加衰减发射激光，观察电视 CCD 中是否有“猫眼”效应。观测并记录试验现象及试验数据。

观察现象：出现明亮光斑。

主动探测试验布局图如图 3-19 所示。选择一定距离的两地，分别架设探测激光器、电视 CCD 和光学观瞄设备，用激光器对目标模拟器进行照射，记录电视 CCD 成像情况。

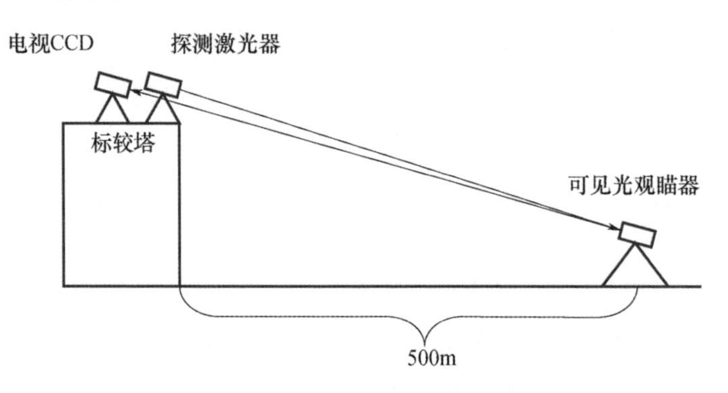

图 3-19　主动探测试验布局图

3.4.2　试验测试数据

3.4.2.1　激光能量密度

目标模拟器 CCD 靶面处的能量密度（ρ）可以通过干扰激光在试验距离

处的能量密度乘以目标模拟器的光学增益得到，如下式所示。

$$\rho=\frac{E\times \mathrm{e}^{-\alpha L}}{\pi\left(\frac{100\times\theta\times L}{2}\right)^2}\times G \tag{3-12}$$

式中：ρ 为模拟器 CCD 靶面处的能量密度（$\mathrm{mJ/cm^2}$）；E 为激光能量（mJ）；θ 为激光发散角（mrad）；α 为大气衰减系数（具体值见表 3-5）；L 为距离（km）；f 为目标模拟器焦距（mm）；G 为目标模拟器的光学增益，可由下式求得

$$G=\frac{\pi\,(D/2)^2}{S}\times\eta\times10^6=\frac{\pi\eta D^2}{4S}\times10^6 \tag{3-13}$$

式中：D 为模拟器的接收口径（mm）；η 为模拟器的光学透射系数，取值为 0.9；S 为模拟器的像元面积，试验用模拟器像元为 8.2μm×6.5μm，其像元面积 S=53.3$\mu\mathrm{m}^2$；由此可计算出光学增益 $G=3.58\times10^7$，将式（3-13）代入式（3-12）中可得

$$\rho=\frac{E\times D^2\times\eta}{\mathrm{e}^{-\alpha L}\theta^2L^2S}\times10^2 \tag{3-14}$$

利用式（3-14）可计算出目标模拟器 CCD 靶面处的能量密度（ρ）。

表 3-5　大气衰减系数

天气情况	大气能见度/km	大气衰减系数（α）
特别晴朗	60	0.045
非常晴朗	40	0.07
标准晴朗	23.5	0.12
晴朗	15	0.18
轻雾	8	0.34
中雾	5	0.6
雾	3	0.9

0.532μm 波段激光试验时，光学观瞄 CCD 靶面处的能量密度，如表 3-6 所列。

采用以下试验数据进行计算：激光能量 E=29mJ，激光发散角 θ=1mrad，接收口径 D=52mm，焦距 f=75mm，模拟器光学透射系数 η=0.9，试验距离 L 分别为 0.5km、2km，大气衰减系数 α=0.9（试验时能见度不足 3km）。

表 3-6 光学观瞄 CCD 靶面处的能量密度（0.53μm） MJ/cm²

L/km	衰减数/dB	
	0.5	2
0		5471.3
1.64		3647.5
3.25		2605.6
5.13		1658.1
15	10675.6	
18	5346.3	
20	3373.8	
25	1066.9	

注：表中双下划线数据表示完全损伤；单下划线数据表示部分损伤；虚下划线数据表示有效干扰。

1.064μm 波段激光试验时，光学观瞄 CCD 靶面处的能量密度，如表 3-7 所列。

采用以下试验数据进行计算：激光能量 $E=80$mJ，激光发散角 $\theta=1$mrad，接收口径 $D=52$mm，焦距 $f=75$mm，模拟器光学透射系数 $\eta=0.9$，试验距离 $L=0.5$km，大气衰减系数 $\alpha=0.9$（试验时能见度不足 3km）。

表 3-7 光学观瞄 CCD 靶面处的能量密度（1.064μm）

衰减数/dB	1.60	2.25	3.13	6.26
能量密度/（mJ/cm²）	423008.8	263383.1	139593.1	13959.4

注：表中双下划线数据表示完全损伤；单下划线数据表示部分损伤；虚下划线数据表示有效干扰。

3.4.2.2 干扰效果

1. 干扰效果定义

（1）完全损伤（图 3-20）：试验过程中，模拟器丧失成像功能；在激光停止照射后，完全不能恢复到初始状态。

（2）部分损伤（图 3-21）：试验过程中，模拟器丧失成像功能；在激光停止照射后，部分不能恢复到初始状态。

（3）有效干扰（图 3-22）：试验过程中，模拟器丧失成像功能；在激光停止照射后，可以恢复到初始状态。

图 3-20　完全损伤效果图

图 3-21　部分损伤效果图

图 3-22　有效干扰效果图

2. 干扰效果统计

表 3-8 为 0.532μm 波长激光对光学观瞄模拟器的干扰效果。

表 3-8　0.532μm 波长激光对光学观瞄模拟器的干扰效果

衰减数/dB	距离/km			
	0.5	1	2	3
0			有效干扰	有效干扰
1.64			有效干扰	
3.25		完全损伤	有效干扰	
5.13		部分损伤	有效干扰	
7.16		有效干扰		
15	完全损伤			
18	部分损伤			
20	部分损伤			
25	有效干扰			

注：空格表示试验未涉及。

表 3-9 为 1.064μm 波长激光在 500m 距离对光学观瞄模拟器的干扰效果。

表 3-9　1.064μm 波长激光对光学观瞄模拟器干扰效果

衰减数/dB	5.13	7.16	10	20
干扰效果	完全损伤	部分损伤	有效干扰	有效干扰

3.4.3 试验数据分析

参考 500m 试验数据，结合其他距离试验数据，得到 532nm 对光学观瞄设备的损伤阈值，如表 3-10 所列。

表 3-10　532nm 激光对光学观瞄设备的损伤阈值

试验效果	阈值/（mJ/cm^2）
完全损伤	15000～25000
部分损伤	2500～10000
有效干扰	1000～2000

由表 3-10 可得到 532nm 激光干扰光学观瞄设备的能量密度与试验效果对应关系，如图 3-23 所示。

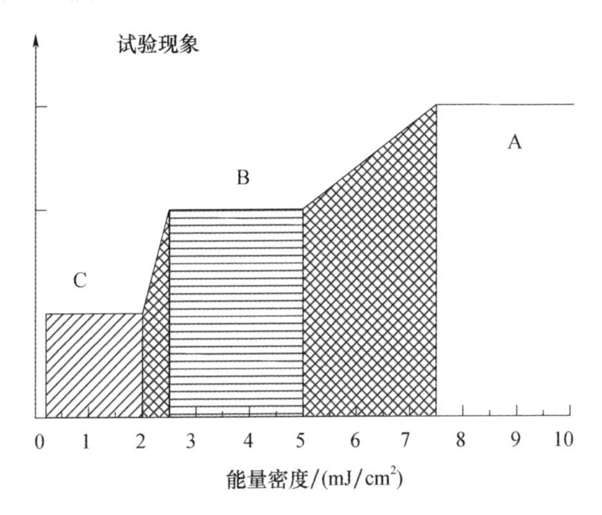

图 3-23 能量密度与试验效果对应关系

图中 A 区代表完全损伤，B 区（横线）代表部分损伤，C 区（斜线）代表有效干扰，网格区代表两种试验现象的交叉区。

3.5 应用情况分析

光电对抗在军事斗争中的作用已在近几次的局部战争中得到了证明，并且已经引起了各国军事专家的广泛关注。尤其是，近年来激光技术得到了深入的发展，大功率小型化的激光器逐步得以实现。世界各军事强国都研制并装备了大量的利用激光进行侦察或压制的武器装备。从作战使用的角度可以将此类装备分为以下几种类型。利用“猫眼”效应原理的激光主动侦察装备、利用高能激光对人眼或光电侦察器材进行压制的激光致盲/致眩装备，以及将侦察与压制功能相结合的具有更为完善的对抗手段的武器装备。

3.5.1 国外应用情况

3.5.1.1 激光主动侦察装备

利用“猫眼”效应原理的激光主动侦察装备基本工作过程为：启动低能

量激光，对侦察的区域进行扫描。在扫描到光学或光电观瞄设备时，由于其“猫眼”效应，目标对入射激光产生的后向反射激光比漫反射强得多。通过对回波信号幅度特性分析，抑制掉漫反射目标的回波信号，达到侦察光学或光电观瞄设备的目的。

在国外，激光侦察技术的军事应用已经取得很大进展。典型代表有美国的 Mirage-1200。Mirage-1200 轻便式双筒探测激光传感器由圣迭戈的多利松公司研制，可向 1.2km 距离内的物体发出符合安全标准的散焦激光。当其发现瞄准镜或其他类似的武器装置发出的回光后，便随即发回图像，清楚显示敌方的准确位置[11]。同时，这种传感器还能测量出操作人员和目标之间的距离，并在取景器中显示参数。外形及效果如图 3-24 所示。

图 3-24 美军 Mirage-1200 激光主动侦察装备

3.5.1.2 激光致盲/致眩装备

当激光与物体发生相互作用时，会发生吸收、反射和光电效应等现象。人眼或光电观瞄器材会将照射于其上的高强度激光（这里的高强度是指低于探测器破坏阈值）的能量吸收，导致人眼暂时失明或观瞄器材失去作用。各种媒体对此类武器装备的报道相对较多，最典型的就是国内外研制并装备的各种型号的激光枪。

以美军为例，美国空军下属的武器开发研究所的科研人员经过多年努力，成功地研发出了世界上首款实用型单兵携带式激光步枪，如图 3-25 所示。

图 3-25 美军 PhaSR 激光步枪

这款名为“PhaSR”的激光步枪是由美国空军武器开发研究所 ScorpWorks 科研小组研发的。ScorpWorks 小组的科研人员介绍说，这款武器的主要作用是，它可以使敌人在激光的照射下失明，从而无法辨别方向。而这款步枪上使用的激光最大的特点在于，它只是暂时使人失明，经过一段时间后被照射者的视力可以自然恢复。激光能量较低，不会给人体眼球带来永久性损伤[12]。

3.5.1.3 侦察压制一体化装备

同时具有激光主动侦察和强激光致盲/致眩功能的综合一体化装备已经在最近的几次局部战争和反恐作战中崭露头角。实践证明，此类装备在对作战人员和重点目标的防御上，发挥了重要作用。各军事强国都投入了大量的财力来研制此类武器装备，其中很多型号都已经历了实战的检验。

美国是最早研制并将此类装置应用于实战的国家，典型代表有 AN/PLQ-5 激光对抗装置。该装置用于探测和干扰光电传感器和光电火控系统，并能暂时致盲人眼，也可以为直升机指示着陆区。通常装在改进的 M16A2 步枪上，供电电池包由士兵背在背上，它也可以装在战车（如布雷德利和高机动性多用途轮式战车）、直升机和小型舰船上。

AN/PLQ-5 使用电池供电，由激光照射器、昼/夜瞄准镜和电池包组成。作战时，射手用瞄准镜搜索目标，当目标出现在视场中时，射手立即发射激光脉冲，可使 2km 以外的光学和光电传感器失效，电池包可提供 3000 次发射的电能。AN/PLQ-5 总质量为 19kg，其中激光照射器和瞄准镜质量为 11.4kg。

在 1990—1991 年的海湾战争期间，美国陆军在战场上部署了 AN/PLQ-5 的发展型。在 1994 年夏季 AN/PLQ-5 进行了发展和作战试验，对其 19kg 的总质量提出批评。美国陆军希望最终的系统是手持的，而不是安装在 M16 步枪上的，总质量在 9kg 以下。这种增强型也许是一种新的发展，或是预先计划的生产改进。1995 年 5 月美国陆军决定初始生产 50 套 AN/PLQ-5S 系统和 25 套训练装置。

此外，美军曾在伊拉克战场上使用了狙击手探测机器人，用来搜寻和致盲敌方隐藏的狙击手，如图 3-26 所示。

图 3-26　美军狙击手探测机器人

法国研制的 SLD-500（该产品为 SLD-400 的升级版）用于敏感地区监视和狙击手探测，如图 3-27 所示。

SLD-500 可以轻而易举地探测出光学瞄准镜、摄像机、望远镜等光学系统，不仅能准确定位威胁所在的位置，而且能通过高分辨率的可见光或红外摄像机识别目标。在用于监视人群或战场时，可以使警察和部队及时应付出现的情况。

SLD-500 集成了许多设备在一个平台上。如在一个光学探头中集成了用于场景监视的可见光高分辨率摄像机、用于照亮探测部分的广角编码激光束以及摄像机接收器、激光指示器、激光测距仪和用于目标识别和定位的罗盘和倾角仪。

图 3-27 法国 SLD-500 狙击手探测器

SLD-500 结构紧凑，易于携带，特别适用于野外环境应用。系统具有友好的人机界面，可以在几分钟内搭建起来，既可以通过独立电源供电，也可以通过可连接于车载电源适配器或标准电源插座的充电单元模块供电。根据用户需求，对可选单元进行了模块化设计，包括可用于让行动单位看到从主控单位传来的实时场景的远程广播单元；用于夜景采集的红外摄像机；以及可以用于将 SLD 500 连接成一个光学传感器阵列的 GPS 单元。该系统可以安装在三脚架或车辆的固定支架上，通过光学探头绕旋转架的运动来对场景进行激光扫描[13]。

SLD-500 具有手动和自动两种工作模式。对于手动模式，可用于在骚乱中帮助维和力量在人群中找出狙击手或者危险人物。当操作者把探测器指向适当的方向时，如果检测到光学设备，系统就会发出警报。工作在自动模式下时，SLD 500 可用于保护大使馆、行政部门、司令部这样敏感或高危区域的安全。被固定在旋转架上的系统对监视场合自动扫描并检测出使用光学瞄准器的危险分子，然后经由专用计算机处理并给出危险分子在全景图像中的位置坐标和框选窗口。

俄罗斯研制的 PAPV 轻便式光电对抗系统总质量为 56kg。能够对隐藏的狙击手，以及各种光电观瞄设备进行探测。系统使用低能量的激光进行搜索，用来寻找光电观瞄设备和隐藏的狙击手。当定位以后，系统使用高能量的激光来致盲或干扰，作用距离为 300～1500m，如图 3-28 所示。

图 3-28　俄罗斯 PAPV 轻便式光电对抗系统

3.5.2　国内应用情况

3.5.2.1　激光致盲/致眩装备

从目前的资料看，国内有多款单兵使用的激光枪，其中有两款采用冲锋枪式的结构设计，一款采用手枪式的结构设计，如图 3-29 所示。

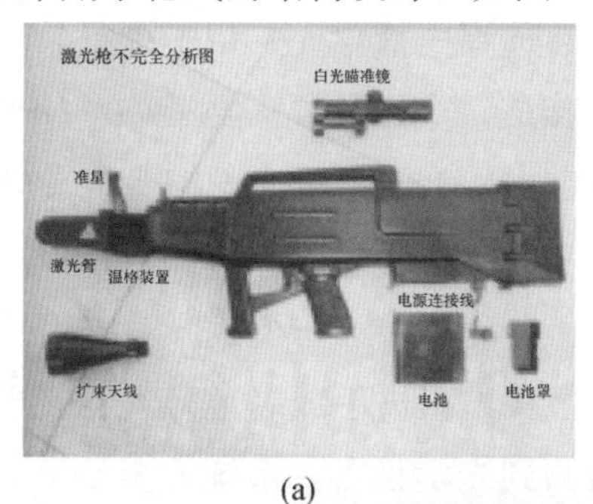

(a)

中国新型激光眩目器

(b)　(c)

图 3-29　国内三款某型激光眩目枪

图 3-29（a）所示的某型激光眩目枪能够发射 0.53μm 的绿色激光，脉冲重复频率为 3Hz，脉冲能量为 25 mJ±15mJ。图 3-29（b）所示的某型激光眩目器工作波段未知，最大眩目距离为 400m。对 500m 处的 CCD 摄像头、夜视仪、光电传感器等器材能够有效干扰。工作方式可点发可连发。一次充电可连续工作 30min，质量为 4.8kg。对图 3-29（c）所示的手枪式眩目枪，目前尚无详细数据，但从外形尺寸分析，其作用距离应不大于 500m。

3.5.2.2 侦察压制一体化装备

目前国内除了上面介绍的三款激光枪外，也对此类侦察/压制一体化装备进行了研制。如 99 式坦克上装配的激光压制观瞄系统，如图 3-30 所示。

图 3-30 99 式坦克光电观瞄压制系统

该款激光压制观瞄系统安装在 99 式坦克炮长舱门后部基座上。激光压制观瞄系统在与敌方对抗时，能起到干扰和压制对方观瞄系统的作用。由车长或炮长操作，发射激光束对敌方观瞄体系进行压制、干扰。对于使用直视型光学观瞄镜对己方观瞄的敌方人员的眼睛，其杀伤效果明显。另外该系统还可以对敌方使用的可见光、近红外光电传感器的火控、制导系统（如激光测距机、微光夜视仪、电视摄像头、观瞄镜等）实施干扰，使之饱和失效，或永久性损坏，从而失去战斗能力[14]。

参考文献

[1] 都元松，董文锋，罗威，等．“猫眼”效应激光主动探测技术影响因素分析［J］．现

代防御技术，2018，46（05）：88-93.
[2] 田国周，王江，钟鸣，等．“猫眼”效应及其应用［J］．激光杂志，2006（04）：16-18.
[3] 耿天琪，牛燕雄，张颖，等．激光主动侦测系统探测能力分析［J］．激光技术，2015，39（06）：829-833.
[4] 刘玉华，李广林．“猫眼”效应在激光侦听中的应用研究［J］．电子设计工程，2012，20（19）：129-131.
[5] 宋伟，汪亚夫，邵立．激光致盲干扰效能分析研究［J］．激光技术，2012，36（02）：230-232，237.
[6] 张振中，李其祥．光学技术在警用装备中的应用［J］．山西科技，2007（02）：126-128.
[7] 李强，何炳阳．激光对人眼的损伤分析［C］．全国第十四届红外加热暨红外医学发展研讨会论文集，2013：7.
[8] 王嘉睿．对不同模式激光视网膜损伤效应的理论计算和实验研究［D］．长沙：国防科学技术大学，2006.
[9] 侯振宁．激光有源干扰原理及技术［J］．光机电信息，2002（03）：22-26.
[10] 陶志福．高速线扫描相机的实现［D］．苏州：苏州大学，2004.
[11] 美国研制出新式激光传感器［J］．光机电信息，2006（07）：35.
[12] 新概念战斗车有望取代悍马战车［J］．光学精密机械，2005（04）：32-33.
[13] 石岚，王宏．国外反狙击手光电探测技术与装备［J］．光电技术应用，2010，25（04）：16-20.
[14] 翟将将．坦克防护及掷榴弹筒的研究设计［D］．南京：南京理工大学，2008.

第4章 便携式区域激光主动拒止系统

目前，反恐维稳处突和安全警戒区域拒止主要使用枪械、警棍、盾牌、电击枪、化学催泪装置以及激光眩目器等器具。枪械的使用范围有严格规定：警棍、盾牌、电击枪等器材的作用距离太近，反恐防暴作用有限；化学催泪装置作用时无法针对特定目标；激光眩目器必须对准人眼；微波/毫米波主动拒止系统重量体积较大，不便于单兵携带。非致命性激光武器是随着激光和光电技术的发展应运而生，是以激光束迅速准确地使暴恐分子失去战斗力的新概念武器，与其他类型反恐维稳处突和安全警戒区域拒止装备相比，激光具有快速精确、灵活可控、效费比高等独特优点。从合适的对抗任务、隐蔽拒止精准聚焦能力、有效拒止目标的火力控制水平、移动目标跟踪瞄准控制能力以及环境适应性等方面综合考虑，便携式区域激光主动拒止系统能适应新时期反恐维稳处突和安全警戒区域拒止的任务需要。

4.1 激光主动拒止系统功能与技术指标

4.1.1 激光主动拒止系统功能

便携式区域激光主动拒止系统主要具有以下功能：

1. 具备激光灼伤皮肤、致燃衣物、毛发等能力

连续光纤激光器产生的激光通过发射光学系统实现远场会聚，在照射目标表面形成高能量密度的激光光斑，在非常短的时间内使目标表面形成灼伤、

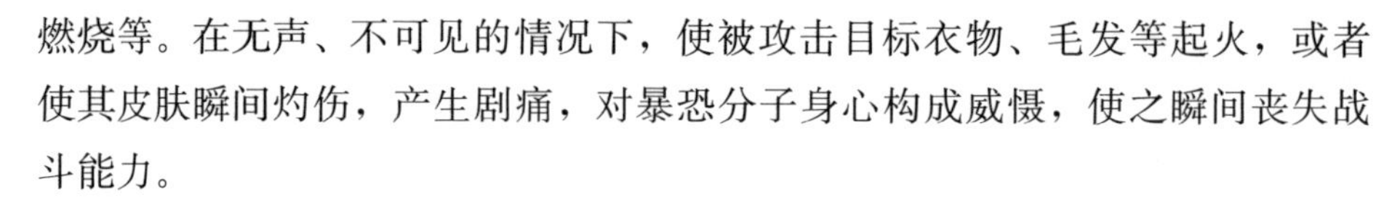

燃烧等。在无声、不可见的情况下，使被攻击目标衣物、毛发等起火，或者使其皮肤瞬间灼伤，产生剧痛，对暴恐分子身心构成威慑，使之瞬间丧失战斗能力。

2. 具备综合显控功能

操作人员可以实时对监控区域环境情况进行监视，可以通过显控界面对设备状态进行设定，使设备自动或手动地打击非法入侵目标。

3. 具备打击目标选定功能

操作人员可以通过显控界面选择打击目标，或者设定设备工作在自动模式下，当侦测到移动目标后，设备自动选择打击目标。

4. 具备自动瞄准功能

采用图像跟踪控制器，对移动目标进行识别，在确定打击目标后，信息处理与显示单元的信息处理单元产生控制指令，控制高精度电控转台自动瞄准打击目标。

5. 具备激光自动聚焦功能

在确定打击目标后，激光光束远场自动聚焦装置中的激光测距模块对目标距离进行测距，并将测距信息传送给信息处理模块，信息处理模块对测距信息进行解算后，产生对激光光束远场自动聚焦装置控制的指令，使发射激光聚焦在打击目标上。

4.1.2 激光主动拒止系统技术指标

便携式区域激光主动拒止系统主要用于执行反恐维稳处突任务，要求在距离 200m 内对暴恐分子或者非法入侵分子实施主动拒止。结合主动拒止要求，一般地其主要技术指标如表 4-1 所列。

表 4-1 便携式区域激光主动拒止系统主要技术指标

指标项目	参数	备注
对抗目标	人员皮肤、衣物、车辆轮胎、黑飞无人机、不明爆炸物等	皮肤灼伤、衣物等致燃
作用距离	200m	
激光波长	1.08μm	人眼不可见，隐蔽打击
激光输出功率	100W	

续表

指标项目	参数	备注
聚焦光斑尺寸	≤4mm@50m、≤6mm@200m	
跟踪瞄准精度	优于 0.2mrad	
跟踪速度	≥13（°）/s	
跟踪加速度	≥6（°）/s^2	
装置重量（不含激光器）	≤10kg	

4.2 激光主动拒止系统组成与工作过程

4.2.1 激光主动拒止系统组成

激光主动拒止系统主要由连续光纤激光器、激光光束远场自动聚焦装置、跟踪瞄准单元、信息处理与显示单元、电源等组成。其中，跟踪瞄准单元由CCD成像探测设备、图像跟踪控制器和高精度电控转台等设备构成，如图 4-1 所示。

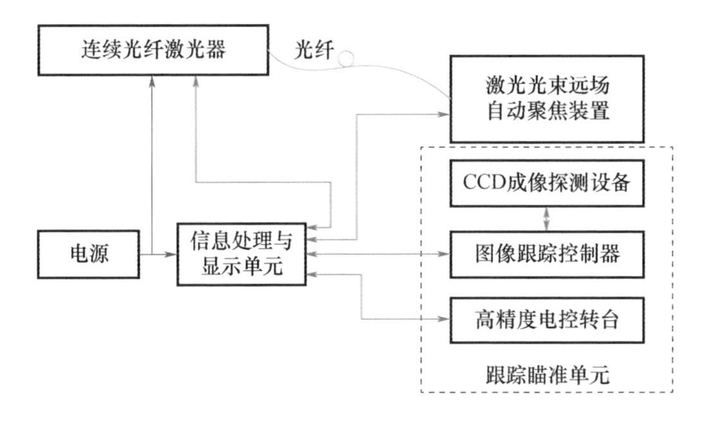

图 4-1 系统组成框图

（1）连续光纤激光器：产生连续的高能激光输出。

（2）激光光束远场自动聚焦装置：通过调节主镜与次镜的相对位置，控制发射激光束的远场光斑聚焦位置和大小。

（3）跟踪瞄准单元：采用 CCD 成像探测设备对目标（主要是人）进行跟

踪定位。主要由跟踪探测单元和高精度电控伺服转台组成。跟踪探测单元由CCD摄像机、镜头及图像跟踪控制器组成；高精度电控伺服转台主要由运动控制器、电机驱动器、执行电机、转台执行机构组成。

（4）信息处理与显示单元：主要完成图像数据的采集，目标数据的跟踪处理，高精度电控转台、激光光束远场自动聚焦装置以及连续光纤激光器的控制，实现用户操作界面的显示及监视视频的显示。

（5）电源：由锂电池组和电源转换模块构成，提供系统的交流和直流供电。

4.2.1.1 连续光纤激光器

为了实现百瓦量级的连续激光输出，采用典型的单端泵浦大模场双包层掺镱光纤的全光纤结构，其结构示意图如图4-2所示。

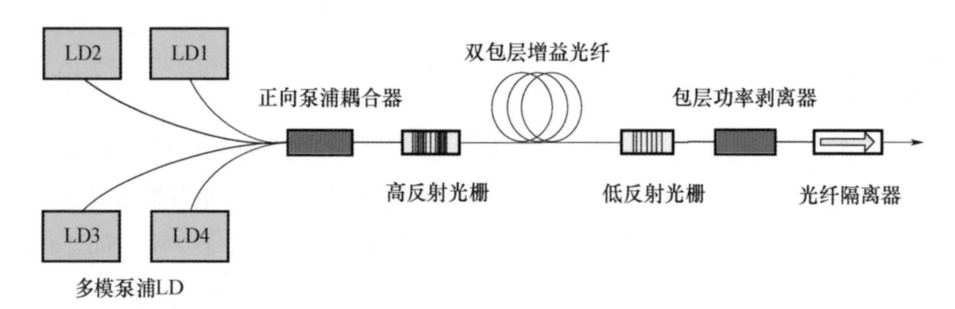

图4-2 掺镱光纤激光器全光纤结构示意图

采用4只功率为30W的976nm半导体激光器作为泵浦源，由一个4×1的正向泵浦耦合器将泵浦光耦合进掺镱双包层光纤，高反射光栅和低反射光栅两端为光纤输出，起到激光腔镜的作用，双包层增益光纤为掺镱D型光纤，产生的激光经由包层功率剥离器剥离后，由光纤隔离器输出。

连续光纤激光器指标见表4-2。

表4-2 连续光纤激光器指标

激光波长/nm	1080
额定输出功率/W	100
光束质量 M^2	≤1.2
光纤芯径/μm	20
光斑直径/mm	6
功率调节范围/%	10～100

续表

输出光纤长度/m	10
工作电压/V（交流）	220±10%
功率消耗（20℃）/W	500
冷却方式	风冷
工作温度/℃	0～40

4.2.1.2 激光光束远场自动聚焦装置

激光光束远场自动聚焦装置，是基于目标距离信息的闭环系统，通过激光测距模块对目标进行测距，控制模块根据距离信息驱动直线电机带动调焦镜片进行相应的位移，改变光学透镜之间的相对位置，进而改变系统的焦距，实现激光光束在目标距离位置处自动聚焦，对提高激光主动拒止系统的打击效果具有重要作用。

激光光束远场自动聚焦装置原理框图如图 4-3 所示，主要由激光测距模块、CC2531 主控制器、电机控制模块和调焦装置组成。

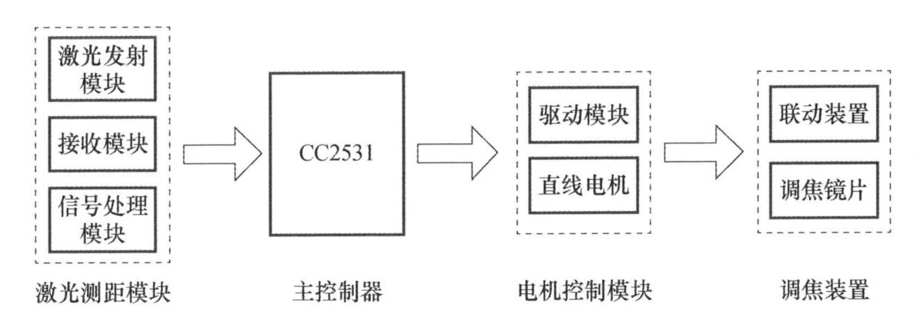

图 4-3 激光光束远场自动聚焦装置原理框图

1. 激光测距模块

激光测距模块主要用来完成对瞄准目标的测距，迅速准确地测定目标的距离参数，并将目标的距离信息传送至主控制器。激光测距模块采用脉冲激光测距原理，激光发射模块发射激光脉冲，同时启动计数器开始脉冲计数，发出的激光脉冲到达目标时被反射，接收模块接收到返回脉冲时关闭计数器，由计数器测量出激光往返的时间，由信号处理模块给出目标距离[1]。本装置激光测距模块采用 RS232 串口将测距信息传送至主控制器。

2. 主控制器

主控制器采用 CC2531 单片机控制激光测距模块的参数设置、测距启动和

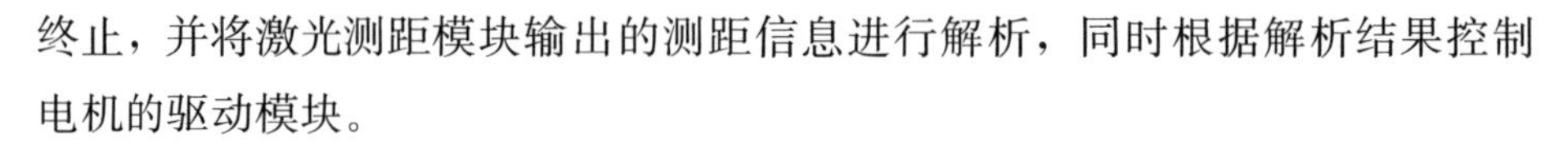

终止，并将激光测距模块输出的测距信息进行解析，同时根据解析结果控制电机的驱动模块。

3. 电机驱动模块

电机驱动模块主要是通过 CC2531 单片机，控制电机驱动模块，电机驱动把电脉冲信号转换成角位移，通过丝杆等机械转换设备将角位移转换成直线位移[2]。步进电机的角位移与输入脉冲数严格成正比，因此，电机转动一圈后，没有累积误差，具有良好的跟随性，步进电机的转角只能是步距角的整数倍，其步距角可以通过改变细分值来变大或变小，本装置使用的步进电机精度可达 0.1μm，且设有归零位，每次加电电机自动归零。

4. 调焦装置

调焦装置由精密导轨、机械结构、调焦镜片组成，调焦镜片固定在结构件上，结构件通过转接板固定在精密导轨上，转接板与电机丝杆相连接，通过该联动装置，调焦镜片随丝杆的旋转做预设位移量的直线运动，该位移改变了调焦镜片和光学镜片之间的相对位置，从而实现了对激光光学发射系统聚焦光斑的变焦。

激光光束远场自动聚焦装置通常与激光器、激光发射光学系统配合使用，如图 4-4 所示，由 24V 供电电源、激光测距模块、直线电机、电机驱动模块、精密导轨、CC2531 主控制器、激光器、光学镜片以及配套结构件组成。

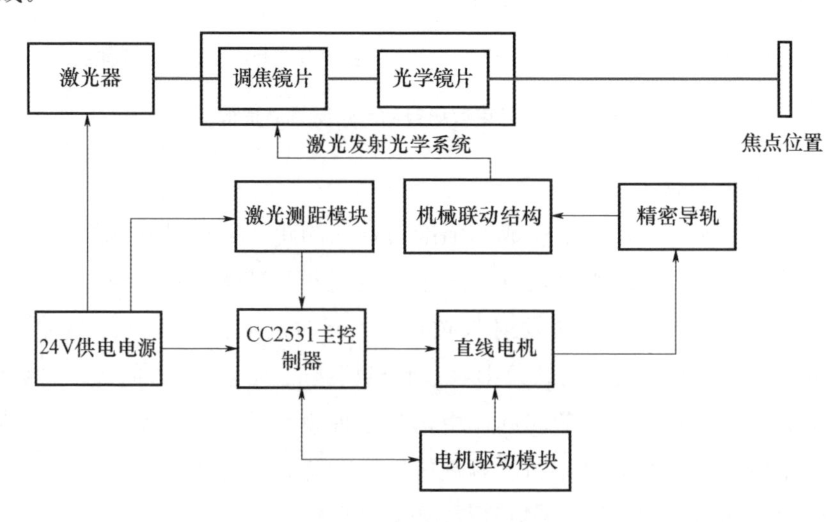

图 4-4　激光光束远场自动聚焦装置实现方式示意图

4.2.1.3 跟踪瞄准单元

跟踪瞄准单元采用 CCD 成像探测设备对目标（主要是人）进行跟踪定位。主要由跟踪探测单元和高精度电控伺服转台组成。跟踪探测单元由镜头、CCD 摄像机、图像采集模块及图像跟踪控制器组成；高精度电控伺服转台主要由运动控制系统、电机驱动器、执行电机、转台执行机构组成[3]，如图 4-5 所示。

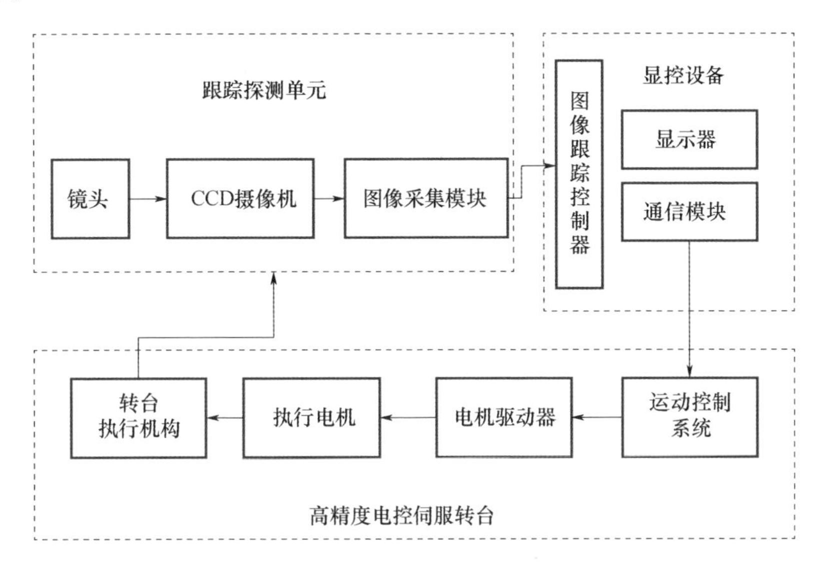

图 4-5 跟踪瞄准单元结构示意图

目前常用的图像采集系统的成像探测器有两种：一种是 CCD（电荷耦合）器件；另一种是 CMOS（互补金属氧化物导体）为代表的固体成像器件。由于 CCD 成像器件本身具有无扫描畸变、图像数据处理比较容易。通过对比后，采用 CCD 成像器件完成图像信息采集，借助计算机快速的数据处理能力以及海量的存储空间，从而完成 CCD 图像检测、识别和保存系统，为操作者展现一个很直观、可操作性好的交互界面的用户操作平台[4]。

高精度电控伺服转台组成框图如图 4-6 所示，可实现方位±90°旋转，俯仰转动范围为−45°～60°，具备上电自检测和电气限位保护及机械限位保护功能；转台采用进口力矩电机直接驱动，实现小型化、高转矩、高刚性的特性；传感器采用绝对式光电编码器作为角度传感器，实现转台高精度和平稳性控制；转台采用 DSP 为主处理器的位置控制方式，实现伺服定位精度 0.2mrad。

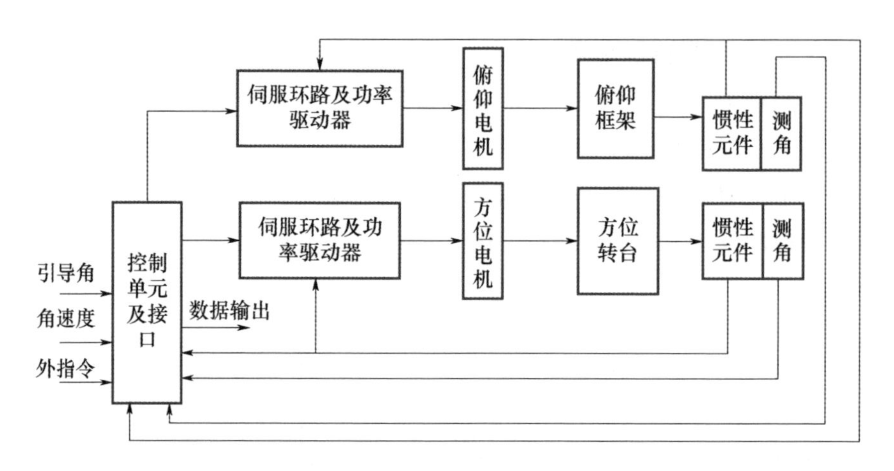

图 4-6　高精度电控伺服转台组成框图

4.2.1.4　信息处理与显示单元

信息处理与显示单元主要完成图像数据的显示，目标数据的跟踪处理，控制高精度电控转台、激光测距机和光纤激光器的工作状态。信息处理与显示单元硬件主要由工控机、显示器、键盘、鼠标组成。信息处理与显示单元软件主要由视频图像采集模块、目标跟踪处理模块、控制模块、状态反馈显示模块组成。视频图像采集模块主要完成视频图像信息的显示；目标处理模块主要完成目标的跟踪，以及跟踪信息的上传；控制模块主要完成接收目标数据、操控指令，并进行处理，以控制指令的形式对被控设备进行控制；状态反馈模块主要完成系统各设备运行状态的显示以及故障报警。

4.2.2　激光主动拒止系统工作过程

便携式区域激光主动拒止系统工作过程如图 4-7 所示。

设备开机后，粗跟踪伺服转台开始按设定巡视规律进行巡视，或者由操作人员自主操作巡视；当发现并确认目标后，可控制粗跟踪主动跟踪目标，待稳定跟踪目标后，激光测距机实时测量目标距离，并传送距离信息给信息处理与显示单元，信息处理与显示单元根据距离信息进行解算，进行自动变焦，同时，精跟踪自动或手动锁定目标的特定部位，比如身体胸部、头部、手部。当操作人员需要对目标进行打击时，按下激光发射按钮，即可实现激光输出，激光光束通过收发一体光学系统聚焦照射在目标上，直至收到预期效果。收到预期效果后，可转移锁定目标。在自动设定条件下，选定目标即可实现粗跟踪、精跟踪、测距、调焦、发射自动完成。

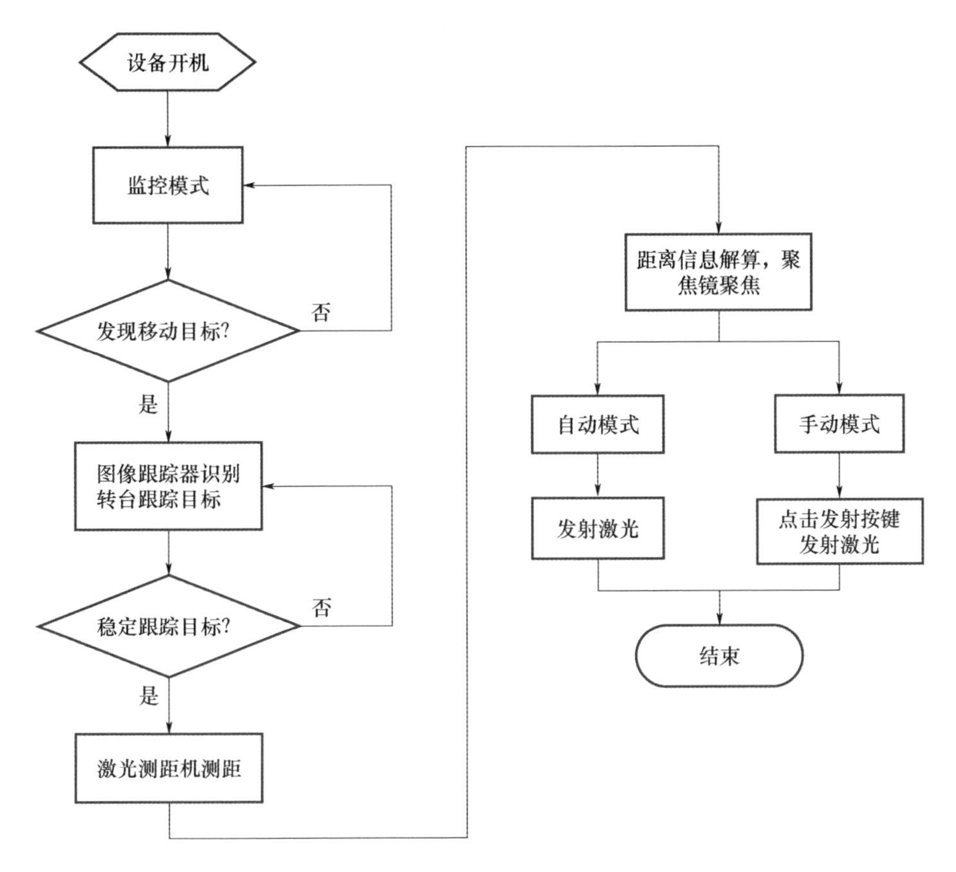

图 4-7 便携式区域激光主动拒止系统工作过程图

4.3 激光主动拒止系统关键技术

4.3.1 高功率激光光纤耦合技术

为了解决合成光束的灵活定向转发问题，对能量传输光纤的发展进行了比较，决定选用空心能量传输光纤组成的光纤束，将低功率的 LD 激光器的同步合成光束进行空间合束，再定向转发。与常规反射镜和卡塞格林望远镜组成的常规定向转发系统相比，利用空心光纤束可以省去复杂的光路调整过程，而只需对每根空心光纤的输出端进行对准或组合聚焦等调整，使输出激光功率等于多个 LD 激光器输出功率之和，可得到高功率合成激光束。

光纤耦合传输系统主要由激光光纤耦合模块、传输光缆模块、激光准直输出模块等组成。激光光纤耦合模块主要作用是将激光高效耦合进光纤。传输光缆将多根光纤合束成缆、外加保护铠甲，起到保护光纤不受外力损伤的作用。激光准直输出模块是通过扩束准直光学系统将光纤输出激光发散角压缩，使激光能量集中。

高功率激光耦合的关键技术，包括激光光纤耦合条件、多模激光器光束质量及其聚焦特性、耦合效率、光纤的选择和端面处理、光纤损伤机理及其阈值条件以及光纤出射激光准直等方面[5]。

4.3.1.1 激光光纤耦合条件

激光和光纤的耦合必须满足以下条件：

$$\begin{cases} \omega < d \\ \theta_{\text{Laser}} < 2\arcsin(\text{N. A.}) \end{cases} \tag{4-1}$$

式中：ω 为光纤端面处激光光束直径；d 为光纤纤芯直径；θ_{Laser} 为激光聚焦后的发散角（全角）；N. A. 为光纤的数值孔径。

光纤耦合条件如图 4-8 所示。

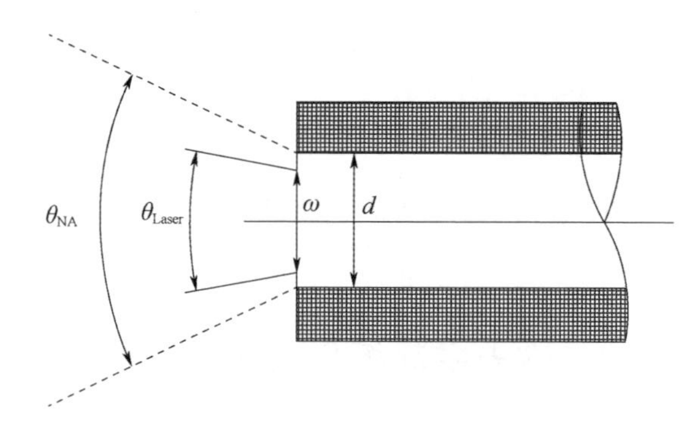

图 4-8 光纤耦合条件

4.3.1.2 多模激光器

描述基模高斯光束的参数有光束的束腰直径 ω_0、远场发散角 θ_0 等，对于基模高斯光束的 ω_0 和 θ_0 满足下式：

$$\theta_0 = \frac{\lambda}{\pi \omega_0 n} \tag{4-2}$$

式中：λ 为激光波长；n 为传输介质的折射率。

由于高泵浦功率下工作物质的热透镜效应导致了输出不是基模而是多模激光束。多模激光束的光束质量的好坏对于激光的传输和聚焦有着非常重要的影响。

光束质量参数是衡量激光可聚焦程度的参数，常用光束质量因子 M^2 表示[6]。

$$M^2=\omega\theta/\left(\frac{4\lambda}{\pi}\right) \tag{4-3}$$

式中：ω 为光束直径；θ 为光束发散角。

基模激光的 $M^2=1$，有利于光束的光纤耦合。

4.3.1.3 耦合透镜设计

目前，大功率激光光纤耦合系统中，激光的耦合一般是通过透镜来实现的。从激光光学变换的角度来说，透镜的组合有无穷多种，也可以把光纤头加工成圆形或者圆锥形、使用自聚焦透镜或者球透镜等[7]，但是在大功率激光光纤耦合系统中，透镜组合主要有“伽利略望远镜＋聚焦透镜”系统和单个聚焦镜两种。

1. “伽利略望远镜＋聚焦镜”系统

使用望远镜是为了先将光束进行准直、扩束，它将光束的近场分布复制到光纤端面，这样做可以使光束更好地聚焦。使用伽利略望远镜是因为它没有内部焦点，如图 4-9 所示，否则激光束会在聚焦点会聚产生很高的激光功率密度，从而使周围的空气电离。但是透镜数量的增加也使得激光在透镜传输时的损失增大。

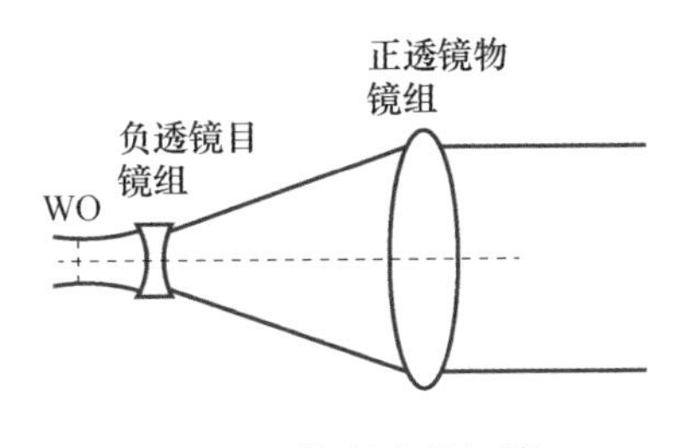

图 4-9 伽利略望远镜

在激光传输系统中避免光学表面的反射造成损伤，也是一种重要的设计因素。在伽利略望远镜中，凹透镜的设计和安装是非常关键的，如果凹面镜的反射光被聚焦到光纤端面，损伤的概率会大大增加。因此，在望远镜中使用的是平/凹透镜，而不用凹/凹透镜，并且曲面应该远离激光器前部的光学元件，在这种情况下，光学表面的反射光才会是发散的而不至于成为会聚光。

2. 单个聚焦镜

聚焦镜将光束的远场分布成像到光纤端面，虽然单透镜系统与“伽利略望远镜＋聚焦镜”系统相比聚焦性能有所下降，但仅有最少的两个面，使得系统的传输效率大大提高，而且聚焦性能的下降可以通过改变焦距来弥补。

3. 透镜像差的影响

光学设计中，光学系统的像差包括色差、球差、彗差、畸变、像散和场曲。但对于激光光纤耦合系统，通常只需考虑透镜的球差即可[7]。若单透镜的孔径不大时，初级球差和实际球差非常接近，高级球差很小，只需考虑光学系统的初级球差即可。

不同的透镜外形对光学系统球差的影响也是不同的。一般来说，聚焦透镜有4种外形，分别为双凸型、弯月型、平凸型和非球面型。四种透镜的像差对比关系为双凸型＞弯月型＞平凸型＞非球面消像差型。减小或消除透镜的球差，可以改善耦合系统的聚焦性能，还能减弱激光在整个传输系统中光束质量的劣化。一般的应用中，考虑到激光光纤耦合的要求和制作成本，通常可以选择平凸聚焦透镜。

聚焦透镜的放置位置对其球差亦有影响。平凸透镜在凸面进光，平面出光时的球差相比平面进光、凸面出光时的球差要小。正弯月透镜也遵从类似的规律。

4.3.1.4 光纤端面的处理

光纤的损伤阈值是限制光纤传输功率的主要因素。光纤的损伤机理主要有本征吸收、电离、自聚焦、杂质吸收和非线性吸收等。

光纤的损伤主要由体损伤和面损伤两种[8]。光纤的损伤是以光纤的炸裂为主，激光束照射到材料内部，焦点的功率密度很高，引起了强烈的非线性吸收，导致多光子电离，形成等离子体。等离子体迅速膨胀导致光纤炸裂。

光纤的面损伤的原因比较复杂，主要由以下方面：材料表面本身含有杂质；抛光过程中表面形成了裂痕和缺陷；光纤表面暴露在空气中，易吸收空气中的杂质和水蒸气而污染。正常大气条件下，即使在理想无缺陷的光纤表面也会吸附一层5～9nm厚的水层。一般来说光学元件的表面损伤阈值只有体损伤阈值的1/2～1/100，这使得光纤的损坏易发生在端面处。所以为了提高光纤端面的损伤阈值，必须对光纤端面进行抛光、镀增透膜、退火处理[9]。

1. 光纤表面抛光

与光学表面的传统抛光技术相比，离子抛光和化学腐蚀等超抛光技术产生的损伤阈值较高，超抛光技术使得表面的均方粗糙度低于0.1nm，而传统的抛光技术在高质量情况下所得到的表面粗糙度为1～2nm。

2. 镀增透膜

增透膜的设计较成熟，经典的由一层 MgF_2 构成，有时为了更低的反射率，需选用 3 层或多层膜。膜料的性质对膜层效果有决定性作用。因此，除了理想的折射率之外，每次镀膜时稳定的折射率、均匀的膜层、低吸收性以及牢固性都非常重要。

3. 退火处理

在很多镀有厚膜层或薄膜层的光学材料上，始终可观察到这样的结果：使光束的一个分量在开始发射时刚好处于单次脉冲的损伤阈值以下，然后逐渐增大其能量密度，通过这一过程可以永久地显著增大损伤阈值。根据一般经验，至少需要 5 次发射才能使光学器件达到调节所需最大阈值的 85%。

此外，在调节中第一次发射的能量密度大约是未调节的损伤阈值的一半。事实上，上述由弱到强的调节过程类似于对光纤进行退火处理，有利于提高光纤的损伤阈值。

4.3.1.5 耦合器设计

1. 光纤接头设计

由于高功率密度的激光很容易损伤光纤表面，为了方便更换光纤，光纤与耦合透镜的连接方式通常采用插接式，使得光纤接头可以方便地拆卸。光纤连接头的设计关键部分是光纤的定位，光纤的固定应采取无胶定位[10]。

2. 对准公差要求

光纤能量传输要求尽可能多地将激光能量从输入端传到输出端。影响光纤耦合效率因素除了上面谈到的光纤耦合条件外，还有激光聚焦光斑与光纤的对准误差导致的损耗。

用于大功率激光传输系统的光纤的芯径较小，因此在设计耦合器时保证在机械上激光束精确对准光纤端面是非常重要的，如果存在激光束与光纤的机械对准误差，必将产生激光的辐射损耗。激光与光纤的对准误差包括聚焦光斑与光纤端面位置的纵向间距误差 Δs，聚焦光束的光轴与光纤光轴的横向误差 Δd，聚焦光束光轴与光纤光轴的角度误差 $\Delta\theta$。其中横向误差对耦合效率的影响最大，角度误差的影响最小。

3. 耦合器制冷设计

光纤损伤通常发生在距离光纤端面几厘米处，因此在距离光纤表面几厘米处要进行冷却，以避免管线损坏。光纤接头制冷器示意图如图 4-10 所示。

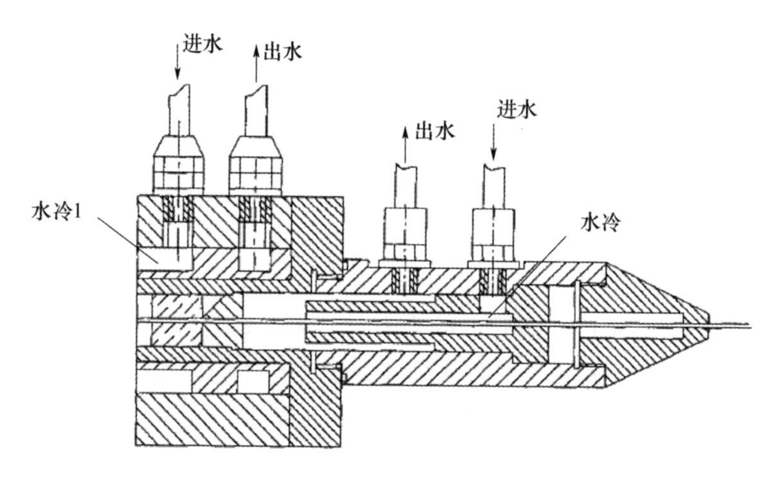

图 4-10　光纤接头制冷器示意图

4. 光纤出射光准直

激光经过光纤远距离传输，光束质量严重恶化，需要扩束望远镜对出射光束压缩发散角以满足使用要求。光纤芯径为 0.1mm，数值孔径为 0.22，出射光束发散角为 25.4°。原始发散角较大的情况下宜采用单透镜准直。

4.3.2　激光远场光束发射控制技术

为了在尽可能短的时间内打击目标，需要将激光束会聚到目标上形成功率密度尽可能高的光斑。而激光束远场聚焦一般是通过光束发射控制系统改变系统焦距，将激光束输出的功率最大限度地集中到远场目标上。目前的控制方式主要通过逆伽利略望远镜系统和逆卡塞格林系统对激光束控制[11]。逆伽利略望远镜系统由凸、凹两片透镜组成，通过改变两透镜之间的距离，从而控制系统的焦距，将激光束在远场进行聚焦。该系统的不足是随着远场距离的增大，聚焦光斑尺寸偏大，光斑能量的相对强度较弱，而且聚焦精度不易控制。逆卡塞格林系统由凹非球面主镜和凸球面次镜组成，通过改变主、次镜之间的距离，实现激光束在远场聚焦。该系统的不足是光束控制系统体积较大、不易系统集成。因此，从便携性、小型化和实用性等角度考虑，将激光器输出激光通过光纤柔性传输到发射望远镜中，实现激光束的远场聚焦。

4.3.2.1　激光束远场聚焦光学系统设计

激光束远场聚焦技术是激光发射光束以会聚形式传播的关键技术，而聚焦系统是将入射激光束实现远场聚焦的主要部件，决定着激光束的远场聚焦特性，对激光能量的利用效率有着重要影响。系统采用望远镜系统进行激光束的扩束、准直和发射，激光束经过望远镜系统后产生束腰和发散角的多次变换；可以通过控制失调望远镜系统的透镜间距来调节高斯激光束的束腰位置和束腰半径，使束腰位于目标附近，以实现激光束远场聚焦。

光束发射控制系统结构如图 4-11 所示，其光学系统结构仿真如图 4-12 所示。

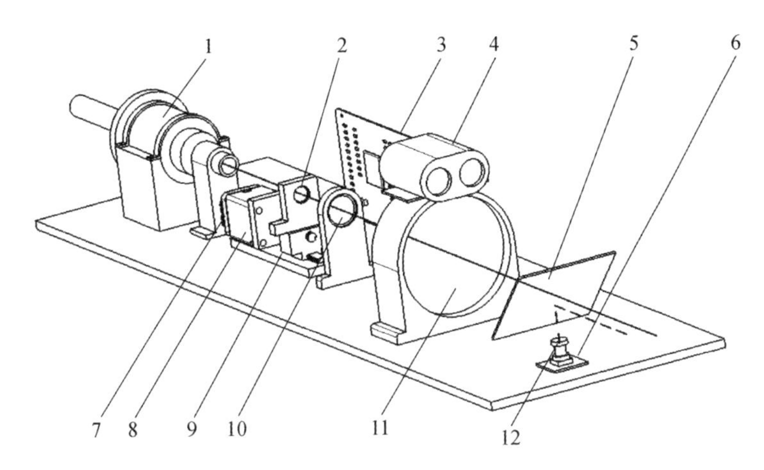

1—光束准直组件；2—调焦镜片；3—主控制单元；4—激光测距模块；5—半透半反分光镜；6—视频采集与处理单元；7—电机驱动控制器；8—直线电机；9—精密导轨；10—凹面镜；11—双胶合的弯月透镜和平凸组合透镜；12—CCD 成像单元。

图 4-11 光束发射控制系统结构图

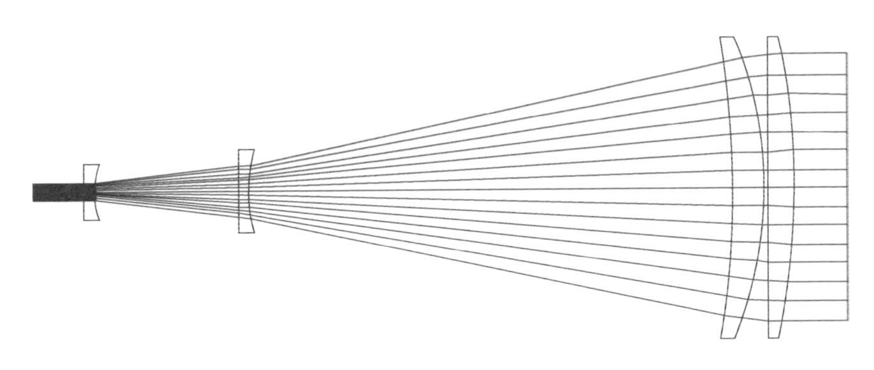

图 4-12 光学系统结构仿真示意图

光学系统入射光斑最大尺寸 14mm，出射光斑最大尺寸 105mm，光学系统总长 263mm；光学系统通过调节前组透镜之间间距实现 15m、30m、50m、100m、200m 不同距离远场聚焦。

第一个透镜直径为16mm，第二个透镜直径为30mm，第三、四个透镜直径110mm为组合透镜，第二、三、四透镜位置固定。第一透镜可调节范围为10mm，最远距第二个透镜为83mm，最近距第二个透镜为73mm，第二个透镜至组合透镜距离为180mm，光学系统总长为263mm。

第一个透镜镜片固定在结构件上，结构件通过转接板固定在精密导轨上，转接板与直线电机丝杆相连接，通过该联动装置，凹面镜镜片随直线电机丝杆的旋转做直线运动。

电机控制驱动器选用的是型号为UIM24104的微型一体化步进电机控制驱动器，体积为42.3mm×42.3mm×13.5mm。控制驱动器内置高性能64位计算精度的嵌入式微处理系统。运动控制和实时自动信息反馈均在1～2ms内完成。采用RS232通信协议，装置的主控单元可以通过RS232串口连接到控制驱动器后，向控制驱动器发送ASCII指令即可控制和驱动步进电机。

直线电机选用的是MOONS′ LE11HS1外部驱动式直线电机，体积小，精度高，性能强，适合在极其有限的空间内使用。

4.3.2.2 激光远场光束聚焦像质分析和光斑尺寸仿真

望远镜光学系统具有远场聚焦功能，通过调节主次镜之间的光学间隔能够实现入射激光束的远场聚焦。距离薄透镜 O_1 为 l_1，可以通过下式计算入射到透镜上的光束截面半径：

$$\omega^2=\omega_0^2\left[1+\left(\frac{l_1}{\pi\omega_0^2}\right)^2\right] \tag{4-4}$$

式中：ω_0 为束腰半径。

传输到透镜的高斯光束波面中心部分的曲率半径 R 与波面顶点到束腰的距离之间可根据下式进行计算：

$$\frac{1}{R'}-\frac{1}{R}=\frac{1}{f'} \tag{4-5}$$

即通过激光束入射波面曲率半径 R 和透镜焦距 f' 可以求得变换后高斯光束的曲率半径 R'。

通过以上公式，代入激光束入射条件、激光束束腰半径 ω_0 和入射距离 l_1，即可根据失调望远镜参数：目镜焦距 f'_1、物镜焦距 f'_2 和两镜间隔 d 进行远场聚焦光斑尺寸计算。

不同聚焦距离点列图，如图4-13所示。

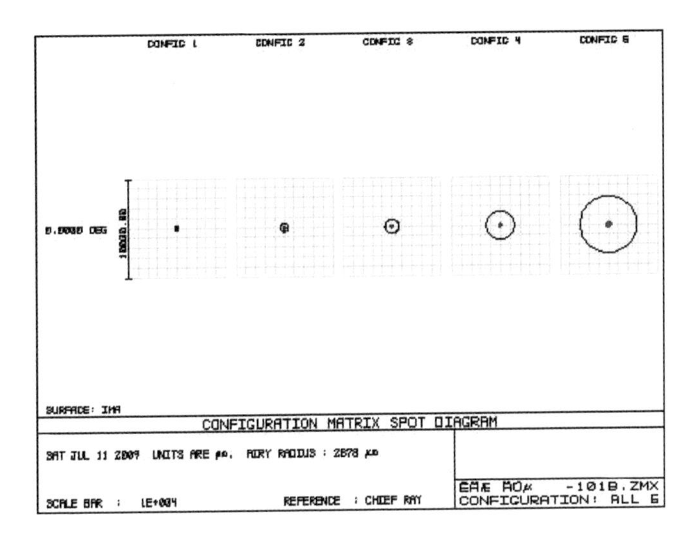

图 4-13　不同聚焦距离点列图

光学系统分别在 15m、30m、50m、100m、200m 位置处聚焦的点列图分布情况。从点列图可以看出，光学系统几何像差校正良好，光学系统像质在衍射极限以内。光学系统远距离聚焦光斑尺寸主要受到衍射效应和大气传输湍流影响。

使用光学仿真软件，依次分析光学系统聚焦在 15m、30m、50m、100m、200m 的聚焦光斑仿真如图 4-14 所示。

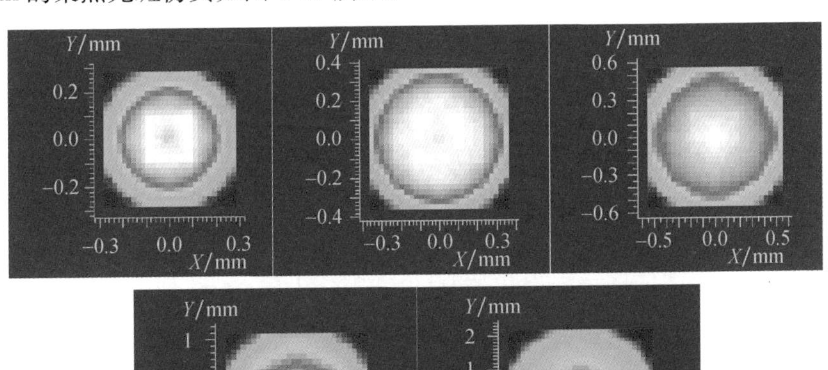

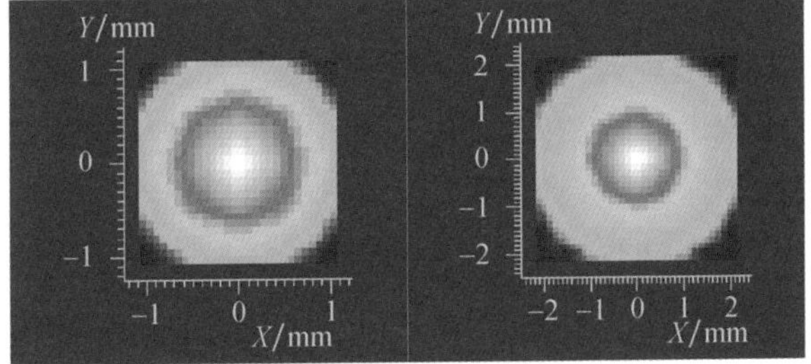

图 4-14　不同聚焦距离光学系统聚焦光斑仿真

从仿真结果来看，200m 处聚焦光斑尺寸约为 4mm，15m 处聚焦光斑尺寸约为 0.6mm。由于衍射效应和大气扰动影响，远距离传输激光光学系统聚焦光斑尺寸会略大于以上仿真数值。

4.3.2.3 激光束远场自动精确聚焦控制

本装置采用移动激光束远场聚焦光学系统中第一透镜的方式实现光束的自动精密聚焦，直线移动机构采用导轨丝杠作为执行部件，在移动的滑块上固定透镜支架。直线移动机构根据测距信息及控制指令，控制透镜快速移动，移动范围为 0～20mm，同时返回定位位置信息。直线移动机构示意图如图 4-15 所示。

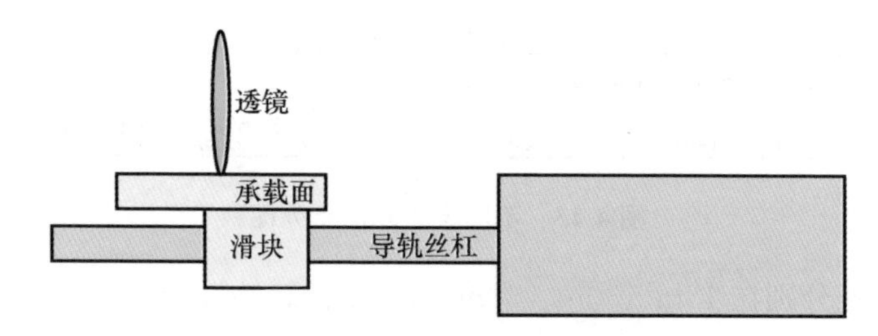

图 4-15　直线移动机构示意图

自适应激光束远场精确聚焦控制原理框图如图 4-16 所示。

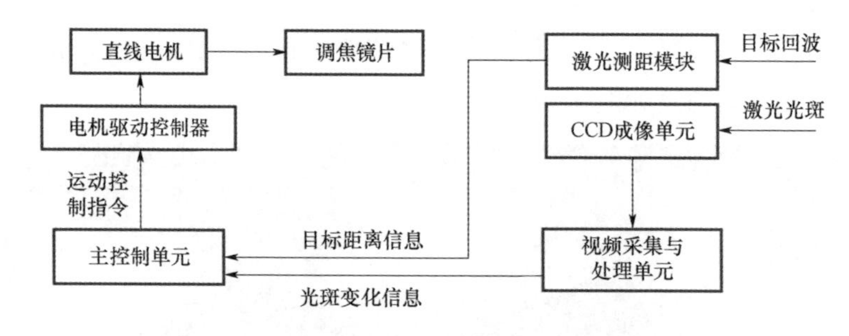

图 4-16　自适应激光束远场精确聚焦控制原理框图

自适应激光束远场精确聚焦控制的实现流程为：系统加电、直线电机自动归零位，打开激光光源触发开关，瞄准远场目标，激光测距模块完成对瞄准目标的测距，迅速准确地测定目标的距离参数，并将目标的距离信息传送给主控制单元，主控制单元根据该距离信息，驱动直线电机进行预标定位置的直线位移，电机带动调焦镜片进行直线位移，改变目镜和物镜之间的相对位置，从而调节系统焦距。在此基础上，通过视频采集与处理单元检测 CCD 成像单元获取的激光光斑大小变化信息，实时细微调整系统焦距。装置依据目标距离信息和激光光斑大小变化信息实现了对远场目标精确聚焦的自适应控制。

激光测距模块选用的是型号为 REALWAVE MA001 的激光测距模块。采用 905nm 人眼一级安全激光二极管，量程为 1000m，精度为 1m，测距指令和距离信息通过 RS232 串口通信方式传输。

视频采集与处理单元中 CCD 成像单元的视场中心与激光出射光轴共轴设计。具体实现是通过在光学调焦组件光束输出端的光路上 45°方向放置半透半反镜，在与激光出射轴的垂直方向安装 CCD 成像单元。通过视频采集与处理单元检测 CCD 成像单元获取的激光光斑大小变化信息。

对系统进行目标距离与电机移动位移标校，其具体操作包括标校和自动聚焦流程如图 4-17 所示。

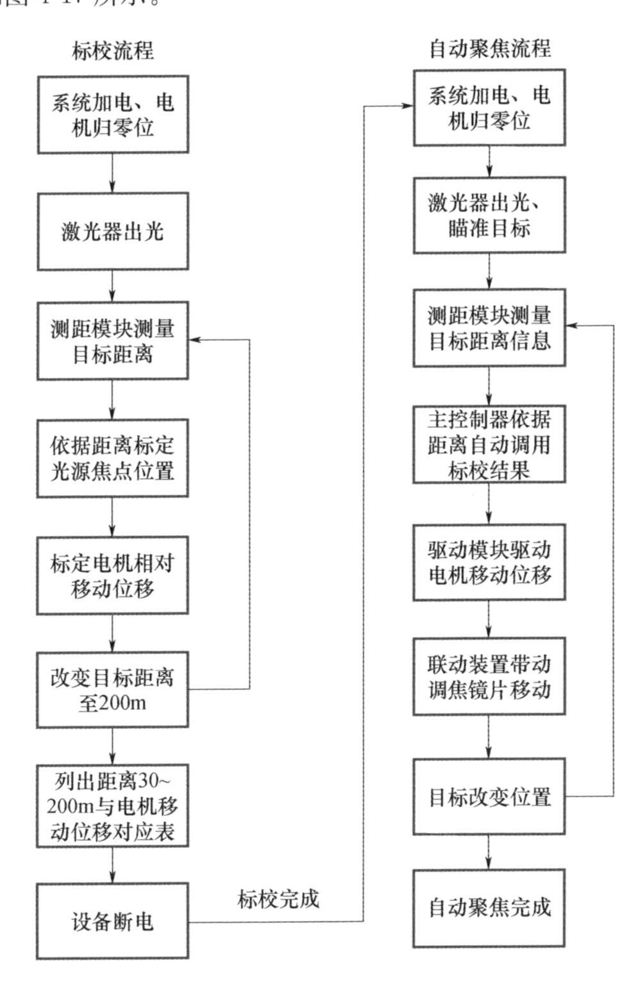

图 4-17　激光光束远场自动聚焦装置标校和自动聚焦流程

系统加电、直线电机自动归零位，打开激光光源触发开关，采用测距模块测距并设置目标位置基准点，前后调整电机的移动位置，找出基准点处激光光斑的聚焦点，标定出基准点处对应的电机移动位置，设定增量改变目标位置，重复上述标校过程，直至全部位置的标定，将标校的结果拟合得到位移-距离函数，写入主控制单元程序。

4.3.3 激光远场功率密度自适应控制技术

激光拒止的效果主要与激光照射到目标处的功率密度有关。只有测定出连续激光照射到漫反射靶上的激光光斑功率密度分布数据，才会使得激光远场功率密度控制成为可能。测量可以通过使用 CCD 相机采集漫反射靶板上的激光光斑图像来实现测量激光功率的相对分布情况。但一方面 CCD 相机没有办法获得光斑功率的绝对分布情况；另一方面，激光功率测量的设备受到光斑直径、光斑功率大小等因素限制，激光光斑参数必须在一定的空间范围和功率强度下才能达到被 CCD 相机探测到的门限。采用光纤探测器与 CCD 相机相结合的测量方法能在较好解决上述遇到问题的前提下，较准确实现激光远场功率测量，从而为激光远场功率密度控制提供依据。

4.3.3.1 激光远场功率密度测量总体方案

为了定量化分析激光远场功率密度及光强分布情况，设计到靶激光功率密度测量方案。激光光强分布测量设备示意图如图 4-18 所示。

激光光斑功率测量系统主要包括外同步触发 CCD 图像采集模块、一定数目按特殊规则分布的光纤探测模块、含有光纤探头的漫反射靶模块和数据处理模块。测量方法原理框图如图 4-19 所示。

测量系统的设计思路是将漫反射靶板布置在距离激光发射器一定距离处，将光纤阵列布置在漫反射靶板上各个孔位，用于接收并采集得到的激光光斑数据。将高清 CCD 相机布置在漫反射靶板前方，相机图像中心点瞄准漫反射靶板，在同步触发控制下，实时获取激光光斑图像数据，使得获取的图像数据与光纤传感器阵列获得的激光能量数据在时间上同步。

通过以上所述设备可以从 CCD 相机采集结果中得到靶面光斑的能量强弱分布相对值，而靶面上的光纤传感器将测量出激光能量分布的绝对值，从而实现对相机测量值的标定，根据相应的算法处理，可得到漫反射靶面上的激光能量在任意位置处的有效分布密度、有效激光光斑的功率分布值、激光光斑中心位置、激光光斑的水平直径、垂直直径大小和激光光斑的面积。而功率密度测量漫反射靶板的选用、靶面上激光探头的孔位与数目、激光成像的识别与定位精度等因素将给激光光斑功率测量系统带来很大的影响。

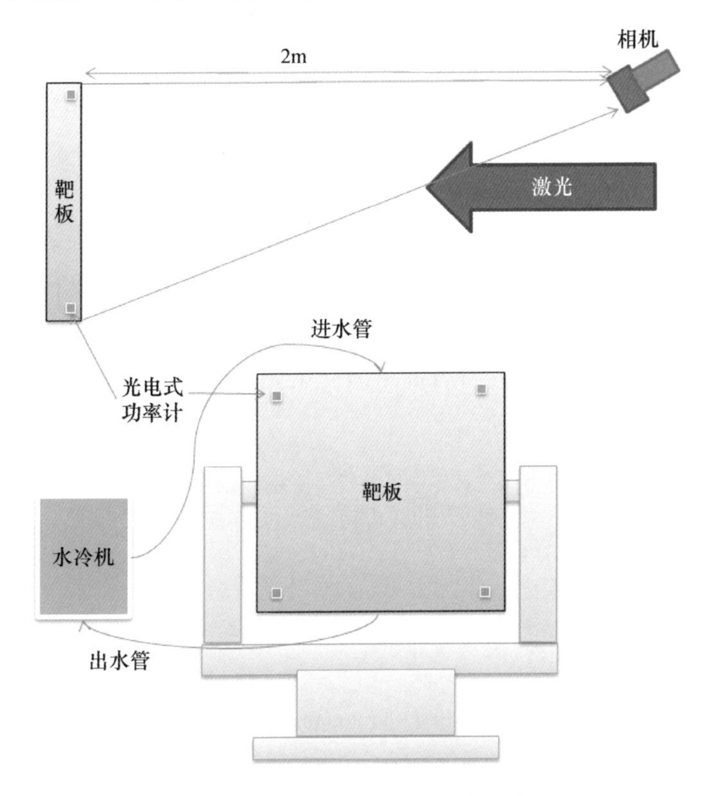

图 4-18　激光光强分布测量设备示意图

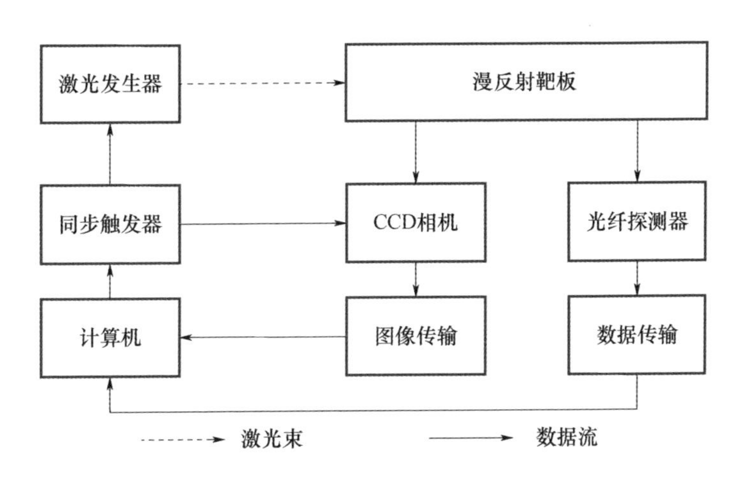

图 4-19　测量方法原理框图

4.3.3.2 漫反射靶板设计

漫反射靶板设备的组成主要包括漫反射板面、漫反射靶板支撑架和光纤探头孔位。漫反射靶板面采用超硬铝合金，铝合金表面喷涂静电粉末，均匀性超过95%，对红外光激光漫反射率大于60%，对可见光激光漫反射率大于80%。该漫反射靶板板面有良好的耐摩擦能力，具有不易老化、防水、防雪、防风、防晒等特点。

靶板上激光光斑能量分布符合典型的高斯光束投射在靶板表面，通过高斯函数进行分析，光斑的强度主要集中于光束中心点附近。设计中为了尽可能节约光纤探头数目，同时又更好测定光斑能量分布的实际值，本测量系统25个光纤探头孔位分布设计符合高斯激光束光斑能量正态分布。漫反射靶板上光纤孔位分布如图4-20所示。

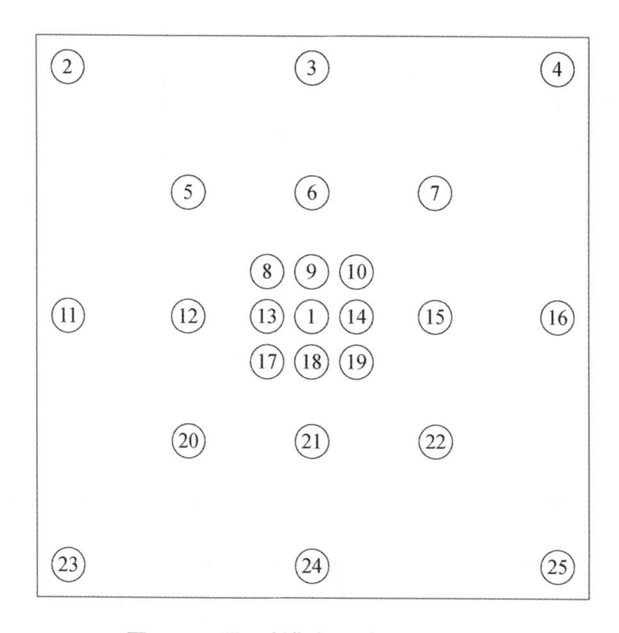

图4-20 漫反射靶板上光纤孔位分布

4.3.3.3 光纤探测模块

整个光纤探测模块是一个专门针对本激光光斑功率测量系统，激光斑能量强度高、激光动态范围大、激光光斑功率检测精度高的现实要求而设计研发的大型多通道强激光光信号精密检测处理模块。光纤探测模块使用25个光纤激光探测器，在远场0.4m×0.4m的激光光斑接收靶板横纵轴和对角线方向上分别按正态分布密度要求进行布置。将整个模块的激光探测器分成5个相互独立的并行激光探测处理组，每个组分别对应一块收集处理 5 个光纤探测器信号并进行通信的五通道数据采集板，5 块五通道数据采集板将数据传输给信号处理板进行数据处理。信号处理板将处理完的数据通过 485 通信电路传送给 PC 机。

4.3.3.4 CCD 成像系统测量

CCD 成像系统采用大动态范围相机，主要包括 CCD、镜头、衰减片、滤光片。被测激光束照射到靶面上，CCD 成像系统对激光光斑进行成像，对比光电功率计测量值，利用像的灰度分布经处理后作为入射激光束的强度分布，通过强度分布参数计算得到光斑尺寸、质心、质心抖动以及激光功率等参数[12]。

由于光学成像系统的引入，像面照度分布受到光学系统参数和测量组件布局的影响；此外，CCD 响应非均匀性、衰减片透过率等都会引起光斑强度分布的畸变。当测量设备各部分组装完成后，各影响因素便是恒定的，因此可将引起像面光斑强度分布畸变的所有因素一起来进行全系统校正，提高系统测量精度。

试验时，依据 CCD 拍摄激光光斑的倾斜角度，在后处理算法中利用透视投影原理，将采集到的光斑畸变图像进行校正，针对 CCD 获取的漫反射激光光斑图像，构建朗伯漫反射模型，用朗伯修正算法将漫反射光斑的能量密度修正到正入射激光光斑的能量密度。

4.3.4 目标稳定跟踪瞄准控制技术

便携式区域激光主动拒止系统在一定距离实施激光主动拒止，而激光热效应作用机理决定了照射的激光在目标区域上需要稳定停留一段时间，尤其对于移动目标需要深入研究目标稳定跟踪瞄准控制技术，它是装置作用发挥的关键。在该装置中不仅需要实现对大视场中目标（主要是人员）的搜索定位，而且需要实现对小视场中目标重点部位局部（比如：手部）的稳定精确跟踪。为解决大小视场搜索跟踪切换过程中的移动目标稳定跟踪瞄准问题，因此，提出并运用了粗定位与精跟踪相结合的目标稳定跟踪瞄准控制方法。CCD 视频跟踪与瞄准部件应具备视场自动调节功能，先进行大视场搜索，再利用小视场对目标进行精确跟瞄，以引导激光精确照射目标。因此，需要研究并突破小视场高精度、快速跟踪技术，以满足目标搜索、瞄准和跟踪，满足激光精确照射目标的要求。CCD 视频跟踪与瞄准转台总体设计框图如

图 4-21 所示，跟踪瞄准视场转换流程如图 4-22 所示。

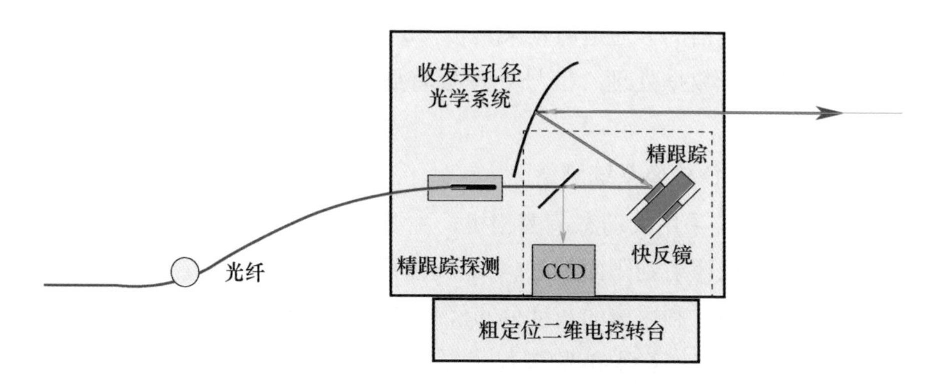

图 4-21 CCD 视频跟踪与瞄准转台总体框图

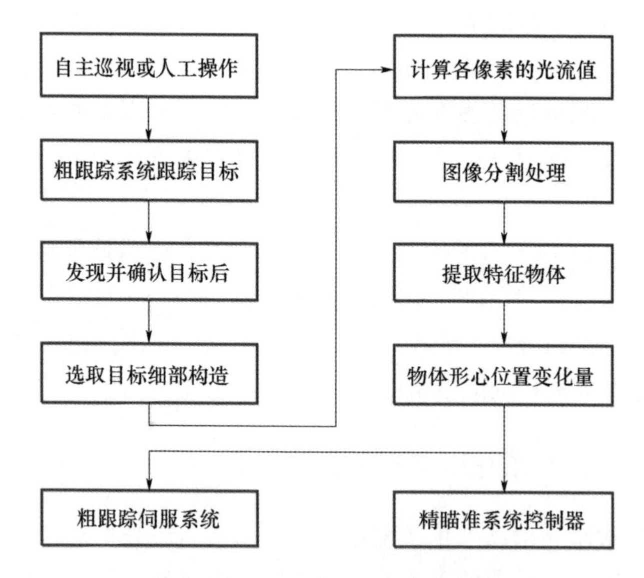

图 4-22 跟踪瞄准视场转换流程图

1. CCD 视频跟踪瞄准方法

在自动设定条件下，CCD 视频跟踪瞄准转台一旦选定目标即可实现粗定位、精跟踪、测距、调焦、发射自动完成。粗定位采用 CCD 探测光学系统对目标进行跟踪定位。主要由二维电控转台和粗定位探测单元组成。二维电控转台由显控设备发送目标引导指令，转台按照目标引导的信号指令转向目标位置。精跟踪主要实现对目标的稳定精确跟踪，精跟踪功能主要由精跟踪探测与快速反射镜组成。快速反射镜由轻质反射镜、音圈电机、柔性铰链和位移传感器等部分组成[13]。快速反射镜各部分组成关系如图 4-23 所示。

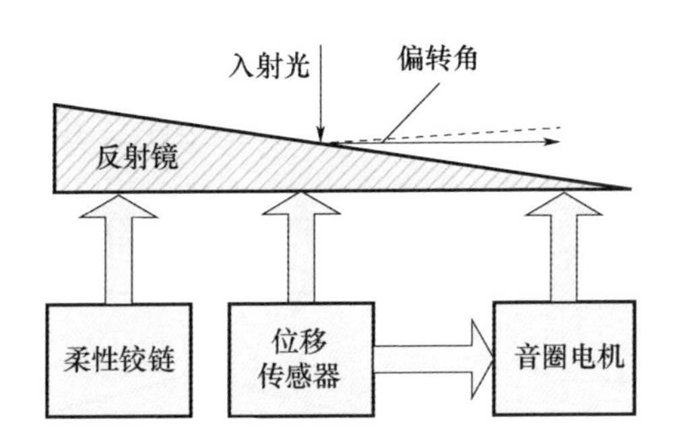

图 4-23 快速反射镜各部分组成关系

图 4-24 为快速反射镜的结构原理图，4 个柔性铰链分别固定在靠近音圈电机的转动轴线位置上，反射镜支撑在 4 个柔性铰链上，周围 4 个支点是音圈电机，2 个一组作为驱动机构。

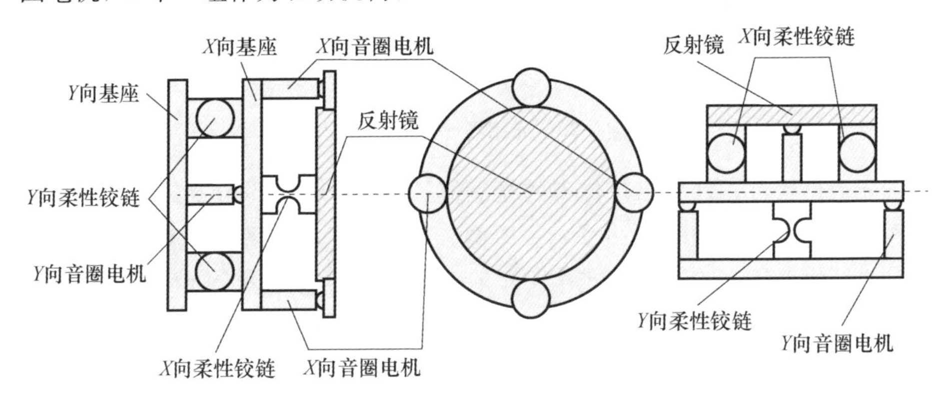

图 4-24 快速反射镜的结构原理图

以绕 y 轴转动为例，工作时，一个驱动器伸长、一个缩短，通过柔性铰链，将驱动器的直线运动转化为旋转运动，以推拉方式驱动反射镜绕 y 轴转动。绕 x 轴转动的原理与此类似。反射镜具有方位和俯仰 2 个自由度。

2. CCD 视频跟踪瞄准软件设计

对可疑人物的跟踪，需要一套能够响应速度快、稳定性高、实时性强的图像跟踪控制器。为了实现上述要求，首要任务是把运动物体从背景中分离和特征提取。图像跟踪控制器的特点是：系统稳定、快速性、实时检测特征物体并实现跟踪，即使物体实时处在 CCD 摄像机视场中心附近。

图像跟踪控制器采用图像光流场计算法，光流场计算法流程图如图 4-25 所示。光流场计算方法主要包括以下三个重要步骤：数字图像的前期预处理、图像处理参数设置初始化和图像数据的光流迭代计算。

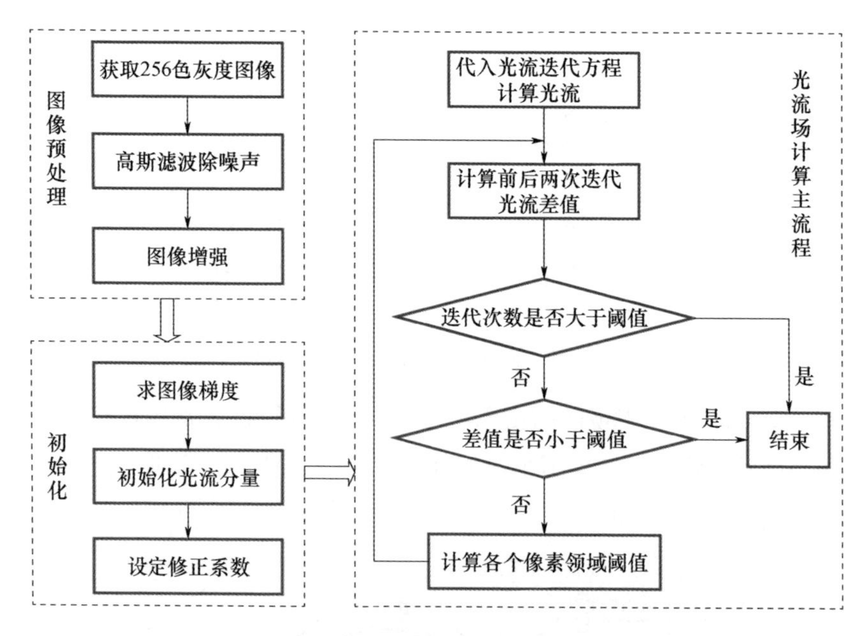

图 4-25　光流场计算法流程图

光流迭代首先计算出各像素的光流值，然后进行图像分割处理，光流迭代图像分割流程图如图 4-26 所示。图像分割原理是按照图像的某些特性将图像信息分割若干个不同区域，在这些不同的区域内的图像像素信息都存在着相同或相近的某些图像信息特性，但是分割出来的相邻区域有着特性不同的图像信息，继而提取特征物体，并找到目标形心位置，从而完成位置控制。采用最大信息阈值图像分析法的方案，流程图如图 4-27 所示。

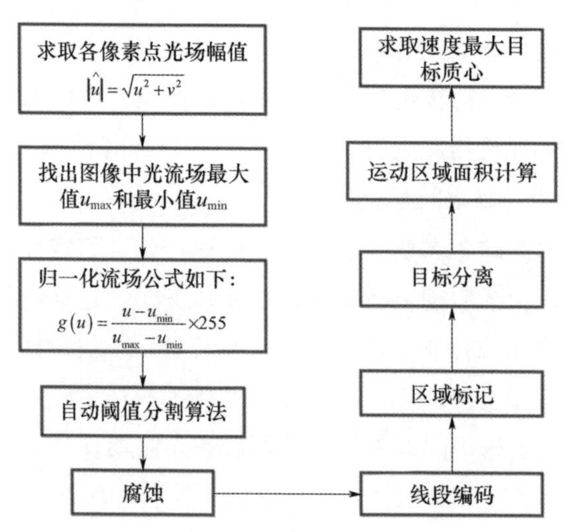

图 4-26　光流迭代图像分割流程图

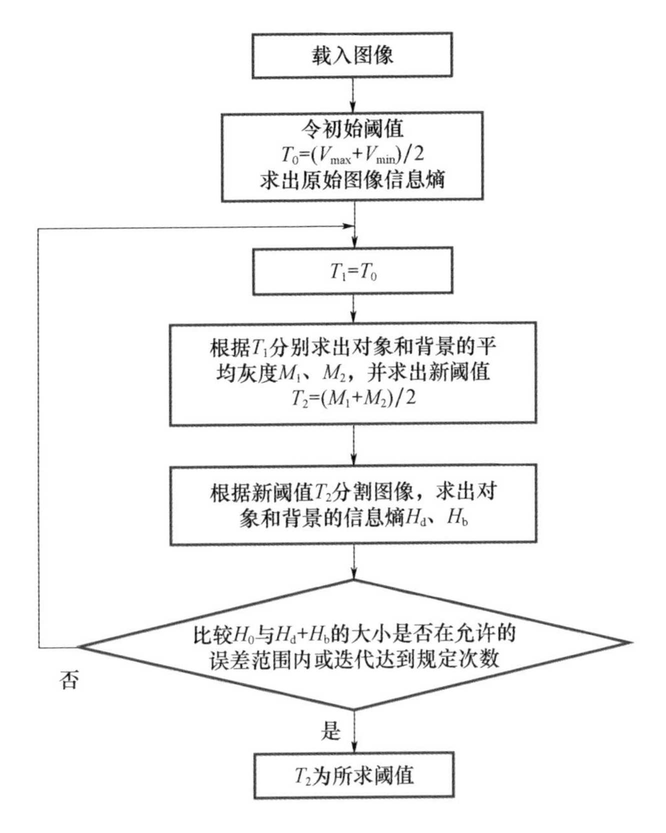

图 4-27 最大信息阈值流程图

至此，计算出图像区域和目标形心，从而找了 CCD 摄像机跟踪数据。系统驱动高精度电控伺服转台实现跟踪控制流程图如图 4-28 所示。

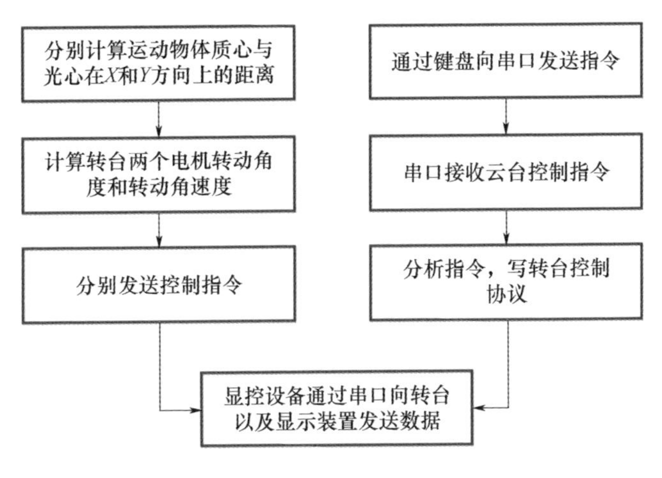

图 4-28 跟踪控制流程图

4.4 激光主动拒止系统测试试验

4.4.1 激光远场光斑功率密度测试试验

激光拒止的效果主要与激光照射到目标处的功率密度有关。只有测定出激光照射到漫反射靶上的激光光斑功率密度分布数据，才会使得激光远场功率密度控制成为可能。为了定量化分析激光远场功率密度及光强分布情况，采用了光纤传感器阵列探测与CCD成像探测相结合的到靶激光功率密度测量方案。根据激光远场功率密度测量结果，结合激光测距信息，构建目标距离、目标指示光斑信息、功率密度分布、激光输出功率之间的关系模型。在实际运用中，通过目标距离和指示光斑信息，控制光学系统调焦，得到精确聚焦的激光光斑，由对目标激光拒止效果需要确定远场激光功率密度，进而调整激光器的输出功率，从而使照射到目标上的激光功率密度可控，既能达到主动拒止的效果，又能使被拒止对象的损伤程度可控。

将漫反射靶板布置在距离激光主动拒止系统50m距离处，将光纤阵列布置在漫反射靶板上孔位处，用于接收并采集得到的激光光斑数据。将高清CCD相机布置在漫反射靶板前方，相机图像中心点瞄准漫反射靶板，在同步触发控制下，实时获取激光光斑图像数据，使得获取的图像数据与光纤传感器阵列获得的激光能量数据在时间上同步。从CCD相机采集结果中可以得到靶面光斑的能量强弱分布相对值，而靶面上的光纤传感器将测量出激光能量分布的绝对值，从而实现对相机测量值的标定，根据相应的算法处理，可得到漫反射靶面上的激光能量在任意位置处的有效分布密度、有效激光光斑的功率分布值、激光光斑中心位置、激光光斑的水平直径、垂直直径大小和激光光斑的面积。

激光远场光斑功率测量系统的软件功能模块如图4-29所示。

各个光纤探测器所在位置采集到激光能量数据，从而计算出所在位置的功率密度，结合CCD相机成像结果中光纤探测器所在位置的灰度值数据进行数据拟合，用上面所述CCD图像与光纤探测值的映射方法拟合8帧图像的功率密度，结合探测器采集数据得出的功率密度和由灰度值映射表达式得出的拟合功率密度。

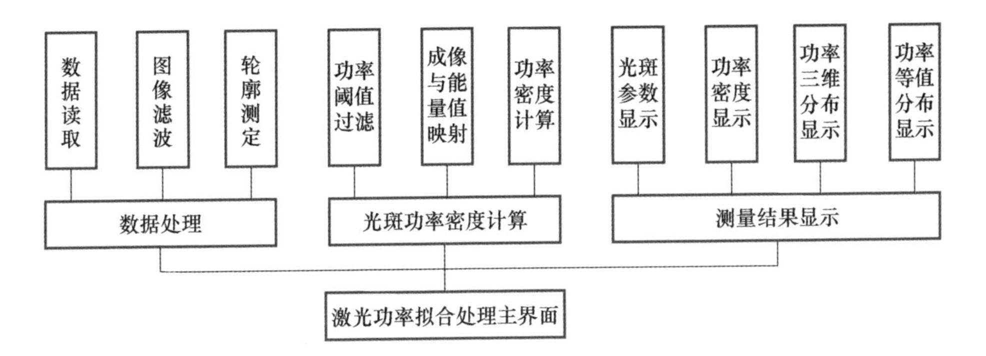

图 4-29 激光远场光斑功率测量系统的软件功能模块

通过对试验数据的整合，运用离散化处理二维图像，使二维图像中灰度值投射至三维图像里，可以得到激光光斑功率分布的三维图像与等值图像的成像结果，分别如图 4-30、图 4-31 所示。

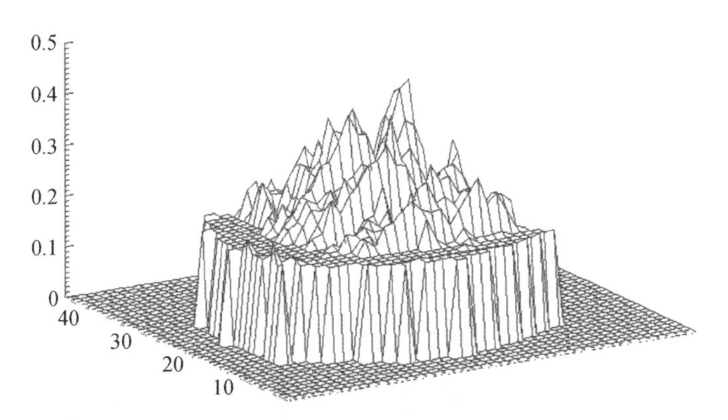

图 4-30 激光远场光斑功率密度三维分布图

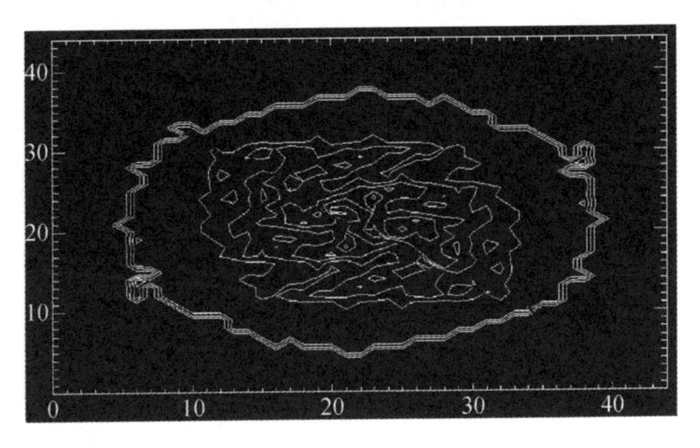

图 4-31 激光远场光斑功率密度等值分布图

实际测得距离目标为 z 处的激光光斑大小以及测量标定的激光功率密度 $I(z)$，构建目标距离、目标指示光斑信息、功率密度分布、激光输出功率之间的关系模型如下式：

$$P_0=\pi I(z)\left(\frac{\lambda f'_3}{\pi\omega_0 M}\right)^2=\pi I(z)\left(\frac{\lambda f'_3 f'_1}{\pi\omega_0 f'_2}\right)^2 \tag{4-6}$$

式中：P_0 为激光的输出功率；λ 为激光波长；f'_1、f'_2分别为扩束望远镜的目镜和物镜的焦距；f'_3为聚焦透镜的焦距；ω_0 为光纤激光器的输出口激光束腰半径。

根据激光远场功率密度测量结果，结合激光测距信息，在实际运用中，通过目标距离和指示光斑信息，控制光学系统调焦，得到精确聚焦的激光光斑，由对目标激光拒止作战效果需要确定远场激光功率密度，进而调整激光器的输出功率，从而使照射到目标上的激光功率密度可控。操作人员一旦选定目标，只需按下发射激光按钮，即可达到致燃、灼伤、击穿、引爆等多种作战效果。

4.4.2 激光远场打击效果试验

便携式区域激光主动拒止系统试验场景如图 4-32 所示。

图 4-32 便携式激光主动拒止系统试验场景

连续光纤激光器输出功率为 100W 时，测试距离为 200m，聚焦光斑大小约为 6mm×6mm，效应物主要包括迷彩服、白色衣物、胶皮、线缆皮、橡胶轮胎、皮肤（猪皮）等，试验效果如图 4-33 所示。

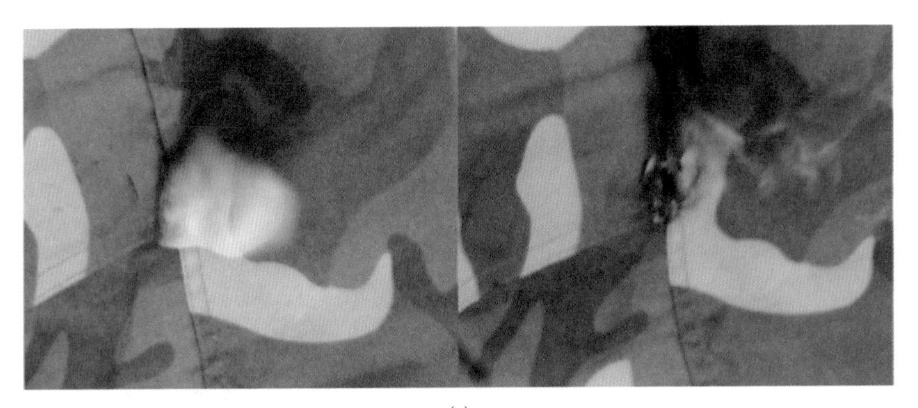

(a)

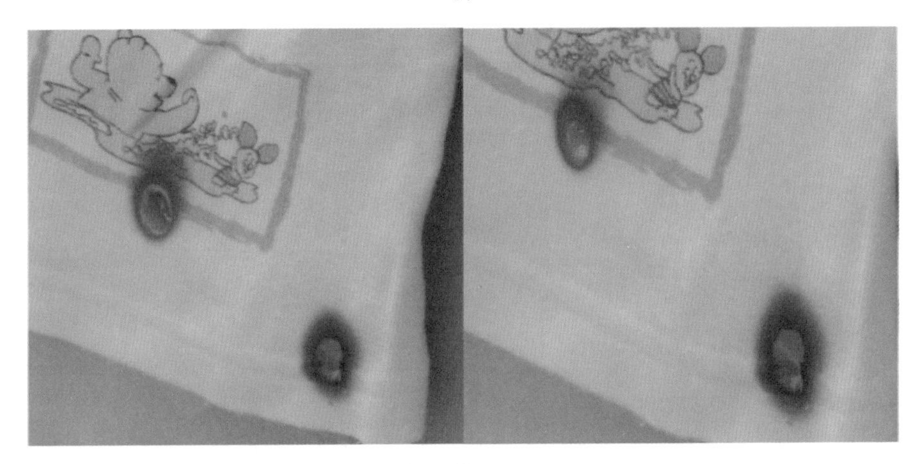

(b)

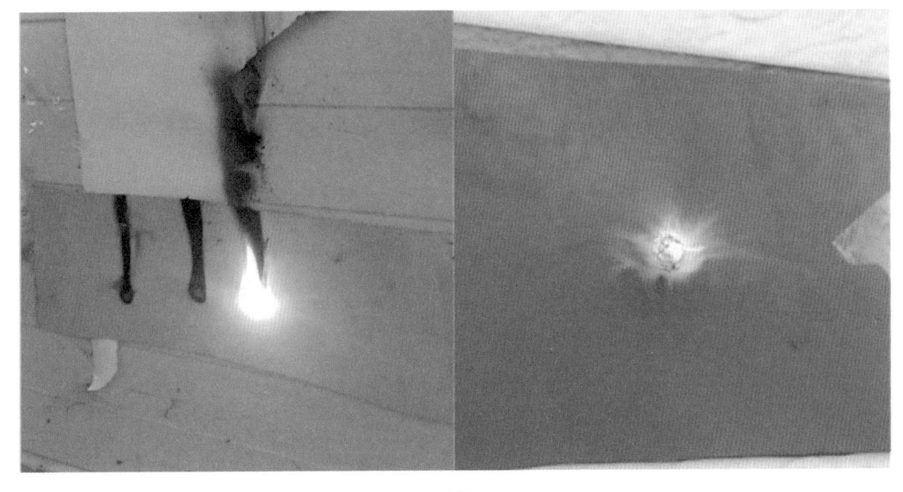

(c)

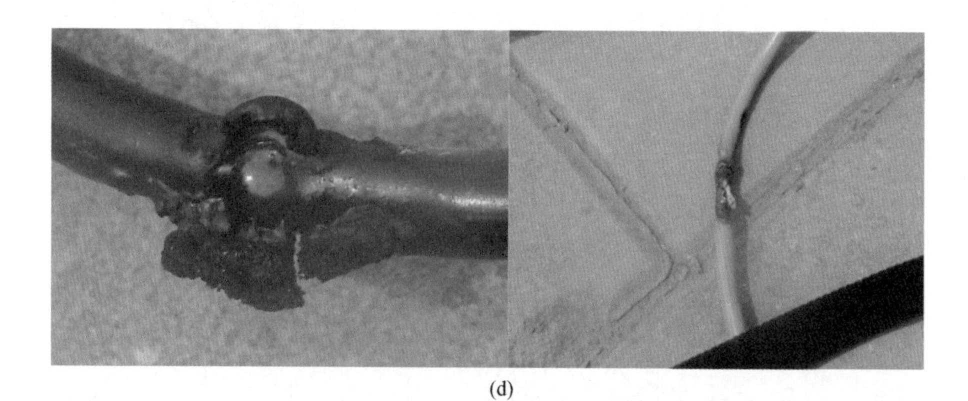

(d)

(e)

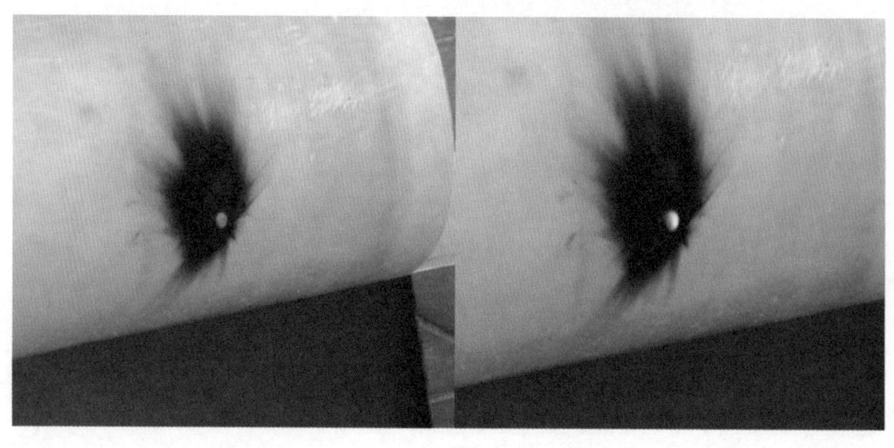

(f)

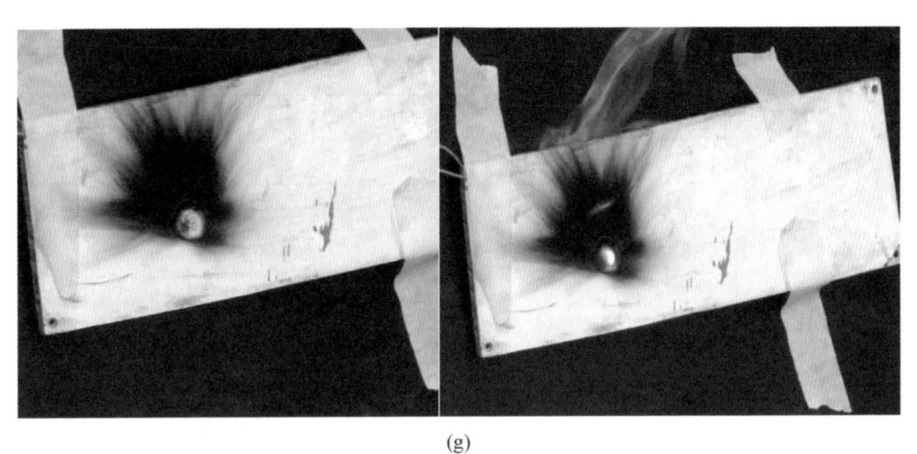

(g)

(h)

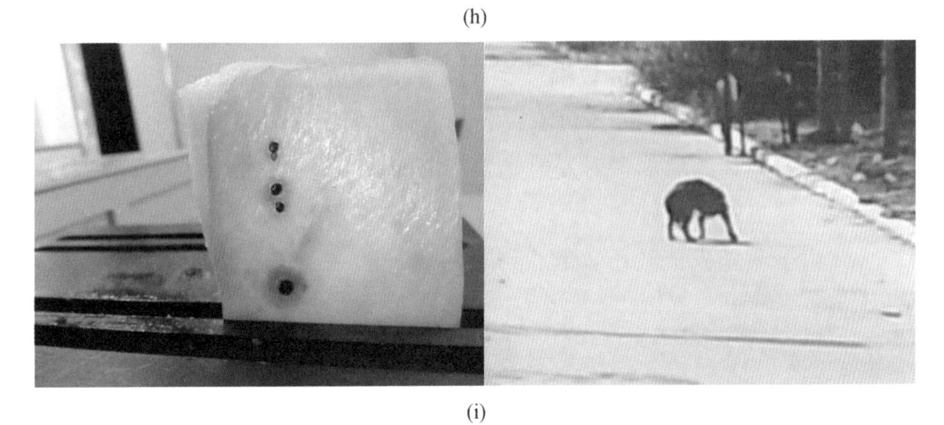

(i)

图 4-33　激光远场打击目标试验效果

(a) 迷彩服；(b) 白色衣物；(c) 胶皮；(d) 线缆外皮（聚氯乙烯）；

(e) 橡胶轮胎；(f) 环氧树脂玻璃钢；

(g) 木板；(h) 树干；(i) 皮肤（猪皮、野狗）。

根据以上试验数据，相关材料的损伤阈值如表 4-3 所列。

表 4-3 不同材料的损伤阈值

材料与条件		阈值/（W/cm²）	现象
衣服	白色	357	光持续时间 4s，燃烧
	迷彩服	373	光持续时间 2s，燃烧
胶皮	白色	365	光持续时间 0.5s，燃烧
	红色	351	光持续时间 2s，燃烧
电缆	黑色	358	光持续时间 1s，燃烧
	灰色	362	光持续时间 1s，燃烧
橡胶轮胎		378	光持续时间 8s，燃烧
无人机用环氧树脂玻璃钢		407	光持续时间 3s
皮肤		362	光持续时间 0.5s，有痛感

通过以上试验，可以看出，激光主动拒止装置可以在 200m 范围内对衣物、胶皮、轮胎、玻璃钢等材料在较短的作用时间内燃烧。同时，持续作用在树枝、树干上时，可以使其持续燃烧，最后可以使树枝断裂；在驱逐野狗的试验中，当激光作用在野狗身上时，瞬间灼烧其皮毛，野狗迅速逃窜。

对试验结果进行分析，得出结论如下：

（1）若要使得照射目标迅速起火灼烧，必须使照射部位温度上升速度远大于其散热速度，使得该部位温度迅速达到其着火点。因此，激光打击效果主要与照射到目标上的功率密度有关，与照射目标处的总功率关系不大。

（2）随着距离的增加，对发射光学系统的调焦精度及发射口径要求越高，口径越大，聚焦效果越好。

（3）由于激光光斑较小，起火点较小，一般在激光停止照射后，起火会迅速熄灭。

4.5 激光主动拒止系统应用

随着固体激光器、光纤激光器等小型化、实用性新一代高能激光器的快速发展，小功率激光武器已被视为新概念非致命性激光武器。自 20 世纪 70 年代以来，世界各军事强国都对非致命性激光武器开展了广泛而深入的研究，美国、北约、俄罗斯等为此设立了专门的研究机构，开展非致命性防暴枪械的研究。其中以美国投资强度最大，研究水平最高。美国国防部还专门成立了非致命性激光武器计划办公室[14]。

2005 年 11 月美国向外界公布，空军研究实验室研究成功一款实用型单兵携带的非致命激光枪，这种激光步枪可以利用它的能量来驱散人群和阻止敌人攻击，并可自动感知与目标的距离，因而避免了对眼睛的永久性伤害或失明[15]。这种武器称为“阻止人员和刺激响应”（ PHASR）激光步枪。它的尺寸和重量与全负荷的 M16 机关枪相似，重约 9kg，但射出的子弹是低功率的激光束，使受光者瞬间就像直视太阳，强烈的眩光使他迷失方向。这种失明是暂时的，经过一段时间后被照射者的视力可以自然恢复，不会给眼球带来永久性损伤。

俄罗斯发展非致命定向能武器的步伐并不落后于美国。俄防务武器装备出口公司展示了一种单兵可携式非致命激光束武器，如图 4-34 所示。

图 4-34　俄罗斯单兵可携式非致命激光束武器

这种武器的激光束强度能够迅速准确地导致敌方狙击手暂时失明或武器的光电传感器失灵，造成敌方士兵和技术装备失去战斗力。该武器除了低能激光器外，还装备了激光雷达、夜视器等测距跟踪和自动调节的装置，作战时可自动搜索和锁定目标。在对目标进行搜索时，激光器发出的激光束强度较强，波长为 0.86μm，对目标攻击时，发射的激光束波长是 0.53μm 和 1.06μm。这种武器的特点是不会致人死亡和失明，而且采用了特殊的算法进行目标识别，能有效识别玻璃、眼镜和其他一些物体反射的光线，以避免系统做出错误反应。整套武器重 56kg，为了方便携带，可以背负，也可拆开分成两个 28kg 的包袱，作用距离 1.5km，已用于城市反恐作战。

俄罗斯还研制了另一种非致命激光武器，名叫“溪流”。可供警察或安全部队应付各种骚乱局势和恐怖事件，理论上用“溪流”击倒目标只需 1s 时间，但不会致人死亡或失明。这种武器比一般的类似武器更为小巧轻便，射程可达几百米，质量仅 300g，长为 15cm。

激光致僵武器是利用强的短波长激光光束，使它所经过的通道发生电离。当激光束指向所要打击的目标时，在该激光束上加上高压，高电压就可通过激光束电离的导电通道，施加在打击目标上，瞬间可使人体失去知觉长达数十小时。激光致僵武器第一次应用是美国田纳西州警方缉捕绑架人质的罪犯。狡猾的罪犯绑架人质后躲在高层建筑里，人质露在窗口，罪犯却不露面，只有一只自动步枪的枪管伸出窗外，警方狙击手无法首发击毙罪犯。经联系军方借来激光致僵武器。当瞄准镜瞄准那只金属枪管后，一按电钮，光电几乎同时射出，只听那罪犯大叫一声，跌倒在地，自动枪被甩出窗外掉下高楼。这时，房间外的警察破门而入，将罪犯捕获归案。有关专家指出，这种激光枪支可以小到手枪大小，作用距离 5～10m，是军警、特工得心应手的自卫和攻击武器。

我国非致命激光武器的研究与美、俄等国家还有一定的差距，但是也取得了很大进展，完全具备独立自主发展激光技术及应用的能力。

随着激光和光电技术的发展，非致命激光武器应运而生。非致命激光武器是以激光束迅速准确地使暴恐分子失去战斗力的新概念武器。手持式激光主动定向拒止特种装备，采用高能激光精确打击技术手段使来袭的恐怖暴乱分子在一段时间内丧失战斗力，并将其伤势控制在一定范围内，实现对恐怖暴乱分子主动定向拒止。

手持式激光主动定向拒止特种装备的典型应用模式是在有组织有预谋的团伙暴力犯罪、突发性的恐怖事件中定点清除恐怖暴乱分子，我方操作员通过人眼观察发现攻击目标，选定攻击目标后，设备加电，激光瞄准镜瞄准被攻击目标，操作员按下出光扳机，设备自动调整聚焦点并控制激光器出光，完成定点攻击清除。

参考文献

[1] 张铭海．高精度激光测距信号处理技术研究［D］．成都：电子科技大学，2017.

[2] 韦晓茹．激光直写系统的软硬件设计［D］．苏州：苏州大学，2003.

[3] 李作文，窦成林，张贵阳，等．基于 LabVIEW 的运动目标跟踪系统的研究［J］．光电技术应用，2015（2）：57-60.

[4] 张家威．基于 DSP 的运动物体实时跟踪系统研究［D］．长春：长春理工大学，2012.

[5] 赵翔，苏伟，李东杰，等．高功率激光光纤耦合特性研究［J］．激光与红外，2007（05）：4-6.

[6] 张阔海．大功率 Nd：YAG 激光束光纤耦合技术研究［D］．北京：北京工业大学，2003.

[7] 李钰，张阔海，李强，等．大功率激光光纤耦合技术研究［J］．应用激光，2004（05）：20-22.

[8] 徐陈燕．高功率、大能量、窄脉冲激光与光纤耦合技术研究［D］．长春：长春理工大学，2006.

[9] 严君．高峰值功率固体激光器光纤耦合技术的研究［D］．武汉：华中科技大学，2015.

[10] 许孝芳，李丽娜，吴金辉，等．高功率半导体激光器列阵光纤耦合模块［J］．红外与激光工程，2006（01）：86-88.

[11] 王鹏冲．激光束远场聚焦控制与效果测试方法研究［D］．沈阳：沈阳理工大学，2013.

[12] 庞淼，周山，吴娟，等．激光强度时空分布测量散射取样衰减技术研究［J］．红外与激光工程，2013（12）：3213-3217.

[13] 艾志伟，稽建波，王鹏举，等．两轴柔性支承快速反射镜结构控制一体化设计［J］．红外与激光工程，2020（7）：227-234.

[14] 董晶晶．可控发射能量新型防暴枪关键技术研究［D］．南京：南京理工大学，2008.

[15] 胡海舰，许晓军．激光轻武器的研究现状与应用前景［J］．国防科技，2006（12）：39-41.

5 第5章 激光告警干扰一体化系统

激光制导武器以其命中精度高、系统复杂度低等优势，已经在制导导弹、制导炸弹、制导炮弹中得到了广泛的应用。针对激光制导的干扰对抗问题早已得到广泛重视。本章论述的激光告警干扰一体化系统则是一种既能够对来袭的激光制导武器进行侦察告警又能对其进行有效干扰的自主防御系统。实现了将激光告警与激光干扰集于一体，制导激光截取和干扰激光发射合一的新构想。通过嵌入式伺服机构设计并采用单根光纤发射激光，进一步使激光主动干扰设备小型化、集成化，具有效费比高、安装使用便捷等特点。

5.1 系统组成

激光告警干扰一体化系统由告警/干扰光纤天线、告警/干扰一体化主机（含高重频激光干扰机、激光告警处理、控制单元、电源分配单元等）和外挂式操控盒组成，系统组成如图 5-1 所示。

告警/干扰天线主要包括激光告警截获天线、干扰激光发射天线和伺服平台等单元组成，完成对来袭激光制导武器制导激光的截获并转换为光纤传输功能和激光干扰与干扰激光定向输出功能，其中干扰激光输出装置安装在伺服平台上，由干扰控制单元进行伺服控制。

告警/干扰一体化主机包括激光告警单元、高重频激光干扰单元、干扰控制单元和电源分配单元组成。完成激光告警信号的分析处理功能和高重频激光干扰功能，同时具有一体化干扰控制和系统各部分电源分配的功能。一体化干扰控制主要是协调告警和干扰的工作过程，并进行定向干扰伺服的控制。

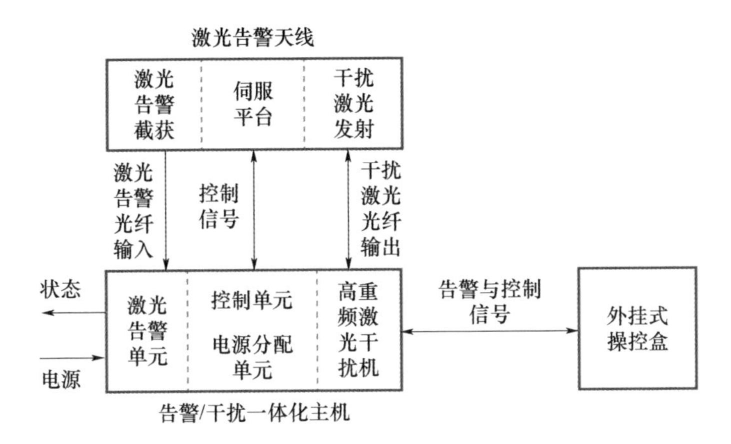

图 5-1 系统组成框图

外挂式操控盒是人工操作使用的包括系统启动、关机，以及告警和干扰功能的控制等。一般用于系统测试、调试使用，也可以用于远距离人工操作使用。

图 5-1 中，光纤天线截获来袭制导武器的激光制导信号，并由光纤传导到主机的激光告警单元，经告警信号滤波和相干信号处理后，进行方位测算和目标属性判别，然后将告警结果及方位信息传送至干扰控制单元和外挂式操控盒，干扰控制单元启动高重频控制装备，并同时发出方位控制信号至告警/干扰天线的伺服平台，控制其对准来袭目标方位，当目标进入一定距离时，实施高重频激光干扰，系统工作流程如图 5-2 所示。

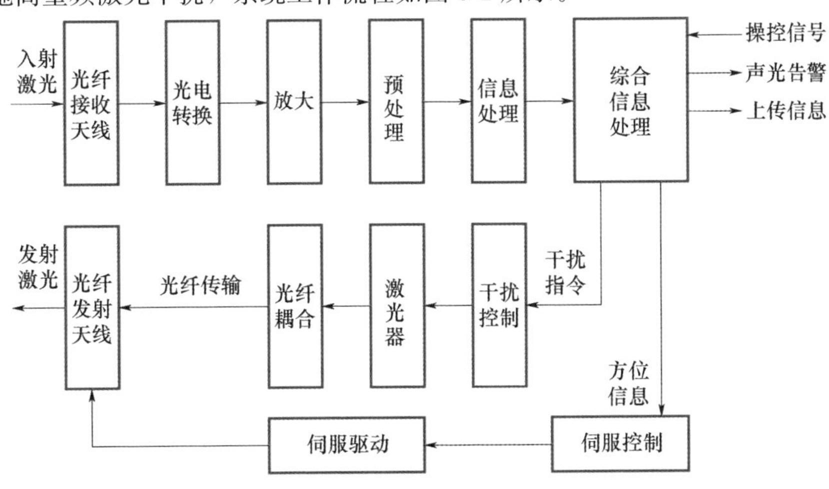

图 5-2 系统信号流程

5.2 分系统设计

5.2.1 光纤天线

告警/干扰光纤天线采用干扰激光发射、制导激光截取接收一体化设计，制导的激光接收光纤窗口和干扰激光发射光纤窗口布置在同一个天线头上。接收天线为全向接收，方位角度分辨率为 20°，俯仰角度分辨率为 30°。发射天线与接收天线集成在同一个壳体内。激光干扰视场与激光告警视场匹配。光纤天线的内部结构示意图如图 5-3 所示。

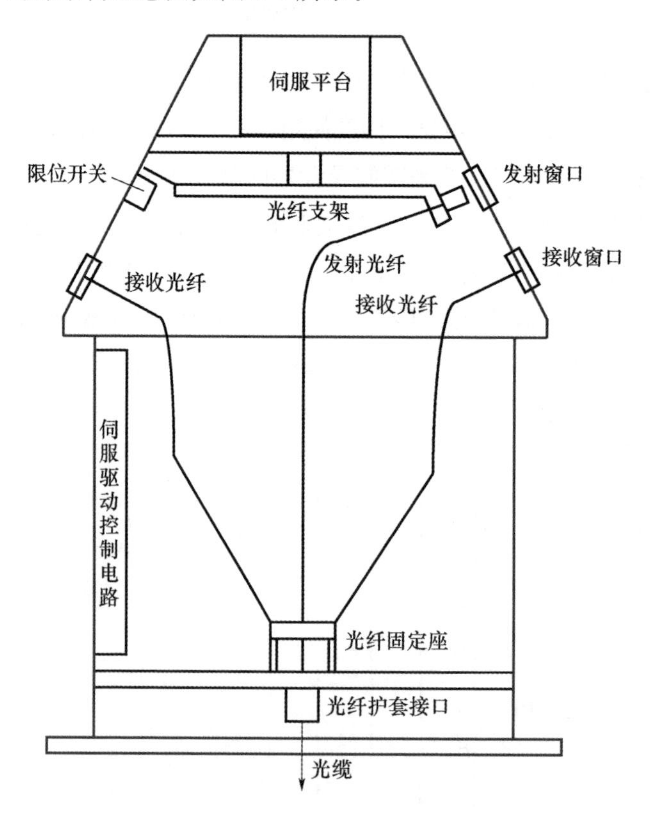

图 5-3 光纤天线的内部结构

5.2.1.1 结构设计

光纤天线安装在车辆顶部，底座高度可根据装车要求设定，天线高度

120mm。光纤天线安装位置要求视场内无遮挡，安装光缆由天线底座底部中央直接穿舱进入驾驶室。底座安装孔为 4-ϕ8.5，孔距 190mm×190mm，底部光缆走线孔为 ϕ40mm，底部有 O 形密封圈密封 ϕ40mm 孔。光纤天线安装示意图如图 5-4 所示。

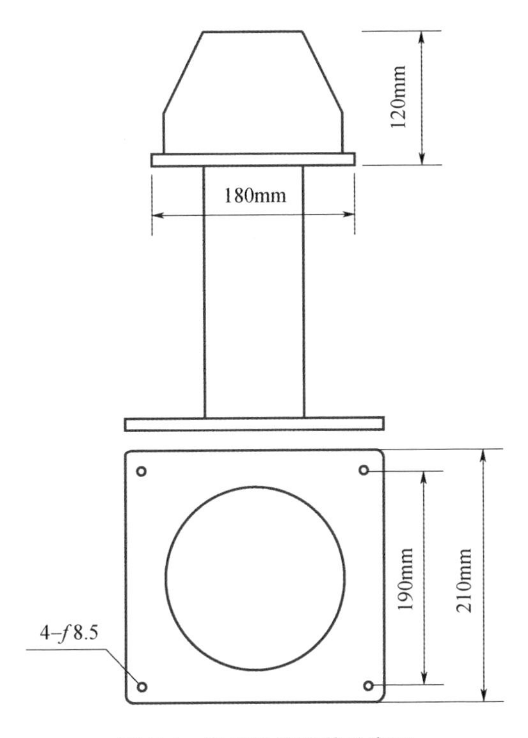

图 5-4　光纤天线安装示意图

光纤天线的发射光学窗口位于最上层，告警接收光学窗口在下面两层。光学天线结构设计要点包括三防设计、强度设计以及角度分辨率设计。光纤天线光学窗口的俯仰方向角度分配如图 5-5 所示，方位角度分配如图 5-6 所示。在图示角度分配条件下，选择单个告警接收光学窗口的视场为 60°，可以计算得出告警角度分辨率如下：

$$\text{方位角度分辨率} = \max\{\alpha - \beta,\ 2\beta - \alpha\} = 20^\circ$$

$$\text{俯仰角度分辨率} = \max\{\alpha - \beta',\ 2\beta' - \alpha\} = 30^\circ$$

其中：α 为单个告警接收光学窗口的视场；β、β' 分别为方位、俯仰相邻窗口法线的夹角，分别为 40°和 30°。

由计算可见，光纤天线的结构设计能够满足告警角度分辨率的要求。

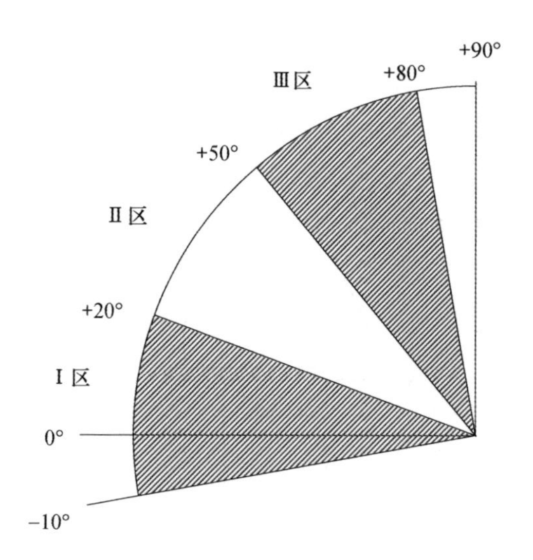

图 5-5 光纤天线光学窗口的俯仰方向角度分配

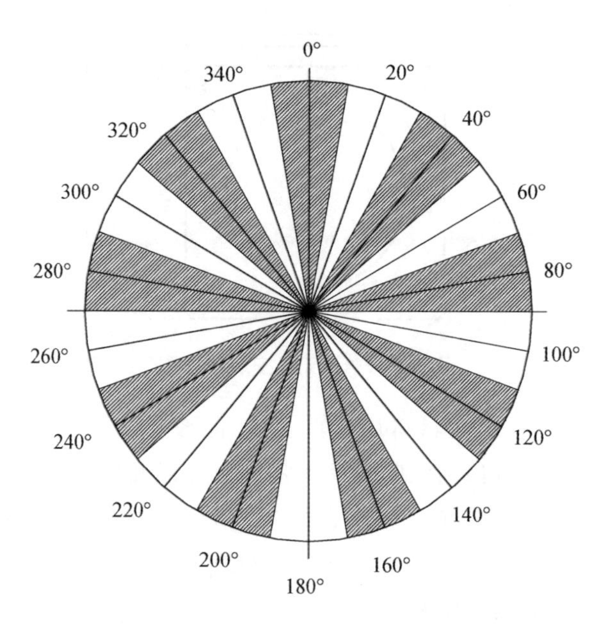

图 5-6 光纤天线光学窗口的方位角度分配

5.2.1.2 光学设计

光纤天线光学设计的主要内容为接收光学设计。接收光学实现对来袭激光侦察，对光信号传输，最终完成光电耦合。光纤天线光学结构功能如图 5-7 所示。

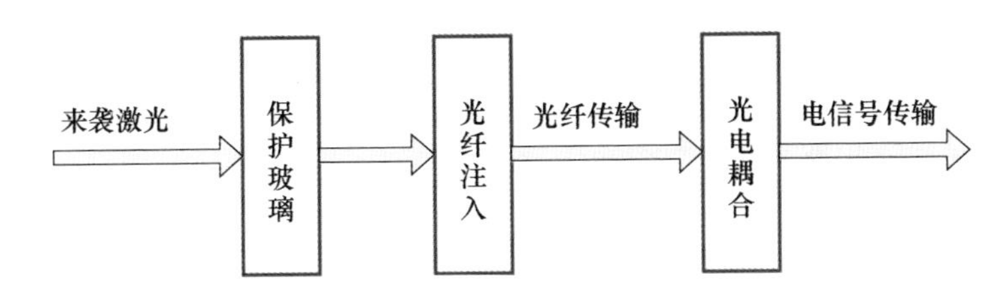

图 5-7 光纤天线光学结构功能

1. 保护玻璃

保护玻璃主要实现密封、防护的功能，采用 HB850 材料制造，此种红外玻璃机械强度好，化学性能较理想，经镀膜可实现高透过率。

(1) 保护玻璃通带范围：≥0.9μm。

(2) 保护玻璃通带透过率：≥95%。

(3) 保护玻璃阻带透过率：≤1%。

(4) 保护玻璃涂覆：1.064～1.54μm 增透膜、三防膜。

2. 光纤注入

光纤选用石英光纤，纤芯直径为 0.6mm，视场角为 45°，数值孔径为 0.39，对 1.064μm 透射率大于 99.9%/m，按初步设计传输长度 5m 计算，透射率大于 99%。光纤端面采用机器研磨，以保证端面曲率及端面与轴线的垂直度。表面粗糙度按平面镜抛光面设计，$Ra<0.032\mu m$，由表面粗糙引起的漫反射可忽略不计。由反射率计算公式可得端面界面反射率小于 8%，因此端面透射率大于 92%。

3. 光纤传输

光纤传输所用长度较短，由吸收和散射造成的损耗可忽略不计，只考虑界面反射造成的损耗，以及光纤与探测器的耦合效率。

4. 光电耦合

光电耦合由光电耦合器实现，光电耦合器将光信号转化为电信号，完成光电转换，通过结构优化设计提高耦合效率。光纤出射的光经聚焦透镜聚焦，投射在探测器光敏面上，聚焦光斑小于探测器光敏面，可以保证耦合效率大于 95%。

5. 设计结果

(1) 波段：1.064μm；

(2) 保护玻璃透过率：95%；

（3）光纤端面透射率：92%；

（4）光纤透射率：99%；

（5）光纤耦合效率：优于 95%。

5.2.1.3 电路设计

针对控制干扰天线指向的伺服系统控制电路进行设计，伺服控制驱动电路组成如图 5-8 所示。通道号与告警接收光学窗口相对应，一个窗口对应一个通道，控制其通过步进电机驱动器驱动步进电机，使干扰激光发射光纤输出端指向对应的干扰窗口，若光纤支架在转动过程中触发限位开关，则零位信号处理电路驱动控制器产生转向信号，使步进电机进行反向转动直至对应的干扰窗口，避免产生光纤缠绕的现象。

通信接口、控制器、零位信号处理电路、限位开关的驱动电压均为 5V，由电源变换模块提供，电源变换与步进电机驱动器的驱动电压为 24V，由外部电源提供。

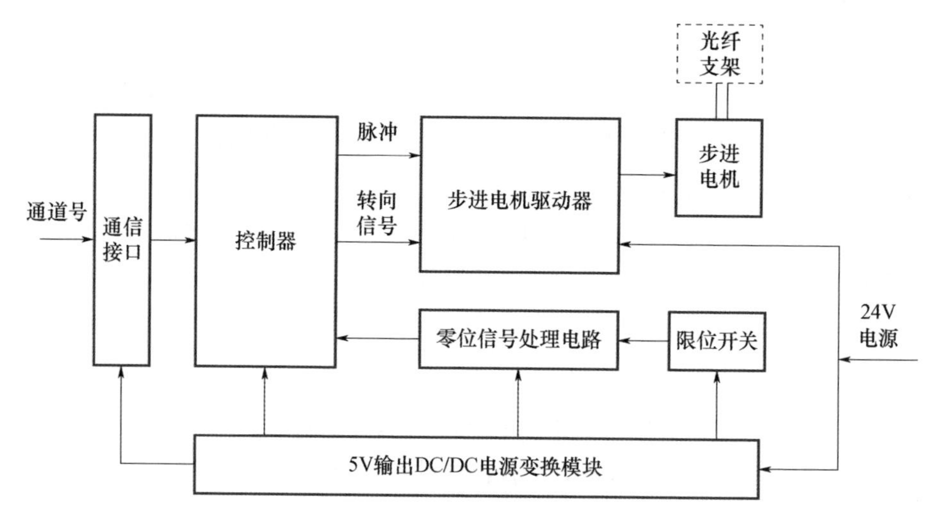

图 5-8　伺服控制驱动电路组成

5.2.2 激光告警器设计

对告警信号的光电转换和处理是告警器所要实现的两大功能，通过采用大动态、高增益的信号处理系统设计，实现高灵敏度威胁激光信号探测。

5.2.2.1 电路设计

告警器电路由三块光电接收及放大电路板、一块信号处理电路板、一块电源电路板和一块母板组成。光电接收及放大电路由三块相同的电路板组成，其中每块放大电路板包含 6 路放大信道。每个光电探测器接收一路光信号，由放大电路进行放大。全部放大电路（18 个）均由一级低噪声运放作前放，加一块专用主放模块构成，如图 5-9 所示。

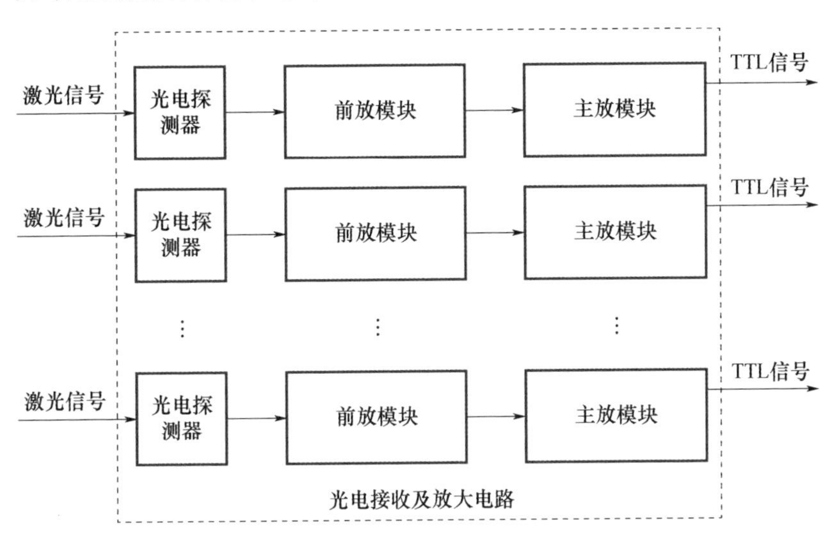

图 5-9　光电接收及放大电路组成

信号处理电路对光电接收及放大电路送来的 18 路通道信号进行采样、预处理和码型识别。当通道上出现有效信号（低电平脉冲）时，检测电路向单片机发出中断请求，单片机响应中断，读取各通道值，再由软件识别激光源类型和激光源区域。

信号处理板具体实现由单片计算机外加必要的接口电路组成，对放大电路输出的信号进行抗干扰处理、角度识别、通信、自检等，如图 5-10 所示。

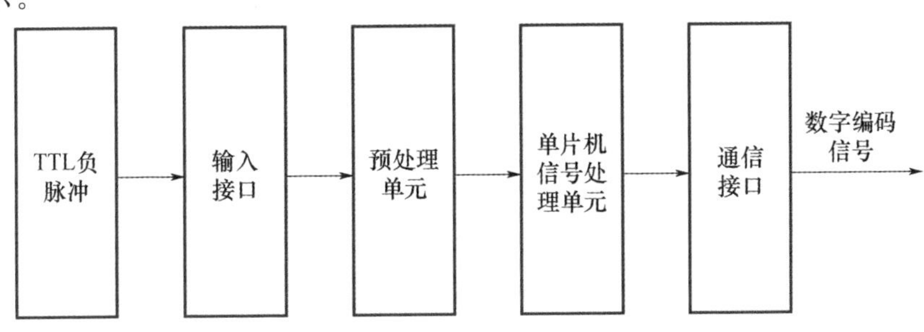

图 5-10　信号处理电路组成

电源为 27V 直流供电，采用 DC/DC 电源模块为光电接收及放大电路提供±5V电源，为信号处理电路提供+5V 电源。告警器电源电路如图 5-11 所示。

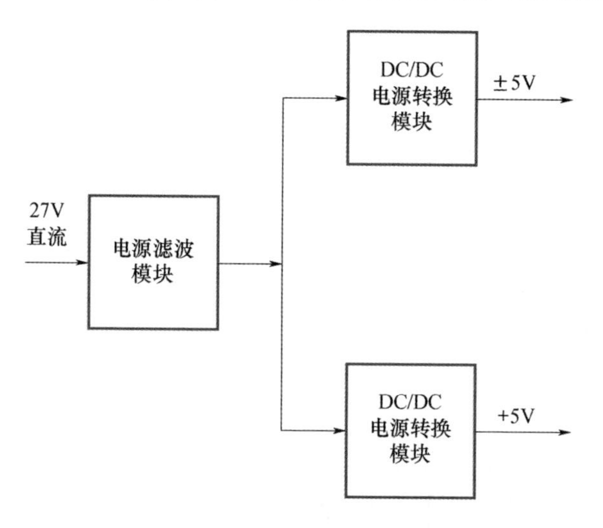

图 5-11　告警器电源电路

所有放大电路板、信号处理电路板、电源电路板都通过母板相连，母板上仅布置必要的接插件和引线。

5.2.2.2　结构设计

结构设计要点包括：支撑保护各模块，支撑件有足够的强度；设备密封；实现设备对外界的电磁屏蔽；防振动、冲击；各电路模块采用导轨方式安装在机箱底板上，方便维修。各电路板安装在定制的插件盒内，形成相对独立的电路模块。光电接收及放大模块共三个，每个模块有六路信号通道，此外还有一个信号处理模块和一个供电模块。设计的光电接收及放大模块如图 5-12 所示，信号处理模块如图 5-13 所示。

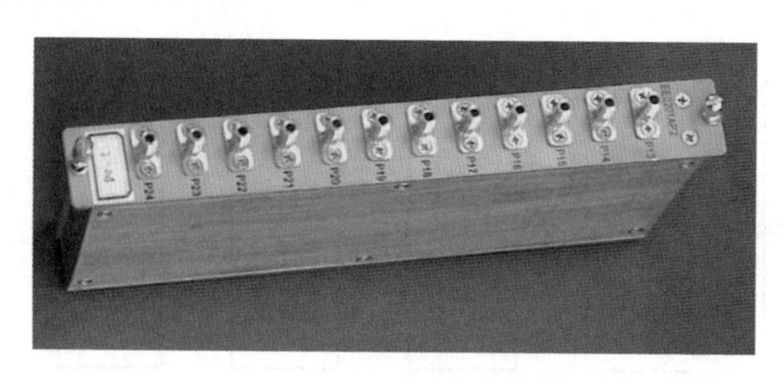

图 5-12　光电接收及放大模块

图 5-13 信号处理模块

5.2.2.3 软件设计

告警器的软件设计采用模块化结构，包括主处理模块、中断处理模块和通信模块等，流程图如图 5-14～图 5-16 所示。

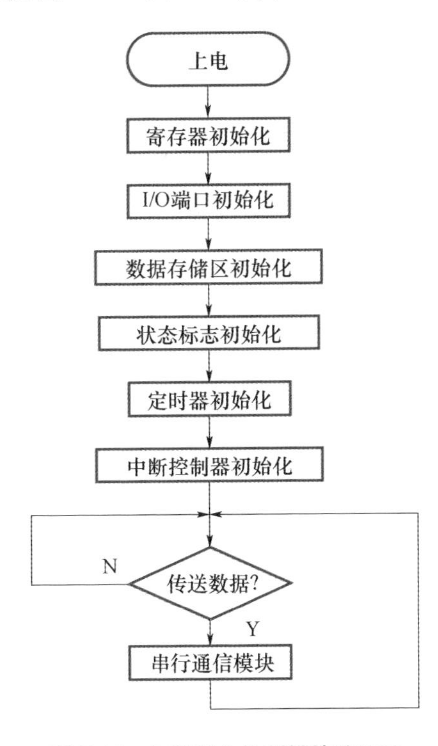

图 5-14 告警器主处理模块流程图

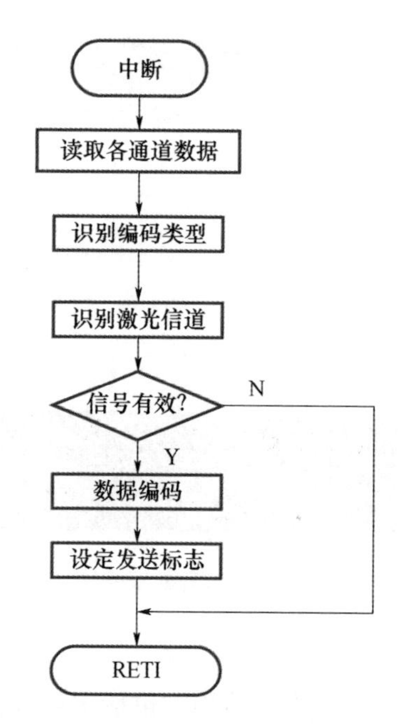

图 5-15　告警器中断处理模块流程图

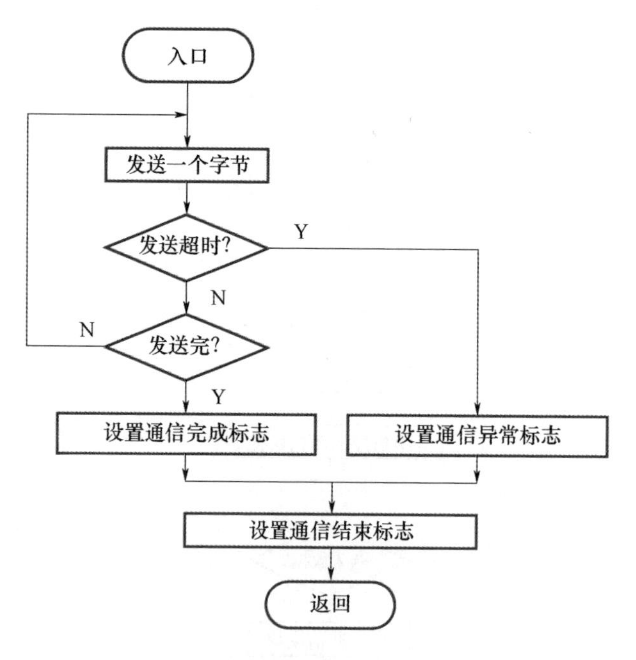

图 5-16　告警器通信模块流程图

5.2.3 激光干扰源设计

激光干扰源由大功率808nm阵列半导体激光器、光纤耦合装置、激光电源、被动调Q固体激光器、温控电路、工作控制电路以及外围结构件和接插件组成，如图5-17所示。

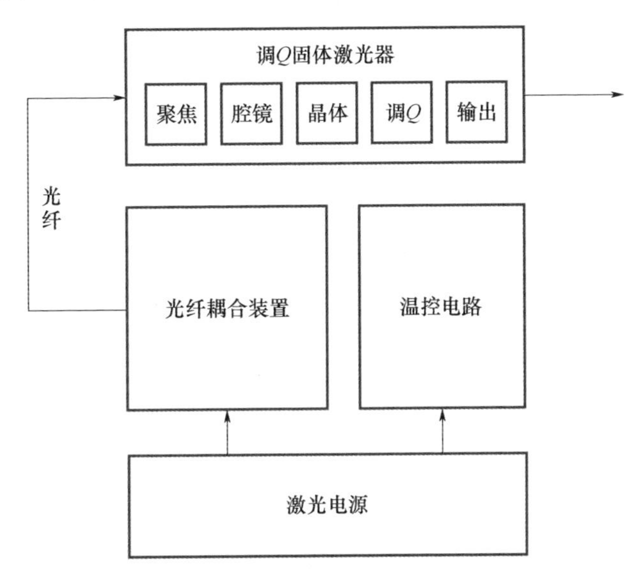

图 5-17 干扰激光源组成

5.2.3.1 电路设计

激光干扰源电路设计内容主要指电源电路和控制电路两部分。电源为二极管激光器供电，并对激光输出的功率、波长、工作状态等进行控制。电源电路选用成品电源模块，输入电压为24V，最大输出电流为50A。控制电路包括温度控制和工作控制两部分。温度控制主要对二极管激光器工作温度进行控制，当温度过高时，控制制冷模块降温，温度降到合适值时，停止制冷。温度控制器采用单片机为主处理器，外加配套外围电路构成，其电路组成如图5-18所示。温控电路板直接安装在干扰机箱内。

工作控制由系统提供24V直流电源，通过继电器控制加电。在待机状态下只给设备施加低电流工作，不产生激光，当接收到干扰发射指令时，接通控制继电器，触发激光器快速工作，输出干扰激光。工作控制电路板直接安装在干扰机箱内。

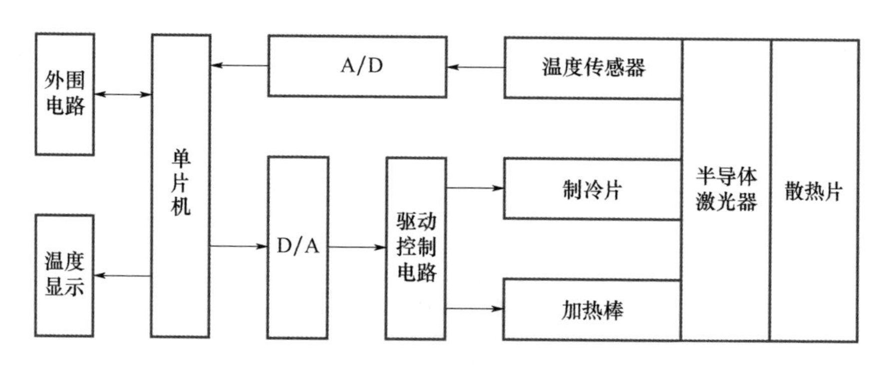

图 5-18　温度控制电路组成

5.2.3.2　结构设计

干扰激光源结构设计要点为：①采取有效措施，解决机箱强度与重量的矛盾；②做好机箱散热设计；③机箱内部各组成部分合理分配空间，避免重量分布失衡；④在满足热设计的前提下，实现整体结构紧凑。

干扰机箱内部结构布置如图 5-19 所示。

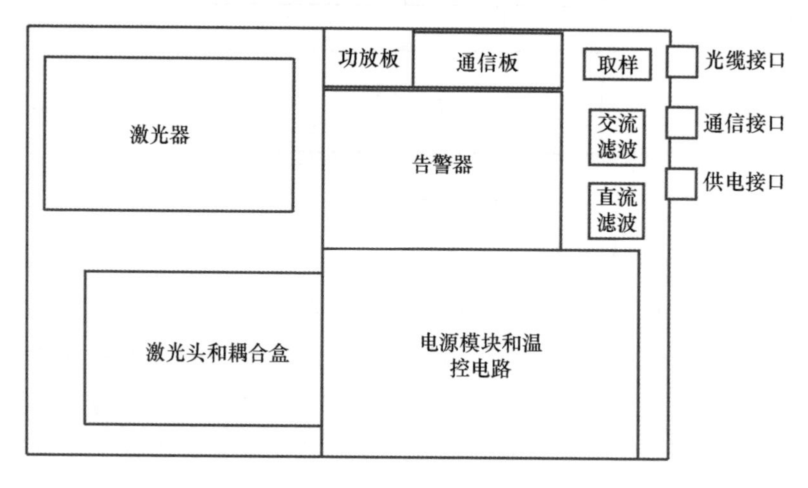

图 5-19　干扰机箱内部结构布置

5.2.4　操控盒设计

操控单元主要完成信息显示、干扰控制和电源供电功能。操控盒的功能主要有以下几点：给系统上电，使整个系统处于工作状态；可以通过操控盒上的 LED 显示判断告警通道号；以通过操控盒上的指示灯判断系统是否通电、是否有告警信号以及干扰模式为手动或自动；可以直接进行手动激光干扰。

操控盒平面结构图如图 5-20 所示。

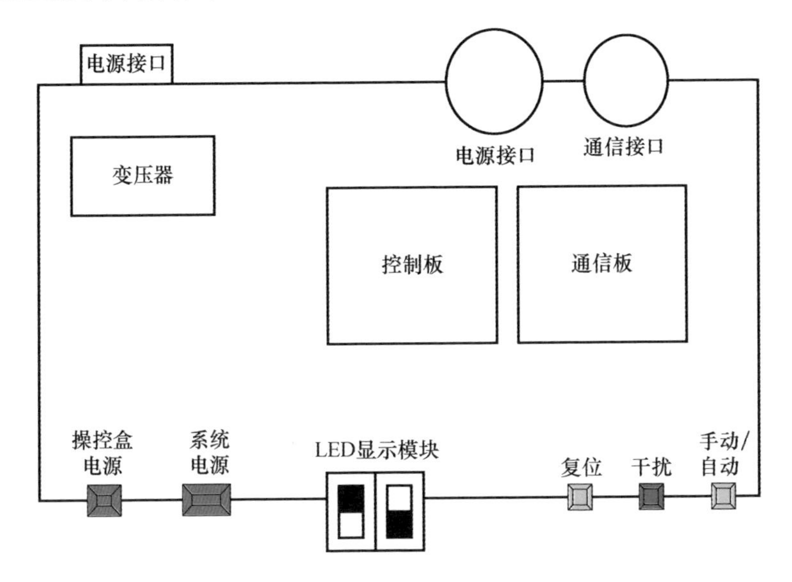

图 5-20　操控盒平面结构图

操控盒内部通信采用 RS-485 总线，该总线具有抗干扰能力强、传输速率高、传送距离远的特点[2]，在 15m 的距离内，允许的最大速率为 100MB/s。RS-485 最大共模电压为＋12V，最小共模电压为－7V，组网方式简单且对传输介质无特殊要求，能够方便地实现点到点、多点、广播等通信方式。

5.3　关键技术及其实现

5.3.1　低虚警率高灵敏度激光告警技术

激光告警设备探测激光的方式主要有光斑拦截式和散射式体制，光斑拦截式体制主要截获激光照射主光斑信号，探测概率高，方向识别准确，虚警率低。散射式告警体制通过大气散射激光进行告警，由于散射激光微弱，但范围广，面积大，需要设备探测灵敏度高，截获半径较大，但虚警率较高，激光方向判识困难。

根据系统指标要求，为实现低虚警率高灵敏度激光告警，本系统采用光斑拦截式探测体制，在保证低虚警率的前提下，通过合理选择探测器和放大电路参数，提高探测灵敏度。

5.3.2 高重频激光干扰技术

激光末制导信号为编码激光信号，调制频率一般为 20Hz 左右，接收波门典型值为 10～20μs（也有发展更小波门的应用）。制导激光经目标反射的回波信号通过导引头接收系统解码处理及方向判识，通过跟踪有效回波信号的质心，不断修正导弹飞行航迹，直到击中目标。

结合图 5-21 可以看出，导弹捕获到目标后，通过调整飞行姿态逐步逼近目标，直至击中。针对制导信号的特点，系统产生高重频激光信号，可以保证每个接收波门内有多个干扰脉冲信号，采用大视场扫描激光来袭方向（即使对激光与导弹分离的半主动制导武器，大视场也能覆盖），通过发射高重复频率的激光干扰信号，能够使激光干扰信号脉冲进入末制导系统的跟踪波门内，从而使制导激光接收信道阻塞，进而丢失真实目标无法完成目标跟踪，起到保护目标的作用。

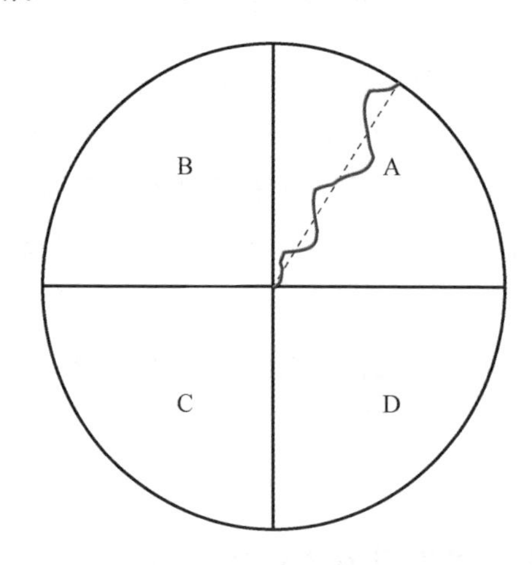

图 5-21　激光回波光斑在四象限探测器上运动轨迹示意图

5.3.3 作战环境适应技术

相对一般车辆和地面固定设施，装甲车辆的结构和作战使用特点决定了其环境条件更加苛刻，冲击、振动更加剧烈，内部空间更加狭小。这就对车载装备提出了一系列更高的要求。具体体现在以下几个方面：

（1）工作环境温度范围宽；

（2）冲击、振动力强，对装备强度和减振设计要求很高；

(3) 装车条件差，车内空间小且多不规则；

(4) 烟尘、水雾和腐蚀性气体的侵害大，对三防设计要求高；

(5) 电磁环境差。

针对上述问题，激光告警干扰一体化系统采取了多项技术措施加强对使用环境的适应性设计，可以保证设备满足相应的指标要求。具体技术措施如下：

(1) 对干扰激光源机箱进行应力分析，确定主要的受力点和薄弱环节，进行相应的加固和重量分配；

(2) 激光告警机箱密封设计；

(3) 为光学元件设计二次密封结构；

(4) 对激光器、电源、探测器等关键部件进行重点防护；

(5) 可靠的屏蔽和接地设计。

5.4 系统试验验证

通过静态试验与动态试验相结合的方式验证激光告警干扰一体化系统的性能。

5.4.1 静态试验

利用模拟激光末制导导引头进行干扰试验，在激光干扰设备对末制导导引头实施干扰的情况下，通过检测导引头的工作状态来验证激光告警干扰一体化系统实施防御的有效性，静态试验布局图如图 5-22 所示。

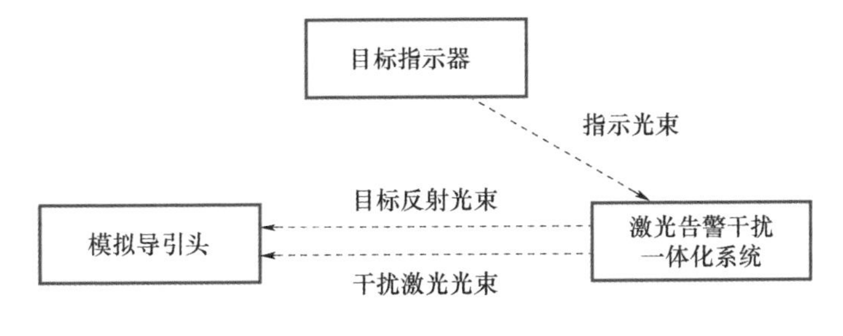

图 5-22　静态试验布局图

1. 布局原则

（1）导引头轴线与太阳夹角不小于 15°；

（2）激光目标指示器与目标、导引头之间相互位置关系按有利于导引头工作效果要求布设；

（3）激光干扰设备搭载在可运动的平台上，目标与激光末制导模拟导引头距离约 2～3km，运动速度小于 30km/h；

（4）激光末制导导引头与目标，指示器与目标之间均要求满足通视条件。

2. 干扰设备随动控制系统试验

（1）导引头与激光测距目标指示器按实战要求布设，激光干扰设备上电完毕，处于战备状态；

（2）激光测距目标指示器照射目标；

（3）观察激光干扰设备随动控制系统能否正确调转，并在规定时间内发出干扰激光；

（4）目标按一定规律移动，重复步骤（3）和（2）；

（5）重复试验 5～10 次并作试验记录。

3. 舵面干扰效果试验

（1）导引头翼面、舵面解锁，做好发射前准备；

（2）目标指示器照射目标；

（3）去掉模拟导引头鼻锥部，启动制导控制系统；

（4）观察模拟导引头位标器陀螺是否解锁，其转子是否高速旋转并记录；

（5）目标按照一定轨迹移动，导引头跟踪目标，观察舵面变化情况；

（6）目标回到原始位置，激光干扰设备做好对抗准备；

（7）激光干扰设备告警、发射干扰激光，目标按步骤（5）轨迹移动，观察舵面变化情况；

（8）重复试验 5～10 次并作试验记录。

4. 位标器干扰效果试验

（1）导引头翼面、舵面解锁，做好发射前准备；

（2）去掉模拟导引头鼻锥部，启动制导控制系统，激光干扰设备做好对抗准备；

（3）激光干扰设备对准导引头发射干扰激光；

（4）目标指示器照射目标；

(5) 观察导引头位标器陀螺是否解锁，其转子是否高速旋转；

(6) 重复试验 5～10 次并作试验记录。

5. 试验判据

1) 干扰设备随动控制系统试验判据

(1) 根据观察结果和试验记录情况，若在指示激光作用下，激光干扰设备能够正常告警并且干扰激光随动装置能够调转到来袭方向，表明激光干扰设备工作正常；

(2) 通过功率计或其他测试手段观测到激光干扰设备能够正常出光，表明系统具备进行对抗干扰条件。

2) 舵面干扰效果试验判据

(1) 根据试验记录情况，比较步骤（5）和步骤（6）舵面变化情况，若变化情况不一致说明干扰成功；

(2) 若步骤（7）舵面无变化，亦说明干扰成功。

3) 位标器干扰效果试验判据

若导引头位标器陀螺转子不旋转，则表明干扰成功。

5.4.2 动态试验

在尽可能排除非干扰不命中因素的前提下，进行外场干扰试验，在激光干扰设备对激光末制导系统实施干扰的情况下，通过检测比例制导段弹丸的运动轨迹和炸点的命中情况来验证激光告警干扰设备实施防御的有效性，动态试验布局图如图 5-23 所示。

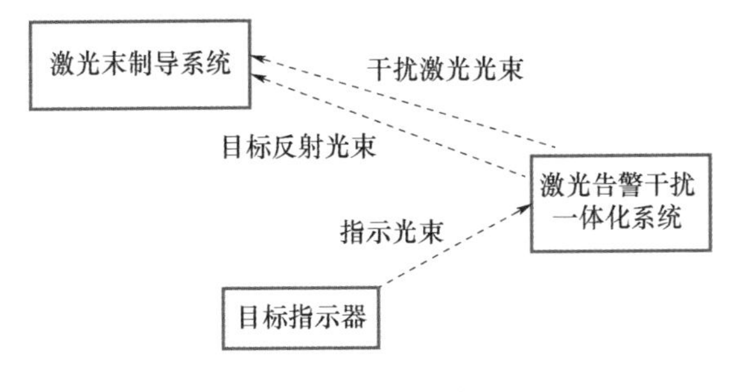

图 5-23 动态试验布局图

1. 试验方案

(1) 做好试验前的各项准备，激光告警干扰设备处于待机状态；

(2) 发射激光末制导炮弹；

（3）激光目标指示器照射目标；

（4）激光告警干扰设备实施告警干扰。

2. 试验判据

（1）通过靶场有关仪器设备记录的弹丸末端导引段运行轨迹与理论轨迹相比较，判断激光干扰是否成功；

（2）观察弹丸受激光干扰后落点坐标与理论落点坐标相比较，若在实际落点与理论落点之间的距离超过火炮的射击误差，则表明激光干扰成功。

5.5 应用情况分析

5.5.1 激光告警系统[3-5]

通常按角定位精度把激光告警器分为低精度、中精度、高精度三挡，其角分辨率依次约为45°、3°和0.06°（1mrad）。德国和美国研制的COLDS是中精度系统，角分辨力达到3°，目前已完成工程研制和外场评估。

为适应有源干扰的需求，高精度告警器应运而生。在美陆军通信电子司令部（CECOM）的安排下，AIL系统公司开发出HALWR，并于1991年9月交付一台实验样机。HALWR的视场在方位上覆盖30°，俯仰上20°。在探测波长范围为0.4～1.1μm时，灵敏度约为0.28mW/cm²。而测量到达角（AOA）精度接近1mrad（0.06°），这足以支撑火炮或激光武器组成的半自动火力来对抗威胁目标。在HALWR的基础上，美陆军通信电子司令部着手进行“改进型远离轴激光定位系统”（FOALLS）计划。FOALLS是在以往研究的基础上，建立一个战场侦测站，在一个大区域范围内精确地对激光威胁源进行定位，探测范围达到离轴1km。对这种系统的要求：探测灵敏度约为0.28mW/cm²，能同时处理三个目标；AOA分辨精度为1mrad。

目前，休斯公司正在努力改进AVR-2，可能改进的部分包括扩大波长覆盖范围，精确测量到达角和方向，光纤前端探测器的使用，多威胁告警器件的采用以及使用先进的超大规模集成电路等。AN/AVR-2A附加的RS-422接口可在直升机上配用不同的显示器，而不需要AN/ARS-39雷达告警接收机。它也可通过接口卡，方便地与“先进战术红外对抗”（ATIRCM）和“先进技术雷达干扰机”（ATRJ）等对抗系统相组合。还可用来装备“阿帕奇”AH64

直升机和英军的新型攻击直升机。

以色列的 LWS-20 激光告警系统为机载激光告警器，它用 4 个双激光传感器接收和探测激光脉冲信号，并把所探测的脉冲输送到告警分析仪（LWA）中。LWS-20 是 SPS-65 一体化自卫系统的一部分。Elisra 电子系统公司将 LWS-20 告警器与 SPS-20、SRS-25 构成一体化自卫系统。系统重 3.4kg，根据每一个脉冲的到达角，到达的相对时间和方位角对其进行分析。系统被识别的威胁，以数字字母为标志，显示在飞机自卫系统的屏幕上。这些字符可使飞行员建立起威胁的类型、方位和杀伤力。此外，听觉告警可通过飞机的内部通信联络系统传递给飞行员。

由英国 WTMarconi 防御系统公司研制的 1220 系列激光告警器，可用于各种飞机、装甲战车和其他平台。它具有较高的技术性能，噪声低和虚警率低。1220 系列激光告警器由许多插入式组件构成，因而可组装成不同的系统，与各种平台和自卫设备组合使用。该系统可选择驾束探测方式，通过适当扩充，使其具有波长分析和机上存储能力。1220 系列告警设备已进行地面和飞行试验，且在酋长主战坦克上进行了试验。舰载的 1220 系列激光告警器，是以上述的 1220 激光告警器为基础，由模块设计用于战舰和辅助船只，所使用的激光传感器由所保护舰船的大小而定。此设备可以单独使用，或与舰载电子支援系统、电子干扰系统配合使用。目前，舰载 1220 激光告警系统已开始正式生产。

英国的 480 型激光告警系统可用于包括装甲战车在内的各种平台。480 型激光告警系统主要用于对抗激光制导武器，能及时提供威胁的可视显示和音响报警。该系统分析激光辐射，确定威胁达到方向、波长、重频和威胁源是否指向装甲战车。该系统由传感器头、中央处理器和威胁告警显示器和适当的接口构成。480 型已提供给英军的下一代 Tracer 侦察战车。

随着战场上的激光源日益增多，在日趋复杂的信号环境下，如果不能实现多激光威胁源的信号处理，就不能有效地进行激光对抗。然而，由于激光脉冲重频低、方向性强，增加了多目标信号处理的难度。国外已研制出多波长激光告警接收机，其工作波长范围都可从探测红宝石、Nd:YAG 激光扩展到探测 CO_2激光的长波红外。如瑞典 NobelTech 电子公司研制的机载激光告警器，在光路中使用分色镜，使 1.1μm 以下波长的光透过，由硅光电二极管进行探测，1.1μm 以上波长的光被反射，而由 InGaAs 二极管进行探测。如使用多个分色镜，每增加一个分色镜，就增加一个波长探测区。据 1999 年的报道，德国研制的一种告警系统，能探测波长在 0.4～1.1μm、1.4～2.4μm、

8～12μm 范围的激光威胁，可同时识别一个目标指示器和四台激光测距机。它共有 4 个传感器，方位角覆盖 360°，俯仰角达±45°，角分辨率为 10°。英国 PA7030 型告警器，工作波段为 0.4～1.1μm，探测距离为 7～10km，采用了直接探测和散射探测两种体制。前者包含由 12 个硅光电二极管组成的阵列，覆盖角域为 360°×（－15°～＋40°）；后者包含两个光电二极管。

目前，光导纤维前端技术已在激光告警系统中得到成功应用。在激光告警系统中采用光纤前端技术，能够优化光路设计，提高系统抗电磁干扰性和抗强激光性，系统安装方便、可靠性高，并能减少重量降低成本，而且往往整机结构新颖，摆脱了传统模式，使技术性能大幅度提高。

把应用光学的最新成果成功地运用于激光告警系统将会产生越来越多体制新颖的激光告警器，如利用激光相干特性、偏振特性和衍射特性研制的激光告警器；利用近代光纤技术、全息技术所构成的激光告警器；利用 CCD、硅靶等面阵器件的成像型激光告警器，激光告警体制将更加多样化。可以肯定，激光告警器的性能将随着光电探测器、光学材料、光学镀膜、光学制造工艺、超高速集成电路技术及信息处理技术的发展而日趋完善。

从激光告警技术的发展来看，CCD 器件及高灵敏度、高精度远离轴探测技术受到关注，可能向激光侦察及预警方向发展，一体化多方式告警及对抗技术是人们研究的重点和发展趋向。

5.5.2 激光制导干扰系统[6-8]

1. 405 型激光诱饵系统

405 型激光诱饵系统由英国 GEC-Marconi 航空电子设备公司研制，该系统用于保护装甲车辆的平台类目标，使其能够避免激光制导导弹的威胁。系统包含告警装置、信号处理装置、瞄准装置和激光发射装置。系统能够对威胁激光信号进行检测与分析，并对威胁信号进行原样复制，而后将复制的干扰激光束照射到被保护目标附近的诱饵上，从而可将威胁导弹引致诱饵处，起到保护目标的作用。系统装有先进的激光告警与信号处理模块，通过散射抑制技术在提高系统灵敏度的同时降低了虚警率。

2. AN/VLQ-6 装甲战车保护系统

AN/VLQ-6 装甲战车保护系统是一种针对多种威胁类型的激光有源干扰装置，用于保护装甲车辆目标免受激光制导武器的威胁。系统具有低成本、易于安装、便于操作、结构坚固等特点。系统安装在被保护目标的外部，具有一定的区域覆盖能力，由多个干扰机组合配置而成，显控系统安装在被保护目标内部，并选配有万向支架以便根据威胁转换方向。系统功耗为 600W，可覆盖水平 40°，方位 120°的视场范围，机箱尺寸为 32 cm×45.7cm×35.6cm。

3. 机载“激光测距与对抗”系统

机载“激光测距与对抗”（LARC）系统具备 4 个告警传感装置，能够覆盖机身的下半球空域，系统由美国和英国联合研制，能够提供威胁激光信号到达方位、时间等信息，同时可对威胁目标直接发射干扰波束，从而保护飞机。在此基础上，美国陆军坦克自动化和武器装备司令部（TACOM）已与 Hughes Danbury 公司签订合同，制造“激光对抗诱饵系统”（LATADS），构成一体化防御系统的一部分。

4. AN/GLQ-13 车载激光对抗系统

AN/GLQ-13 车载激光对抗系统，由美国陆军开发研制，采用了模块化的思想进行结构设计，能够对地面的各种重要目标进行保护，同时具备独立作战能力。有研究表明，该系统集成了激光威胁告警、有源干扰、无源干扰等多种技术手段。

参考文献

[1] 张腾飞，张合新，惠俊军，等．激光制导武器发展及应用概述［J］．电光与控制，2015，22（10）：62-67，94.

[2] 姜同稳．CAN 总线特点与 RS-485 总线性能的比较分析［J］．电子世界，2014（04）：271.

[3] 付伟．激光侦察告警技术的发展现状［J］．光机电信息，2000（12）：1-7.

[4] 张方，任华军．激光侦察告警技术现状与发展趋势［J］．现代信息科技，2019，3（10）：44-46.

[5] 任宁，姜丽新．光电告警技术与国外典型装备发展分析［J］．光电技术应用，2020，35（03）：12-16.

[6] 刘铭，赵涛，王璐．国外光电有源干扰装备的发展［J］．舰船电子工程，2009，29（03）：25-28，46.

[7] 王恒坤，王兵，陈兆兵．对抗激光制导武器的光电装备的发展分析［J］．舰船电子工程，2011，31（08）：14-17.

[8] 白小叶，张建宇．国外光电对抗技术的发展动向与分析［J］．舰船电子工程，2020，40（06）：13-17.

第6章 宽变频激光干扰系统

随着光电制导技术的发展，多光谱一体化综合干扰技术是光电有源干扰发展的必然趋势。只具有单一波长激光输出的激光有源干扰系统，不具备宽频段调谐变频功能，只能防御特定工作波长的光电制导武器系统，不具备灵活性和全面性，对于具有反射片等抗干扰措施和光电复合制导武器更是无能为力，难以适应战场的需要。宽变频激光干扰系统是以基频 Nd：YAG 激光器为泵浦源，通过倍频和 OPO 等非线性频率变换过程，获得 1.06μm 、0.53μm、0.7～0.8μm、0.8～0.9μm、1.1～1.2μm、1.5～1.8μm 以及 3～5μm 等 7 个波段峰值功率大于 10MW 的激光输出，实现一台激光器灵活对抗不同工作波段的光电观瞄装备以及光电复合制导武器。

6.1 宽变频激光干扰系统组成与工作过程

光电观瞄设备和光电制导武器的核心部件是其光电探测器，目前主要通过对光电探测器的干扰实现对光电观瞄设备和制导武器的有效干扰。实现对光电探测器的有效干扰，应满足以下两个基本条件：①实现光谱频段的匹配；②满足一定的辐照功率密度。

宽变频激光干扰系统首先对来袭光电观瞄设备和制导武器的工作波段进行探测，以实现光谱匹配。然而，成像类光电探测器件一般工作于被动模式，且其探测器前端可能加装了针对常用波长激光的抗干扰措施。这就需要利用变频激光对来袭武器进行主动探测，同时接收光学系统的回波信号，以判别其光电探测器的响应频段以及最佳的干扰激光波长，并在此最佳频点处，利用辐照功率密度满足需求的干扰激光，实施有效的饱和致眩干扰。

6.1.1 宽变频激光干扰系统组成

宽变频激光干扰系统由激光泵浦分系统和光束转发分系统组成，如图 6-1 所示。

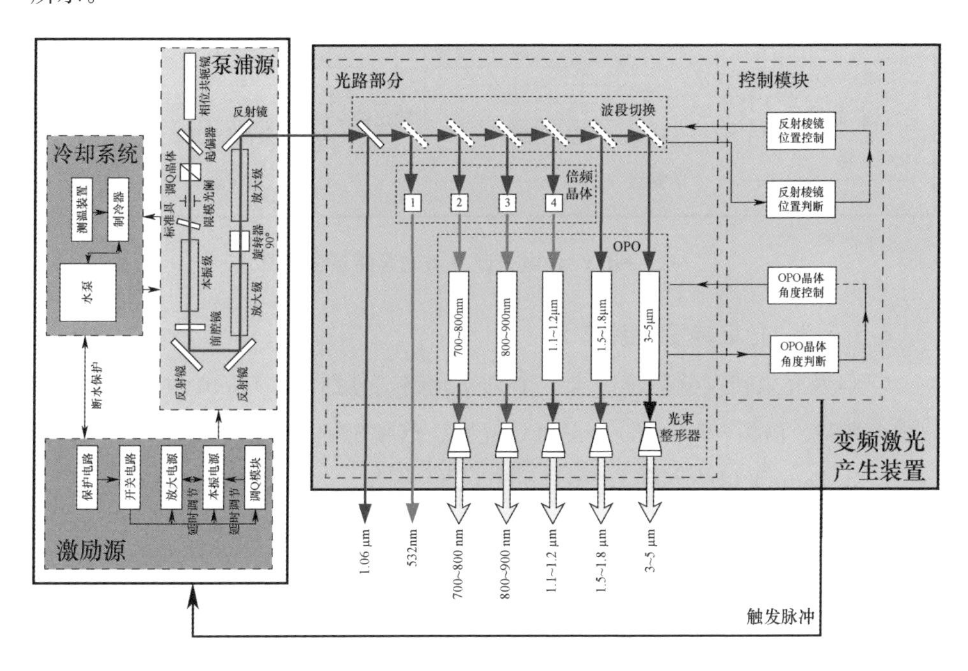

图 6-1 宽变频激光干扰系统组成示意图

6.1.1.1 Nd:YAG 激光泵浦分系统

由于大能量、高光束质量、窄线宽 Nd:YAG 激光器已是非常成熟的激光器系统，采用稳定可靠的 Nd:YAG 激光器作为变频激光的泵浦源具有非常优越的特性，可以大大简化系统的维护，如图 6-2 所示。

Nd:YAG 激光泵浦系统的光学系统中安装了改善横模结构的限模光阑、压窄纵模线宽的标准具，并且采用了制冷机对循环冷却水进行快速制冷，进一步降低激光系统热畸变效应的不利影响。系统采用氙闪光灯进行侧面泵浦，谐振腔内采用正支共焦非稳腔、超高斯镜输出、热致双折射退偏振补偿等系列技术，确保泵浦系统的出光质量，以提高后续倍频及 OPO 过程的能量转换效率。电光调 Q 开关采用加压触发方式的优质双折射晶体 KD^*P 作为调 Q 开关，这种方式有效改善了温度变化对 KD^*P 四分之一波电压的影响，避免了关门高压不稳定造成的对动态输出能量的影响。同时，这种加压式触发电路也消除了退压式关门高压对整个系统及外界的干扰，工作稳定、可靠性高、电磁辐射小。另一种激光泵浦源系统则是在此基础上加装了相位共轭镜，利用非线性光学相位共轭技术进一步改善输出光束质量及其稳定性。

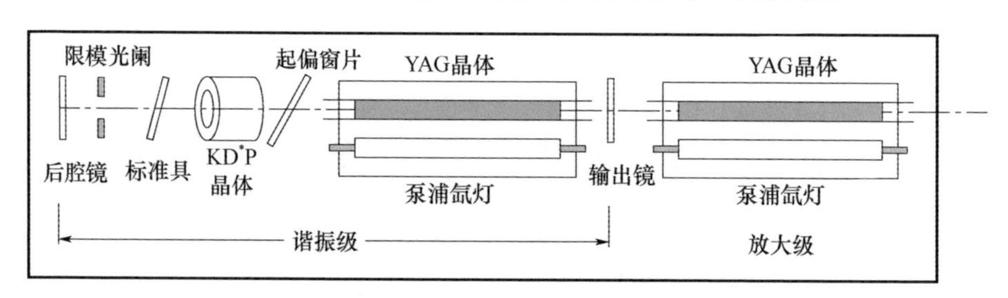

图 6-2　Nd:YAG 电光调 Q 激光泵浦系统框图

6.1.1.2　光束转发分系统

OPO 及光束转发分系统包含 7 个分支光路，分别为 1.06μm 激光光路、倍频激光光路、倍频—700～800nm OPO 光路、信频 800～900nm OPO 光路、倍频—1.1～1.2μm OPO 光路和 1.5～1.8μm OPO 光路、3～5μm OPO 光路。利用自动控制的平移全反射镜将 1.06μm 激光束反射到各分支光路，分别产生各波段干扰激光；利用 532nm 倍频激光泵浦 700nm～800nm OPO 系统、800～900nm OPO 系统和 1.1～1.2μm OPO 系统，产生 700nm～800nm、800～900nm、1.1～1.2μm 近红外激光；利用 1.06μm 泵浦 1.5～1.8μm OPO 系统、3～5μm OPO 系统，产生 1.5～1.8μm 波段近红外激光和 3～5μm 波段中红外激光。产生的 700nm～800nm、1.1～1.2μm、1.5～1.8μm、3～5μm 波段变频激光以及 532nm 激光与 1.06μm 激光一起构成宽波段变频激光干扰系统。

宽变频激光干扰系统总体结构图如图 6-3 所示，分上下两层，实现电、光分离。上层为光路部分，宽变频激光干扰系统光路部分结构图如图 6-4 所示，主要包括 1 个全反射镜、4 个倍频晶体、5 个 OPO 晶体、5 套 OPO 谐振腔镜、五套光束整型器以及两个可变光阑，主要功能是构成多个激光波段的光路。下层为电控部分，宽变频激光干扰系统电控部分结构图如图 6-5 所示，主要包括 1 个水平位移平台、2 个角位移平台、全反射镜固定支架、OPO 晶体固定支架，主要功能是实现全反射镜的平移和 OPO 晶体的旋转；平台控制器包括嵌入式控制板、电机驱动器、电源等，主要功能是实现平台的运动控制和激光泵浦源的开启与停止；控制面板包括各波段指示灯、显示面板、键盘等。总尺寸约为 720×510×190mm，总重约为 48.7kg。

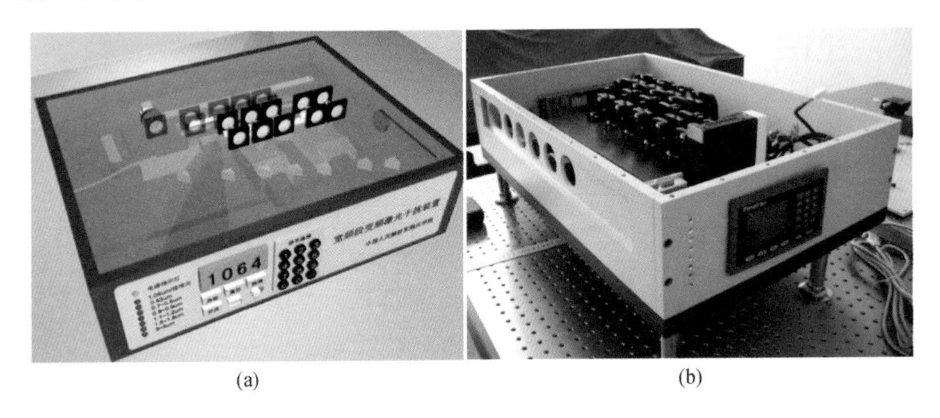

图 6-3　宽变频激光干扰系统总体结构图

（a）示意图；（b）实物图。

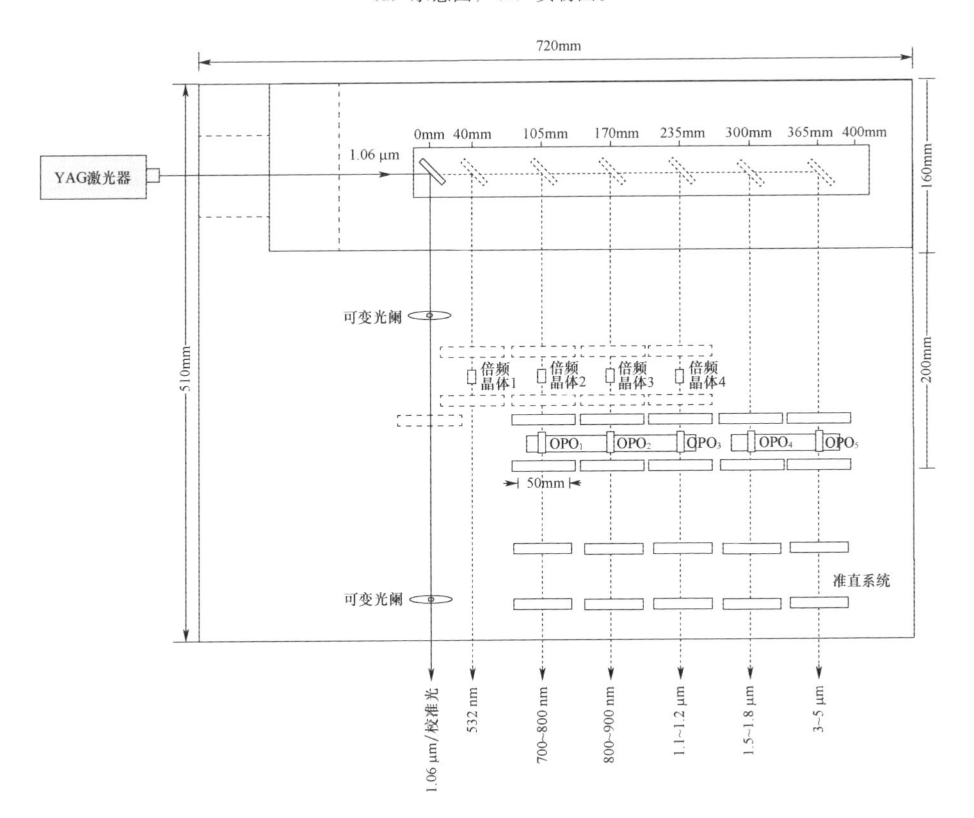

图 6-4　宽变频激光干扰系统光路部分结构图

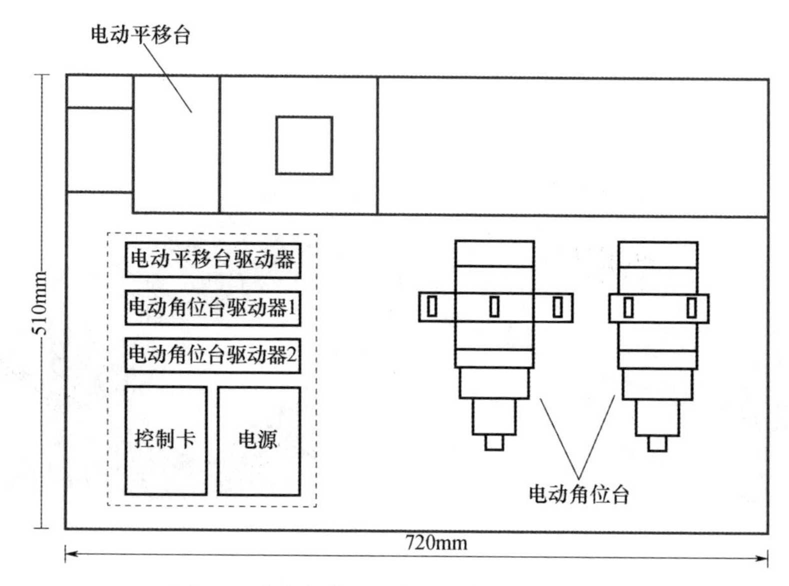

图 6-5　宽变频激光干扰系统电控部分结构图

宽变频激光干扰系统控制模块由控制器、电机驱动器、光栅尺、编码器、文本显示器、电源等部分组成，如图 6-6 所示。

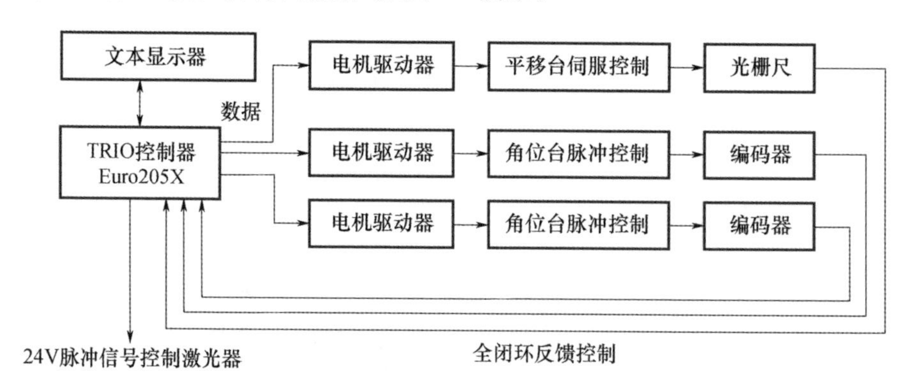

图 6-6　宽变频激光干扰系统控制模块组成框图

水平位移控制采用全闭环反馈控制方式，由光栅尺提供全反射镜的绝对位置，通过伺服电机控制全反射镜的水平运动。OPO 晶体的角度调谐采用闭环控制方式，由绝对式编码器提供 OPO 晶体的旋转角度，通过步进电机控制 OPO 晶体的角位移运动。文本显示器提供不同激光波长数值的键盘输入和显示功能。

选型：精密电动平移台 DZWN105TA400M-G，行程 400mm，重复定位精度 5μm，绝对定位精度 8μm。精密电动角位台 DZWN03GA20，行程±20°，分辨率 18″（无细分）。编码器：绝对式编码器。光栅尺 JCXE1，分辨率±5μm。控制器选择英国 Trio 公司的多泵浦动控制器 Euro205X。该控制卡可以控制 1～4 个轴的伺服电机或步进电机或者是两者的任意结合。有 4 个轴编码器（5V 差分信号）输入通道，1 个伺服使能输出（继电器常开触点，直流 24V，100mA）。

6.1.2 宽变频激光干扰系统工作过程

6.1.2.1 系统工作原理

当受到成像观瞄设备侦察威胁或来袭光电成像制导武器打击威胁时，宽变频激光干扰系统启动 Nd:YAG 泵浦激光源并作好出光准备，自动平移全反射镜，依次转向各分支光路，启动 OPO 系统进行波长调谐，产生各波段的变频激光，经光束整形后照射来袭光电制导武器或观瞄设备；照射同时利用光电探测器接收来袭武器的回波信号，以判断其光学系统的工作波段和最佳干扰激光频率；判定最佳干扰激光频率后，利用此频率激光实施饱和致眩干扰。简言之，即对来袭武器实施变频激光主动探测，定频激光饱和致眩干扰。

6.1.2.2 系统工作过程

1.06μm 泵浦激光从左侧进入（图 6-4），经过步进电机上的全反射镜，垂直反射至各倍频晶体和 OPO 谐振腔，产生变频激光。以 800～900nm 变频激光为例，若需要输出波长为 850nm 的激光，则使用者在控制面板上输入 850nm 并确定后，启动平移步进电机带动全反射镜移动到 170mm（实验标定值）处，同时电动角位移台带动 OPO 晶体旋转至相应角度。全反射镜和 OPO 晶体都运动到相应位置后，控制器发出触发信号，触发 1.06μm 泵浦激光器出光，全反射镜将 1.06μm 激光反射至倍频晶体 3 得到 532nm 激光，泵浦 OPO 谐振腔生成 850nm 近红外激光，此时，可能 850nm 激光光束质量比如光斑形状、发散角等不满足指标要求，因此，需要对激光进行整形以改善光束质量。可以通过可变光阑校准 1.06μm 激光光路，将光阑全部打开，则 1.06μm 激光正常发射，若将可变光阑调节至 2mm，则可以校准光路是否准直。

6.2 宽变频激光干扰系统关键技术

末端防御对各波段激光脉冲的能量与峰值功率要求较高，且要求变频激光光束质量要好。因此，宽变频激光干扰系统涉及宽变频高效调谐优质激光源产生、基于变频激光的光学目标主动探测等主要关键技术。

6.2.1 高效激光泵浦光源技术

6.2.1.1 激光变频方法

产生波长可调谐的变频激光光源的主要方法有两种：一是激光器的工作介质具有较宽的激光上能级，在腔内调谐元件的作用下，在特定波段范围内，输出变频激光。例如变频范围 780～920nm 的 Cr：LiSAF 激光器；调谐范围较宽的钛宝石激光器，可在 650nm～1.2μm 波段内连续调谐；GaSbInAs 半导体激光器波长为 1.5～4.7μm，但还没有脱离低温工作条件，且其发散角过大，在军事应用中受到限制[1]。然而这类激光器不具备多波段调谐能力。另一种方法是利用倍频、光学参量振荡等非线性光学频率变换技术，在泵浦激光基础上，变换调谐出各波段变频激光。其中，利用非线性晶体的频率下转换效应的光学参量振荡（OPO）技术，可实现不同波段激光的连续调谐，是产生变频激光的重要手段。OPO 系统具有如下特点[2]：

（1）调谐范围宽：普通的激光器只能输出一种或几种波长的激光，而只要更换非线性晶体，OPO 系统的调谐范围可从紫外到远红外，满足不同波段的干扰需求；

（2）可实现全固化设计：OPO 系统是通过非线性晶体进行激光频率的转换，只需一块或几块晶体即可实现多波段输出，其泵浦源可采用半导体泵浦的固体激光器，因而整个激光系统可做到小型化、全固化；

（3）有望实现高功率、窄线宽输出。

可见，OPO 系统具有重要的应用价值，因而以优质激光泵浦的 OPO 系统为基础，着力解决 OPO 过程中能量转换效率较低，光束质量较差的难题，突破变频激光干扰关键技术，有效提升主战装备的自我防护能力。

6.2.1.2 优质激光泵浦光源技术

根据 OPO 原理可知，要得到较高的能量转换效率，产生高峰值功率的变频激光输出，要求泵浦光功率，1.06μm 基频激光、532nm 倍频激光单脉冲能量需足够大。而 Nd：YAG 激光介质属典型的四能级结构，增益高、阈值低，若不对激光器谐振腔结构进行优化设计，激光器将多模输出，激光发散角大、光束质量差，线宽也较宽。为了得到窄线宽、高光束质量的优质泵浦光源，利用非线性相位共轭波前畸变补偿技术和 F-P 标准具压窄线宽技术等对泵浦激光器谐振腔结构进行优化设计。

激光系统中存在光学元件的不均匀性、激光工作介质的内部缺陷，以及各类热效应、退偏效应等，这些都能造成激光波前的畸变，降低输出光束质量。利用非线性光学相位共轭技术，让光束两次或多次往返通过同一畸变光路，使光路中的相位畸变得到补偿或改善。在高功率的固体脉冲激光器中，常用带受激布里渊散射（SBS）相位共轭镜的激光谐振腔及带 SBS 相位共轭镜的双程或多程主振荡-功率放大系统[3]。

相位共轭过程的波前反转特性的一个重要应用就是补偿光波的波前畸变。通常情况下，初始入射波并非是理想的平面波或球面波，对于激光器来说，其输出大多为高斯类光束，这类光束一般可以分解成平面波和球面波的叠加，因此，相位共轭波的畸变补偿原理仍然是适用的。相位共轭 Nd:YAG 泵浦激光系统原理试验验证如图 6-7（b）所示。

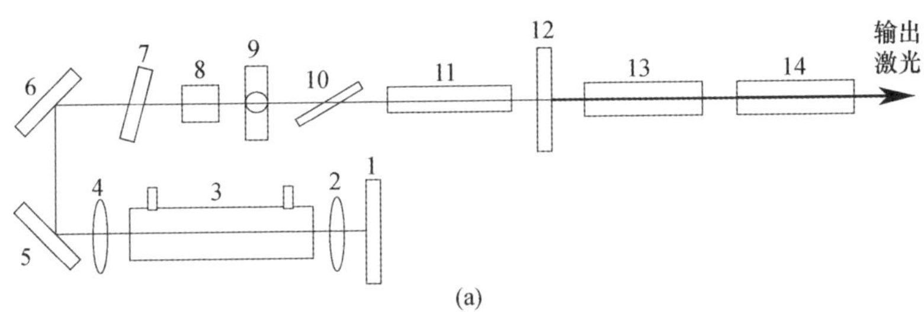

(a)

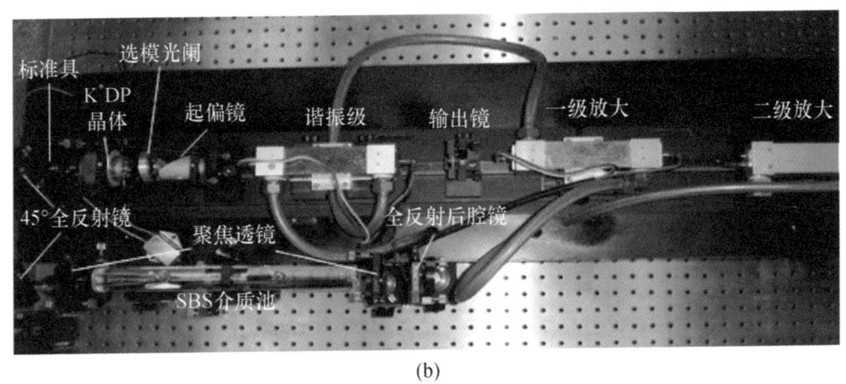

(b)

1、12—全反射后腔镜、输出镜；2、4—聚焦透镜；3—SBS 介质池；
5、6—45°全反射镜；7—标准具；8—KD* P 晶体；9—选模光阑；
10—起偏镜；11—谐振级；13、14——级放大、二级放大。

图 6-7 相位共轭 Nd：YAG 泵浦激光系统原理试验图

(a) 原理试验框图；(b) 原理试验装置图。

为了获得发散角小、单色性好的基横模、单纵模种子激光，本振级利用 SBS 相位共轭镜（包括两个聚焦透镜和一个介质池）构成相位共轭激光腔，有效补偿氙灯泵浦的激光器系统热畸变导致的光束质量的下降，提高系统在重复频率下工作的稳定性。在光路中安装了选模光阑来进一步优化小发散角基模种子激光的光束质量，同时还安装了压窄线宽的 F-P 标准具以获得单纵模种子激光。在谐振腔中安装电光调 Q 开关（KD^*P 晶体和布儒斯特起偏器）可以有效改善 SBS 相位共轭镜非线性启动过程的稳定性，并使输出激光脉冲宽度保持稳定。为了更好地降低氙灯泵浦过程废热导致的热畸变影响，在循环水冷系统中加装了制冷器来提高冷却效果。另外，为了提高输出激光的能量，在本振级后面加装了两级放大，可以提高单脉冲能量。

利用 CCD 光束质量分析仪观察了激光光源的输出激光光束质量，测试框图如图 6-8 所示，观察到的激光光强分布如图 6-9 所示。光斑内光强分布平滑，强度分布曲线已接近高斯光束。如图 6-10 所示为其输出激光在近场区打在黑相纸上的光斑照片，可见相纸上每个光斑强度基本相当，且光斑中心有一明显强点，说明激光器出光稳定，能量起伏不大，光斑中心区域能量集中，功率密度大。

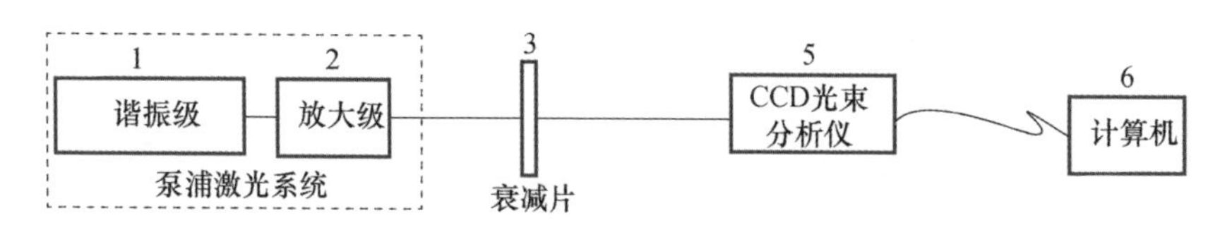

图 6-8　相位共轭 Nd：YAG 泵浦激光系统激光光束质量测试

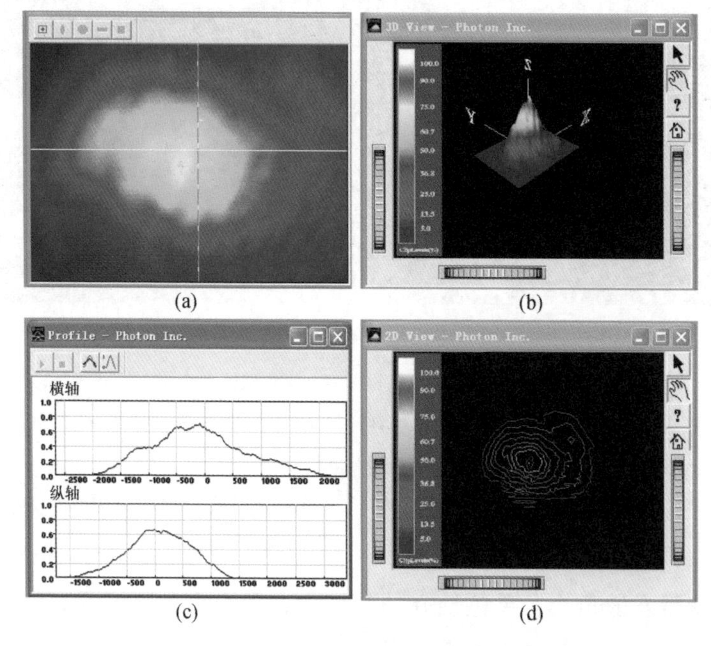

(a)　(b)　(c)　(d)

图 6-9　输出激光光强分布

(a) 光斑内强度分布；(b) 强度三维分布；(c) 光强分布曲线；(d) 光强二维分布。

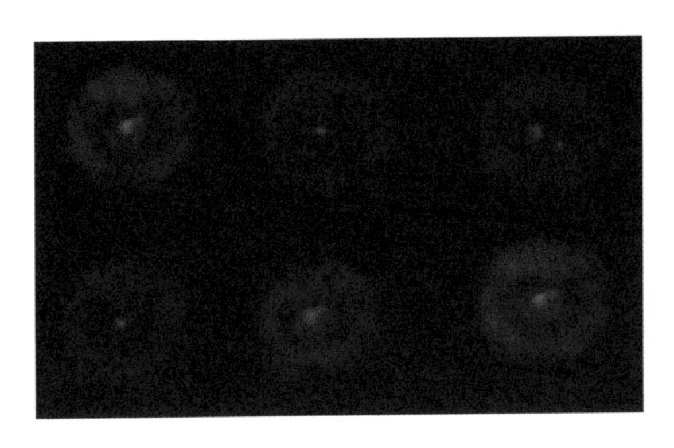

图 6-10 输出激光近场光斑

为了提高相位共轭镜的反射效率，进一步改善激光的光束质量，增加激光单频点的能量密度，提高 OPO 的能量转换效率，在激光器中加装了法布里-珀罗（F-P）标准具以压窄激光线宽。

如果激光器在工作时，谐振腔内无任何选模元件，输出的光谱就会包含出横模和纵模决定的大量分立的频率。如图 6-11 所示为无选模元件时的激光输出光谱示意图。满足激光跃迁的增益与镜反射率的乘积大于 1 的那些波长，即是发射的激光波长。在理想情况下，激光器产生的振荡有 9 个纵模。

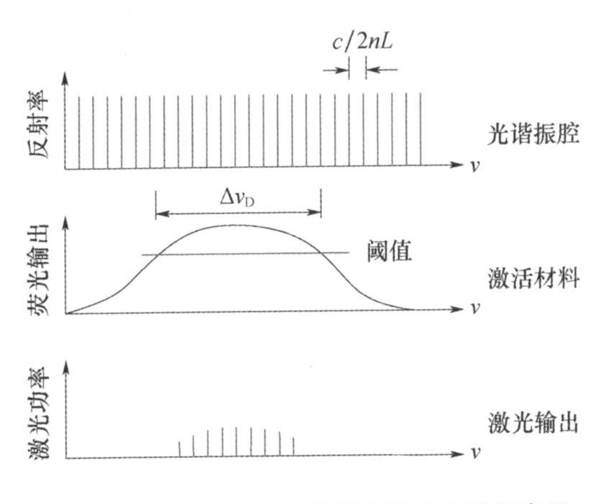

图 6-11 无选模元件时的激光输出光谱示意图

Nd:YAG 激光器的增益线宽 $\Delta\nu_D$约 120GHz，其纵模间隔为

$$\Delta\nu_q = c/2L' \tag{6-1}$$

式中：c 为光速；L' 为谐振腔的有效腔长。本光源谐振腔的腔长为 450mm，Nd:YAG 晶体棒的长度为 100mm，对 1.064μm 激光的折射率为 1.82，经计算，谐振腔的有效腔长为 532mm。可得在腔内谐振的纵模间隔为 2.82×10^9 Hz，

能够在腔内起振的纵模个数约40个。可见，若无选模元件压窄线宽，此谐振腔无法实现单纵模输出，其频率线宽较宽，约为0.5nm。为实现单纵模输出，在腔内加装可压窄激光线宽的F-P标准具。

F-P标准具选纵模的优点在于标准具平行平面板间的厚度可以做得很薄，因而对增益线宽很宽的激光工作物质，如Nd:YAG、红宝石等激光器，均可获得单纵模输出，且由于谐振腔长没有发生变化，激光器仍可保持较高的输出功率[4]。

F-P标准具对不同波长的光束具有不同的透过率，可用下式表示：

$$T(\lambda)=\frac{1}{1+F\sin^2\left(\frac{2\pi d}{\lambda}\right)} \tag{6-2}$$

式中：F 为标准具的精细度，$F=\frac{\pi\sqrt{R}}{1-R}$，$R$ 为标准具对光的反射率；d 为标准具厚度。

图6-12给出了不同反射率下F-P标准具的透过率曲线。由图6-12中可以看出，标准具反射率 R 越大，则透过曲线越窄，选择性就越好。

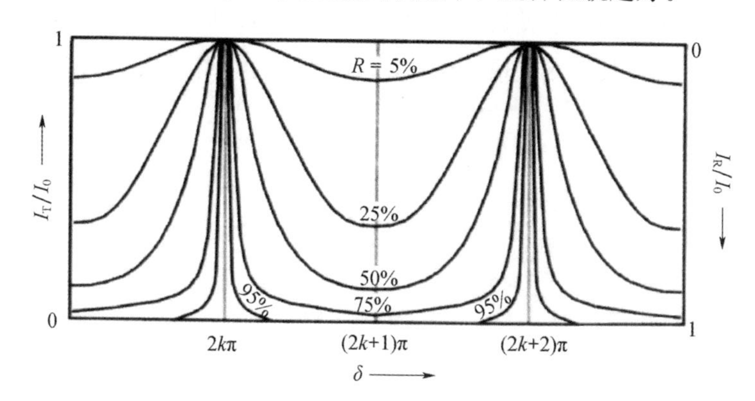

图6-12 不同反射率下F-P标准具的透过率曲线

相邻两透过率极大值的间隔为

$$\Delta\nu_m=\frac{c}{2nd} \tag{6-3}$$

式中：$\Delta\nu_m$ 为标准具的自由光谱区。为使激光器单纵模输出，此自由光谱区需与激光晶体的增益线宽 $\Delta\upsilon_D$ 的一半相当，由此可得标准具的厚度 d 为1.7mm。可见，设计标准具的厚度为1.5mm，满足选模技术要求。

标准具的反射率决定了其透过曲线的宽窄和标准具对激光模式的选择性。由标准具的精细度公式可得，要实现本光源的单纵模输出，标准具的精细度需为 42.5，因而其端面反射率需不小于 90%。可见，设计标准具的端面反射率为 90%，可满足选模技术要求。

利用如图 6-13 所示的设备对激光的单色性进行测试。本激光光源输出 1.064μm 激光束，先经过衰减片后，入射至测量标准具单元，该单元包括发散透镜 F_1、F-P 测量标准具（即双面镀 1.064μm 高反膜 3mm 厚的 K9 玻璃平板）以及弱聚焦透镜 F_2（焦距约 1m），经过测量标准具单元后干涉环成像于白纸屏，由 CCD 摄取图像并由计算机采集。

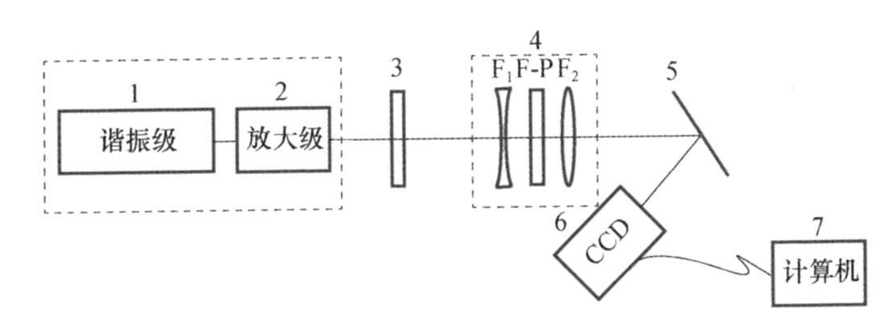

图 6-13 光源输出激光单色性测试框图

试验测试表明，本激光光源与未使用相位共轭镜和线宽压窄标准具的普通 Nd:YAG 激光器相比，其单色性有很好的改善。如图 6-14（a）所示为未安装线宽压窄标准具激光器输出激光的干涉环照片，由于激光腔内没有放置任何纵模选择元件，其输出激光并非单纵模，从干涉环上可以看出其含有 4 个纵模，其中有一个纵模明显比其他 3 个强；如图 6-14（b）所示为安装线宽压窄标准具后激光器输出激光的干涉环照片，其仅含有单个纵模。可见安装线宽压窄标准具可有效进行单纵模的选择。

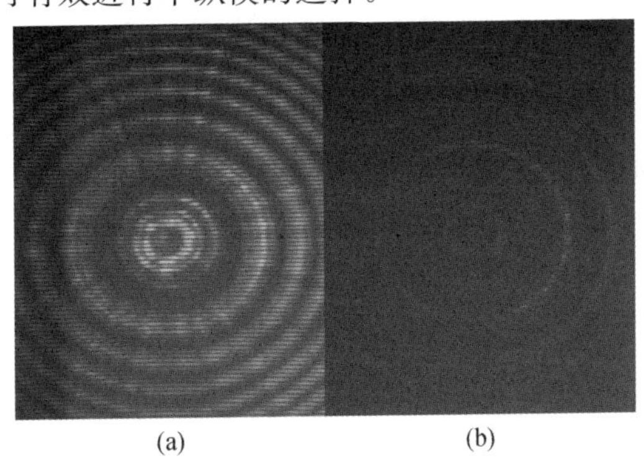

(a) (b)

图 6-14 安装线宽压窄标准具前后激光器输出激光干涉环

（a）未安装线宽压窄标准具激光器输出激光干涉环；

（b）安装线宽压窄标准具后激光器输出激光干涉环。

在大功率 Nd:YAG 激光系统中存在热致双折射退偏振现象，导致输出激光线偏振度降低，严重影响后继倍频和光学参量振荡过程的变频能量转换效率。为此采用了将 90°石英旋转器和二分之一波片相结合的热退偏补偿方法。

热致双折射在固体激光晶体棒截面中的每一点处，感生双折射的主轴都是呈径向和切向的，双折射大小与棒半径的平方成正比，通过激光棒的线偏振光束的退偏振效应严重[5]。补偿原理就是要在激光晶体棒截面上每一点的径向和切向偏振辐射都获得相等的相位迟滞[6]。热致双折射退偏振补偿技术框图如图 6-15 所示，试验装置如图 6-16 所示。激光谐振级输出的线偏振激光束通过一级放大晶体棒时，由于棒内径向温度分布，在相同半径 r 处的径向偏振光和切向偏振光之间产生相位差 $\Delta P_r(r) - \Delta P_\theta(r)$，再经过 90°石英旋转器后，径向偏振光变为切向偏振光，再经过二级放大晶体棒后也产生了相位差 $\Delta P_r(r) - \Delta P_\theta(r)$，由于径、切向的颠倒，相对于一级放大级中的径、切向相位差，等价于消除了两方向的相位差，即补偿了线偏振激光束在经过两级放大时的退偏振效应，有效地获得了高保偏效果。

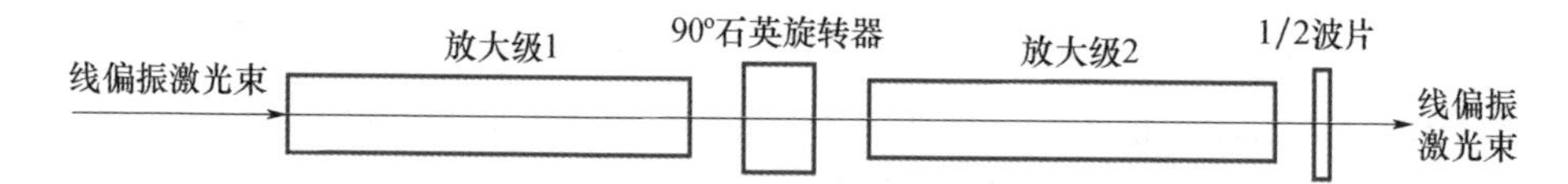

图 6-15　热致双折射退偏振补偿技术框图

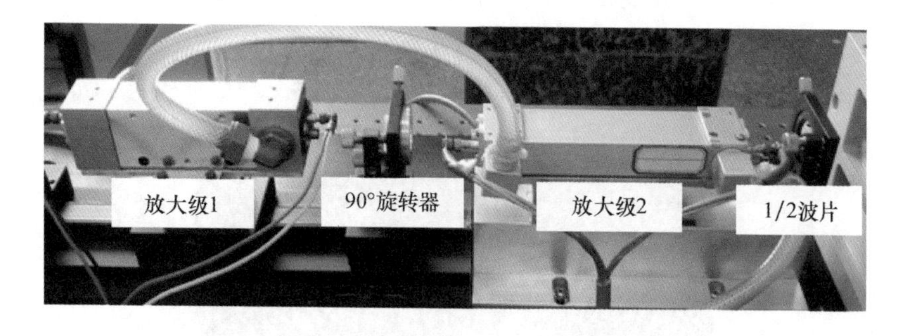

图 6-16　热致双折射退偏振补偿试验装置图

Nd:YAG 激光（1.064μm）的倍频光（532nm）在方案设计中，既是重要的可见光干扰源，又是 OPO 过程产生 700～800nm、800～900nm、1.1～1.2μm 近红外波段的泵浦源，因此必须提高其倍频能量转换效率，以获得高能量 532nm 激光。

如图 6-17 所示为测量 8mm×8mm×6mm 尺寸 KTP 倍频晶体的倍频激光输出能量的光路原理图（a）和试验照片（b）。经测量和换算得到 1 块

KTP 晶体的倍频效率如图 6-18 所示，图中方框中的电压为 Nd:YAG 放大级电源电压。

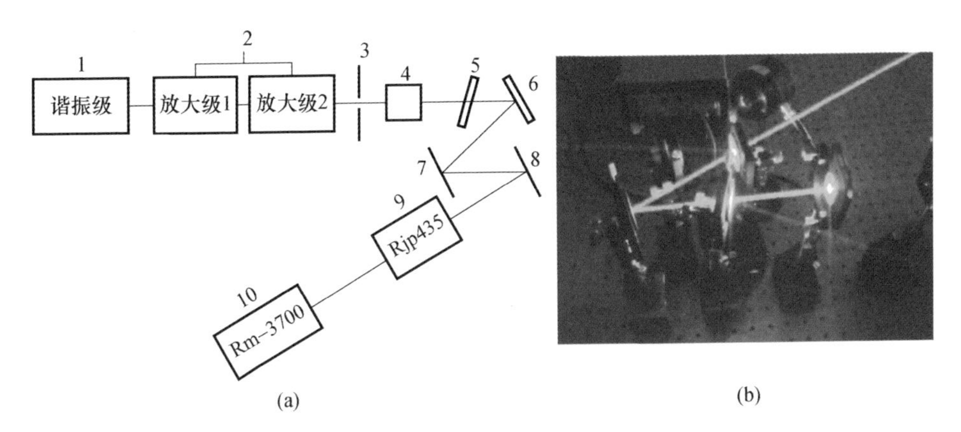

1—谐振级；2—放大级；3—可变光阑；4— KTP 倍频晶体；
5—532nm 高透（透过率 96.76%）、1.064μm 高反（反射率 99.6%）镜；
6—532nm 高反（反射率 99.7%）、1.06μm 高透（透过率 90.6%）镜；
7、8— K9 薄窗片（每片反射率为 8%）；9—能量探头；10—能量/功率计。

图 6-17 KTP 倍频晶体的倍频激光输出能量测量

(a) 光路原理图；(b) 试验照片。

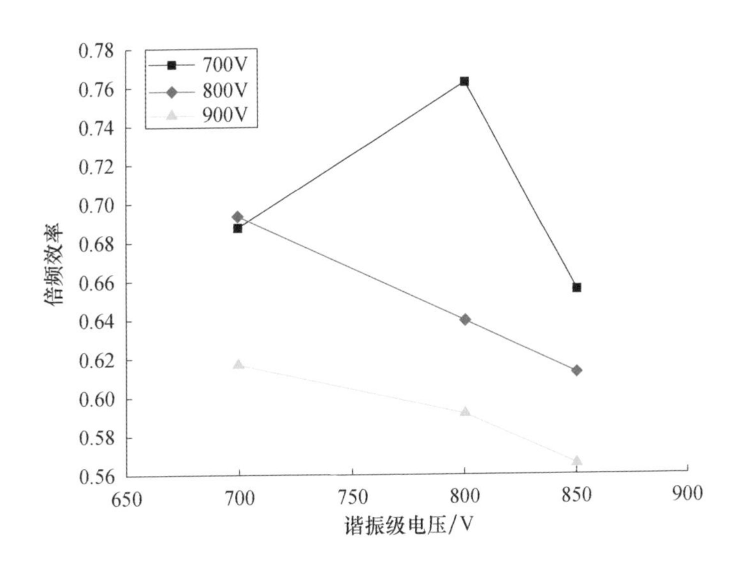

图 6-18 KTP 倍频晶体的倍频效率

由图 6-18 可见，由于基频 1.064μm 激光光束质量非常好，因而由 1.064μm~532nm 的倍频效率也比较高，均大于 50%。

利用光电探测器、示波器、能量计和光束质量分析仪等测试设备对泵浦激光光源输出脉冲重复频率、单脉冲宽度和单脉冲能量等出光性能参数进行测试。

对于高功率氙灯泵浦激光系统，其输出脉冲重复频率是重要的工作参数。激光脉冲重复频率的测量示意图如图 6-19 所示，采用高速 PIN 光电探测器和示波器进行测试。

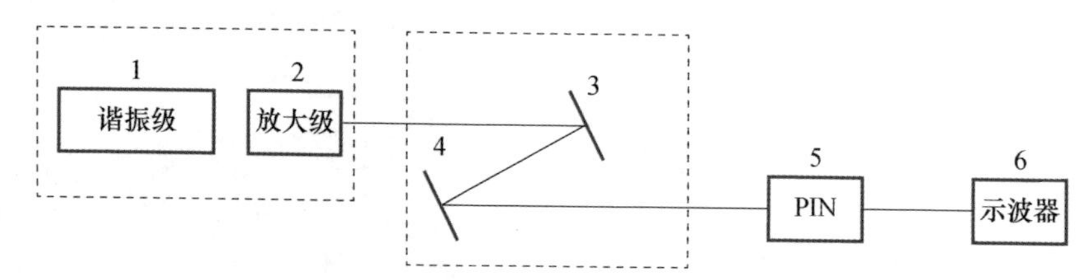

图 6-19　激光脉冲重复频率的测量示意图

图 6-19 中，1 为谐振级，2 为放大级，3、4 为两片 K9 平板薄窗片（每片反射率为 8%），用作分束镜，将激光系统输出的高能量激光衰减后入射到高灵敏光电探测器，以避免对其损伤；5 为 New Focus INC. 的 PIN 光电探测器；6 为 Tektronix INC. 的 TDS3032B 数字示波器。

示波器测得 5Hz、10Hz、20Hz 重复频率下 1.06μm 激光脉冲序列如图 6-20 所示，示波器主时基设定为 100ms，全屏时宽为 1s，照片显示出的脉冲个数即为激光光源的脉冲重复频率。激光光源在 5Hz、10Hz、20Hz 工作条件下，其输出激光脉冲的重复频率稳定。

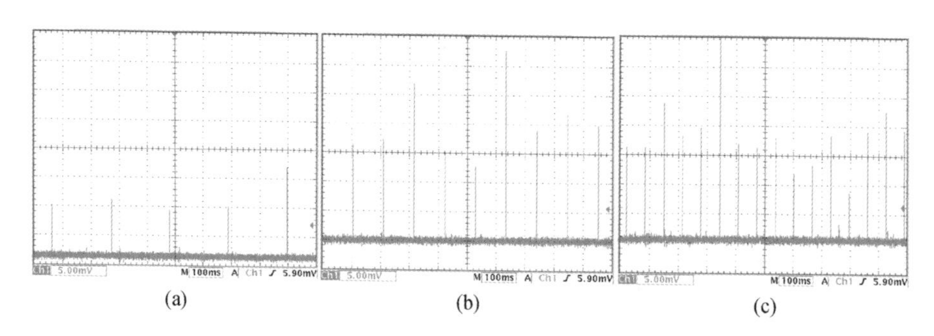

图 6-20　各重复频率下 1.06μm 激光脉冲序列

(a) 5Hz；(b) 10Hz；(c) 20Hz。

输出激光单脉冲宽度的测量方法与重复频率测量方法相同。重复频率为 1Hz 时，输出激光单脉冲波形如图 6-21 所示，其脉冲半高宽度为 10ns。重复频率为 5Hz、10Hz、20Hz 时，输出激光单脉冲波形与 1Hz 时的基本相似，且平均脉冲宽度相同。

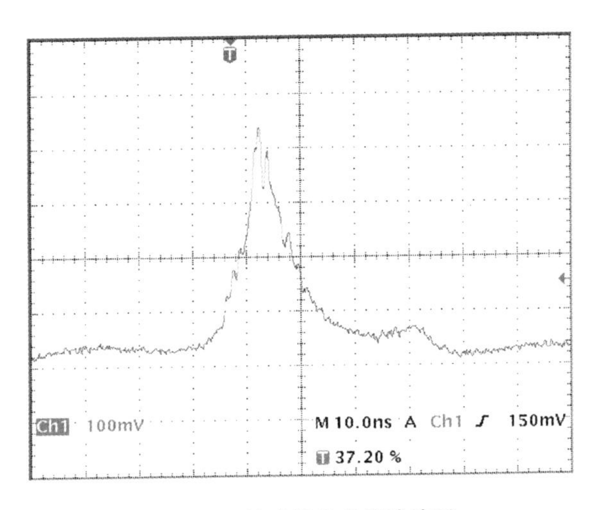

图 6-21 输出激光单脉冲波形

输出激光单脉冲能量的测量示意图如图 6-22 所示，采用高灵敏能量探头和能量/功率计进行测试。

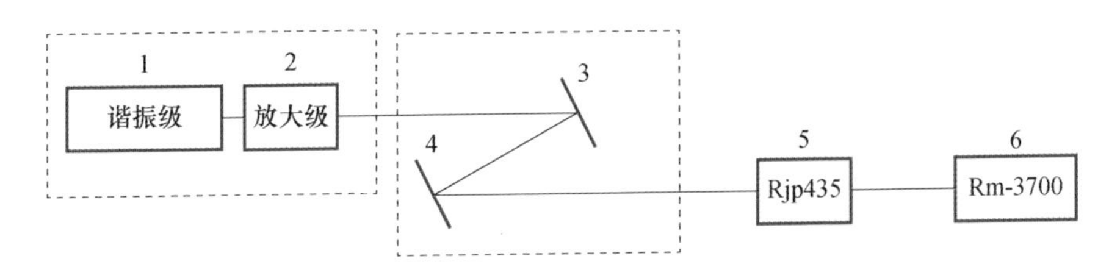

图 6-22 输出激光单脉冲能量的测量示意图

图 6-22 中，1 为谐振级，2 为放大一级，3、4 为两片 K9 平板薄窗片（每片反射率为 8%），用作分束镜，将激光系统输出的高能量激光成比例衰减后入射到高灵敏能量探头，以避免对探头的损伤；5 为高灵敏能量探头 Rjp435；6 为能量/功率计 Rm3700。

经测量换算后得到的激光光源系统输出激光脉冲平均能量与泵浦电压的关系如图 6-23 所示，图中方框中的电压为放大级电源电压。最大单脉冲能量大于 500mJ。

532nm 激光由 1.06μm 泵浦激光倍频而来，因而其脉冲重复频率与脉冲宽度与泵浦激光相同，此处不再赘述。532nm 倍频激光能量测试框图如图 6-17 所示，经测量和换算，得到 1 块 KTP 晶体的倍频效率如图 6-18 所示，均可达到 50%以上，输出 532nm 激光的单脉冲能量大于 250mJ。

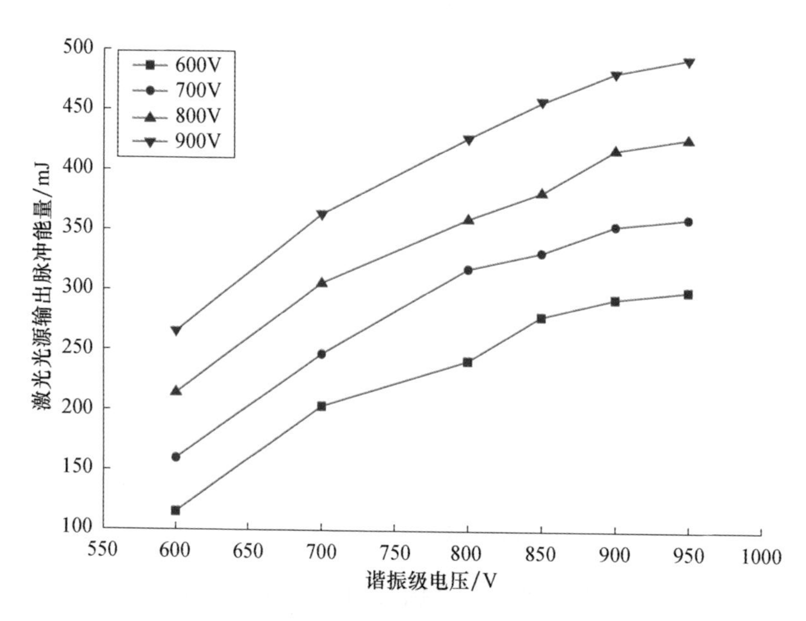

图 6-23　谐振级输出激光脉冲能量与泵浦电压关系图

6.2.2 高转换效率红外光学参量振荡技术

6.2.2.1 OPO 晶体波长调谐原理分析

OPO 是一种利用非线性晶体的混频特性实现光学频率变换的器件，同时它又是波长可调谐的相干光源。具有调谐范围宽、效率高、结构简单及工作可靠等特点，可获得宽带可调谐、高相干的辐射光源[7]。OPO 波长调谐是通过精密步进电机转动晶体角度，改变泵浦光束与光轴的夹角，实现不同波长光之间的相位匹配，以达到波长调谐的目的。随着一批新型优质非线性光学晶体的发明、成熟和大量应用，以及非线性光学频率变换和可调谐激光技术的飞速发展，在光参量振荡器这一研究领域取得了不少十分重要的突破，OPO 已经发展成为可调谐激光的主流[8]。

结合 OPO 晶体的调谐特性，针对输出变频激光波长的不同，通常采用双程泵浦信号光单谐振参量振荡器（SRO-OPO）腔型。在相位匹配的理想条件下，700～900nm 波段光参量振荡的能量转换效率随信号光波长之间的变化关系，如图 6-24 所示。

从图 6-24 可见，在理想情况下，随着波长的增长，转换效率也逐渐升高。532nm 激光泵浦的近红外 OPO 过程中，转换效率最低的为 26.6%，最高为 44.4%，经过计算得出其平均转换效率为 38.1%。

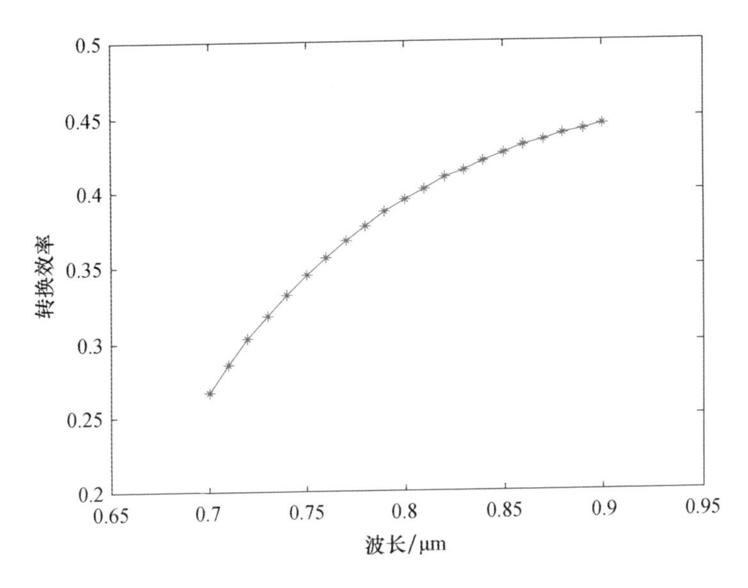

图6-24 转换效率与信号光波长的关系

6.2.2.2 红外OPO调谐技术

1. 红外OPO晶体选型

非线性光学晶体是光参量振荡器的核心和基础。现今用于近红外OPO的非线性晶体主要有KTP、KTA、BBO、PPLN等[9]。其中，用PPLN实现OPO运转是国内外研究的热点，但国内生产PPLN的技术还不成熟，尚不能提供可靠的晶体，且晶体较软，抗损伤阈值较低，不适用于高峰值功率激光条件；BBO在空气中易潮解，维护困难。KTP由于其具有非线性系数大、抗损伤阈值高、透光范围广、走离角小、允许角大等特点，被广泛应用于近红外光参量振荡器。近红外KTP-OPO自20世纪90年代初以来已经获得了长足的发展，特别是脉冲泵浦、纳秒量级、可调谐KTP-OPO倍受人们的关注。

图6-25所示为532nm激光泵浦的KTP光参量转换器的相位匹配角、非线性系数曲线、增益曲线的计算结果。根据这些曲线对700～900nm、1.1～1.2μm波段OPO晶体进行匹配角度切割加工。

700～900nm波段角度调谐临界相位匹配KTP-OPO晶体，尺寸为7mm×7mm×20mm，切割角θ=63.6°、Φ=0°，镀膜HT@700～900nm、HT@532nm。

1.1～1.2μm波段角度调谐临界相位匹配KTP-OPO晶体，尺寸为7mm×7mm×20mm，切割角θ=75.6°、Φ=0°，镀膜HT@1.1～1.2μm、HT@532nm。

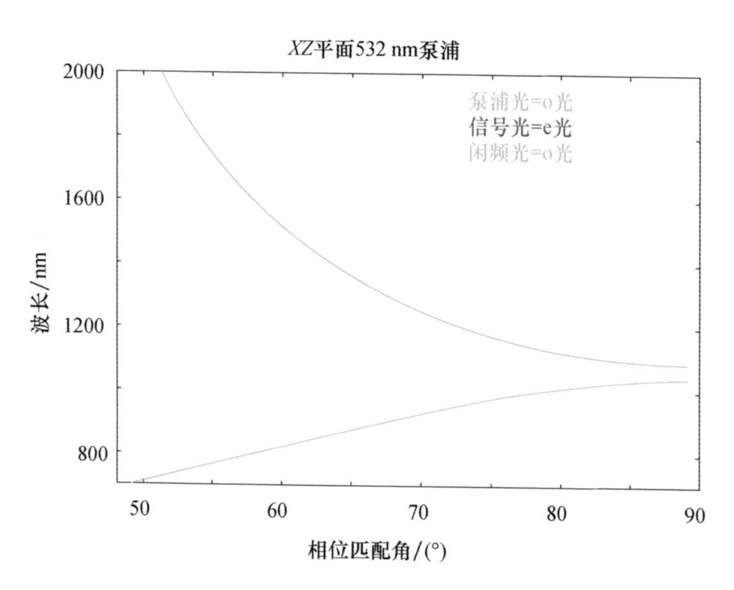

图 6-25 532nm 激光泵浦 KTP-OPO 的角度调谐曲线

目前，利用 OPO 技术产生 3～5μm 中红外激光主要有三种技术途径：①基于周期性极化的 OPO 晶体，通过非线性光学转换获得中红外激光输出；②基于普通的 OPO 晶体，通过非线性光学转换获得中红外激光输出；③基于不同掺杂的 YAP 类晶体直接获得激光振荡输出。

途径①采用周期性极化的非线性光学晶体，由于周期性极化的工艺过程，使得周期性极化的晶体的厚度尺寸主要集中在 1mm 左右，厚度更大的晶体目前无法获得，仍然处于实验室研究阶段，工艺不成熟；另一方面，该类晶体的生长与供货被国外研究机构所掌握，国内不易获得。并且，由于晶体结构限制，使得激光光斑不能太大，造成光强密度过高，容易损坏非线性晶体，且输出光斑为椭圆形，模式较差。

途径②采用普通的非线性晶体在 3～5μm 的透过率满足要求的主要有 ZGP 晶体、KTA 晶体和铌酸锂（LN）晶体。这三种晶体生产和镀膜工艺较为成熟，晶体的抗损伤阈值较高，能够满足高能量中红外激光输出的要求。

途径③采用不同掺杂的 YAP 类晶体直接获得激光振荡输出。但目前国际上此项技术的研究尚不成熟，主要集中于低功率低能量方面的实验室研究，不满足光电对抗的需求。

根据以上技术途径分析，为获得高能量的中红外多波长激光器，拟采用途径②，使用成熟的普通 OPO 晶体，通过不同的非线性转换技术和多波长光束合成技术，获得中红外多波长激光器系统。基于 ZGP 晶体、KTA 晶体和 LN 晶体三种 OPO 晶体，通过非线性光学转换都可获得中红外激光输出。

中红外激光器需通过 ZGP-OPO 实现，ZGP 晶体需要 2μm 激光作为泵浦源。2μm 泵浦源有两种方案：一种是氙灯泵浦 CrTmHo：YAG 棒，用 KTP 晶体调 Q，输出 2.09μm 激光；另一种是采用简并 KTP-OPO 实现 2.13μm 激光。结合所选择的中红外晶体得到的试验结果如表 6-1 所列。

表 6-1　中红外波段 OPO 晶体选择专题试验结果

OPO 方式	调谐波段	所需 OPO 过程	所需晶体数量	能量转换效率	备注
KTP-OPO—ZGP-OPO	3～5μm	3	KTP：2 ZGP：2	16%	OPO 过程多， 工程实现困难； ZGP 晶体价格昂贵
KTP-OPA—ZGP-OPO	3～5μm	3	KTP：3 ZGP：3		
KTP-OPO—ZGP-OPA	3～5μm	2	KTP：2 ZGP：3		
KTA-OPO	3～3.6μm	1	KTA：1	12%	调谐波段范围有限
LN-OPO	3～5μm	1	LN：1	12%	晶体价格适中， 调谐波段宽

从表 6-1 可以看出，虽然 ZGP-OPO 过程的能量转换效率较高，但该方案均需多个非线性参量振荡过程联用，对 ZGP 晶体的使用需求也较大。而 OPO 过程对光路准直度和稳定性要求较高，多个 OPO 过程联用在工程实现时困难较大，且 ZGP 晶体由于国内生产工艺不成熟，主要依赖于国外进口，成本较高。KTA 晶体调谐波段范围有限，不能覆盖 3～5μm 中红外波段，因而最终选取 LN 作为 OPO 变频激光角度调谐晶体。由于 3～5μm 中红外变频激光与 1.06μm 泵浦激光频率相差较远，由 OPO 原理可知，为提高能量转换效率，应尽量增加 OPO 晶体的有效长度。由国内非线性晶体加工工艺，设计 LN 晶体尺寸为 12mm×12mm×50mm。

2. 红外 OPO 腔型选择

OPO 的腔型主要有直腔和环形腔两种，其中直腔又分为外腔和内腔[10]。采用不同腔型设计的 KTA-OPO 装置如图 6-26 所示。

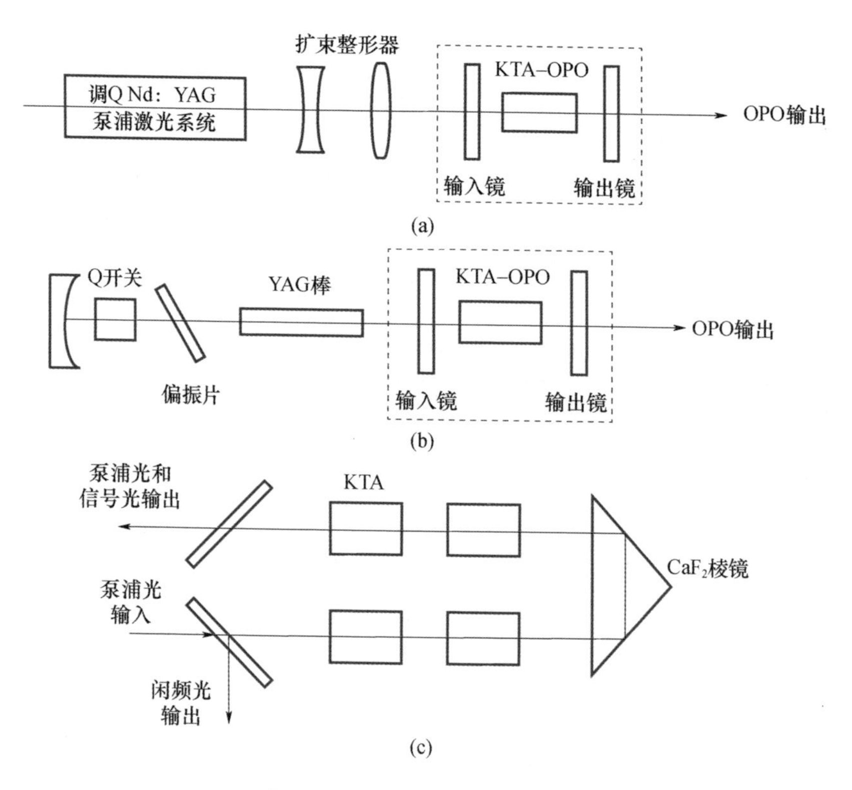

图 6-26　KTA-OPO 装置示意图

（a）外腔结构；（b）内腔结构；（c）环形腔结构。

相对于直腔来说，环形腔有以下优点：损伤阈值高，能有效地利用晶体长度；不用考虑泵浦光的后向反射问题；腔型设计能将所需要的闲频光与泵浦光和信号光分离，降低了对腔镜镀膜的要求。缺点是：泵浦阈值较高，效率较低，结构较为复杂，工程实现难度较大。

相对于外腔泵浦的 OPO，内腔泵浦的 OPO 具有峰值功率密度高、起振阈值低、效率高等优点，而且在结构上比较紧凑，易于小型化，但其输出光束质量较外腔结构差，晶体易损伤[11]。因此从降低研制风险考虑，本方案的光参量振荡器计划采用外腔泵浦结构。由于纳秒级 OPO 对腔型的要求不很严格，采用平-平腔结构，纳秒级 OPO 也可以获得足够大的增益使之成为稳定腔，而且，在高功率泵浦下，平-平腔也不用考虑由于后向反射聚焦引起的损伤[12]。因此本方案的谐振腔采用平-平腔，以更有效地利用晶体横向尺寸，提高转换效率。

3. 红外 OPO 角度调谐试验

700～900nm 近红外波段角度调谐试验采用一块 8mm×8mm×6mm 的

KTP 晶体作为倍频晶体，利用 1.064μm 的倍频光作为角度调谐参量振荡的泵浦光源，得到 700～900nm 波段可调谐激光，试验框图如图 6-27 所示，试验设备实物图片如图 6-28 所示。

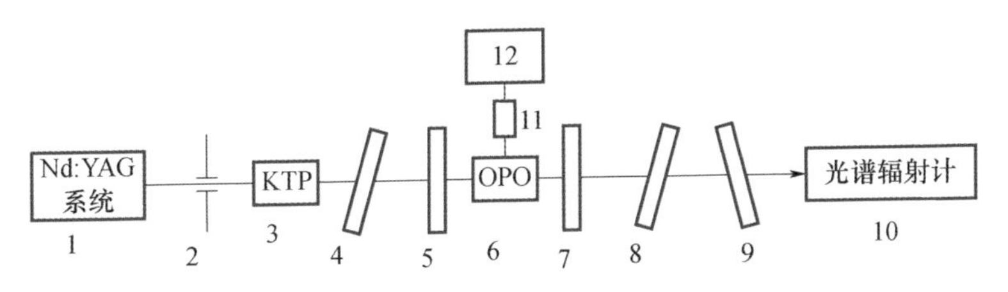

图 6-27　700～900nm 原理试验框图

图 6-27 中：1 为 Nd：YAG 激光器；2 为可变光阑；3 为 1.064μm KTP 激光倍频晶体，尺寸为 8mm×8mm×6mm，两面均镀 1.064μm 及 532nm 增透膜；4 为 HR@1.064μm，HT@532nm，平平镜，用以滤除 1.064μm 激光；5 为 HT@532nm，HR@700～900nm；6 为 700～900nm 角度调谐 KTP-OPO 晶体，尺寸为 7mm×7mm×20mm，切割角为 θ=63.6°，Φ=0°，安装于高角度分辨精度的步进电机；7 为 HR@532nm，25%T@700～900nm，平平镜；8 为 HR@532nm，HT@1.064nm，平平镜，以滤除剩余的 532nm 激光；9 为 HR@1.064μm，HT@532nm，平面镜，以滤除剩余的 1.064μm 激光；10 为光谱辐射计，以探测 OPO 过程出光波长；11 为角度调谐步进电机；12 为角度调谐控制与显示系统模块。

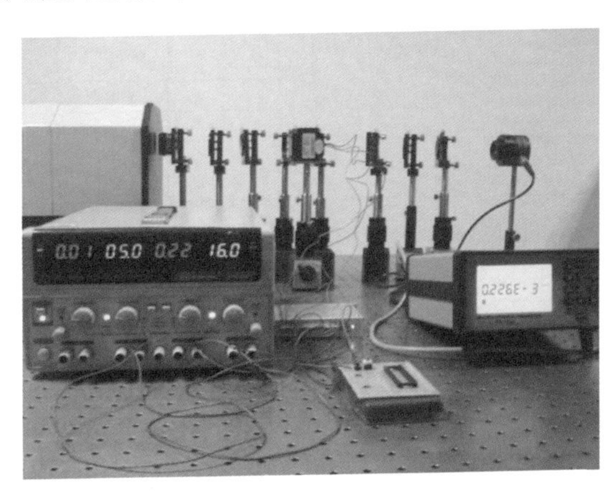

图 6-28　700～900nm 波段 KTP-OPO 角度调谐试验

试验选用的光谱辐射计为 ISI921VF-256 型野外地物光谱辐射计，响应波段为 380～1080nm，动态范围 60dB。

试验时，高角度分辨精度的步进电机带动 OPO 晶体旋转，得到不同波长的 OPO 激光输出。利用两块 1.06μm 和 532nm 高反镜，以滤除 1.06μm 和 532nm 激光，到达光谱辐射计的 1.06μm 和 532nm 残余光已非常微弱，光谱辐射计不能检测出其光谱成分。图 6-29 为光谱辐射计记录 OPO 过程的四张典型光谱图，图 6-29（a）为波长约 805nm 的 OPO 激光，图 6-29（b）为波长约 809nm 的 OPO 激光，图 6-29（c）为波长约 865nm 的 OPO 激光，图 6-29（d）为波长约 888nm 的 OPO 激光。可见，利用图 6-28 中装置可实现连续调谐的 OPO 激光输出，此试验仅为 OPO 角度调谐原理试验，在宽变频激光干扰系统样机中，OPO 的角度调谐采用了电动角位移平台。

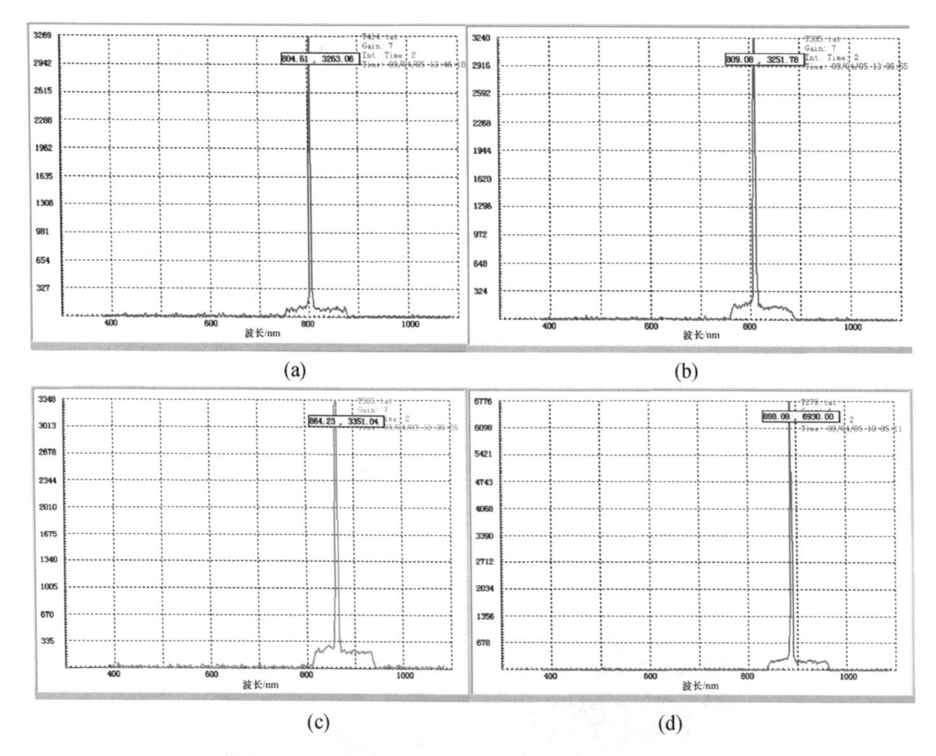

图 6-29　700～900nm 波段的典型光谱图

（a）波长约 805nm 的 OPO 激光；（b）波长约 809nm 的 OPO 激光；

（c）波长约 865nm 的 OPO 激光；（d）波长约 888nm 的 OPO 激光。

1.1～1.2μm 近红外波段角度调谐试验采用一块 8mm×8mm×6mm 的 KTP 晶体作为倍频晶体，一块尺寸为 7mm×7mm×20mm 的 KTP-OPO 晶体，利用 1.064μm 的倍频光作为角度调谐参量振荡的泵浦光源，得到 1.1～1.2μm 波段可调谐激光，试验原理框图如图 6-30 所示，波长检测设备的照片和单色仪的显示界面如图 6-31 所示。

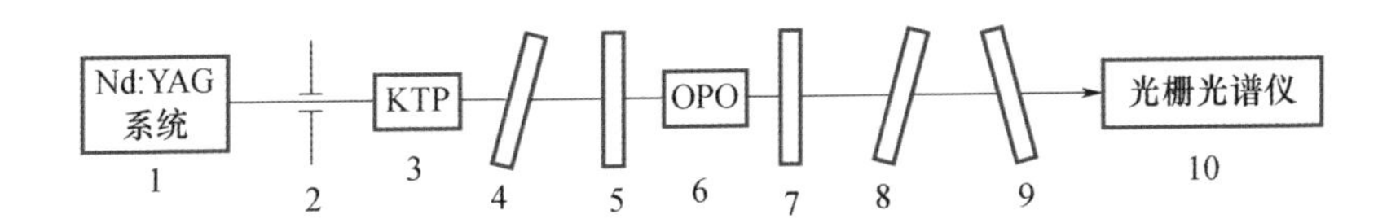

图 6-30　1.1～1.2μm 波段 KTP-OPO 角度调谐原理试验框图

图 6-30 中：1 为 Nd:YAG 激光器；2 为可变光阑；3 为 1.064μm KTP 激光倍频晶体，尺寸为 8mm×8mm×6mm，两面均镀 1.064μm 及 532nm 增透膜；4 为 HR@1.064μm，HT@532nm，平平镜，用以滤除 1.064μm 激光；5 为 OPO 输入前腔镜，HT@532nm，HR@1.1～1.2μm；6 为 1.1～1.2μm 角度调谐 KTP-OPO 晶体，尺寸为 7mm×7mm×20mm，切割角为 $\theta=75.6°$，$\Phi=0°$，安装于高角度分辨精度的步进电机；7 为 OPO 输出腔镜，HR@532nm，25%T@1.1～1.2μm，平平镜；8 为 HR@532nm，HT@1.064μm，平面镜，以滤除剩余的 532nm 激光；9 为 HR@1.064μm，HT@532nm，平面镜，以滤除剩余的 1.064μm 激光；10 为光栅单色仪，以探测 OPO 出光波长。

图 6-31　1.1～1.2μm 波段 KTP-OPO 角度调谐波长检测装置图

利用图 6-31 所示的波长检测设备，可对 1.1～1.2μm 波段激光的波长进行检测，结果表明在 OPO 晶体特定角度处，存在峰值波长，且调谐波段可覆盖 1.1～1.2μm 波段，说明 OPO 晶体切割角度正确。

3～5μm 中红外波段角度调谐试验采用腔外泵浦的直腔型 LN-OPO，对 3～5μm 中红外波段变频激光的输出进行了原理试验，试验原理框图如图 6-32 所示。以精密步进电机带动 OPO 晶体进行角度调谐，实现 3～5μm 激光波长的调谐输出。

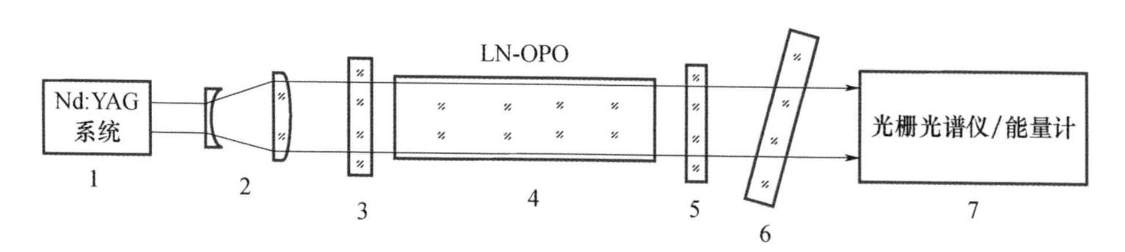

图 6-32　3～5μm 波段 LN-OPO 角度调谐原理试验框图

图 6-32 中：1 为 Nd：YAG 激光系统；2 为激光扩束整形望远镜；3 为 OPO 谐振腔输入镜，HT@1.06μm，HR@3～5μm，4 为 LN 晶体，由于 3～5μm 波段 OPO 变频激光由 1.06μm 激光直接泵浦得来，为尽量提高 OPO 过程的能量转换效率，设计晶体尺寸为 12mm×12mm×50mm，试验中以精密步进电机带动 LN 晶体旋转，实现角度调谐；5 为 OPO 谐振腔输出镜，HR@1.06μm，60%T@3～5μm；6 为平平镜，HR@1.06μm，用以滤除输出变频激光中残留的泵浦光；7 为光栅光谱仪或能量计等探测器件，用以测量出光能量及波长。测量结果表明在 OPO 晶体特定角度处，存在峰值波长，为 3.85μm 左右，且调谐波段可覆盖 3～5μm 波段，说明 OPO 晶体切割角度正确。

6.2.2.3　宽变频激光干扰源性能分析

在上述原理试验基础上，利用能量计、示波器、光束质量分析仪等测试设备，对宽变频激光干扰源的出光性能进行了分析，主要包括单脉冲能量、脉冲宽度和光强分布等。

1. 800～900nm 近红外变频激光

利用如图 6-33 所示的能量检测框图，测量了不同 OPO 激光波长的脉冲能量和调谐曲线。为防止损伤能量计探头，利用一块 1mm 厚的 K9 玻片（图中 1）反射约 8%的 OPO 激光能量进入探头。

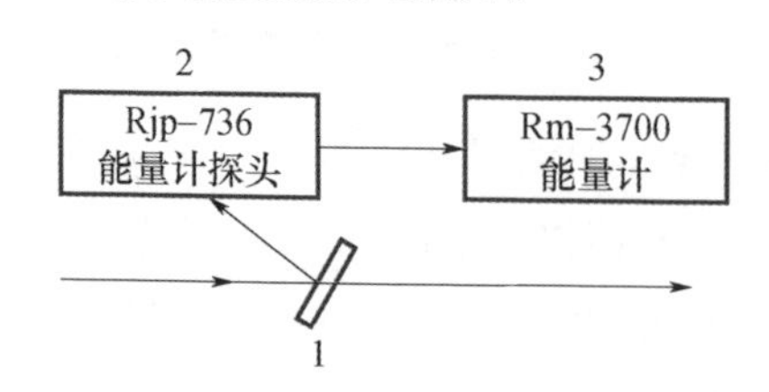

图 6-33　800～900nm 能量检测框图

各泵浦能量下 800～900nm 波段内各频点的能量调谐曲线和转换效率如图 6-34 所示。如图 6-34（a）为 532nm 激光泵浦能量分别为 63mJ、150mJ、183mJ、200mJ 和 212mJ 条件下 800～900nm 波段内各频点激光的脉冲能量，图中可见，通过调节OPO晶体角度，可实现从800～900nm波段的连续调谐输出，其中峰值波长在896nm附近，且随着泵浦能量的升高，OPO脉冲的能量也随之升高，在200mJ泵浦能量下，可得到84mJ、896nm OPO激光输出。图6-34（b）为上述各泵浦能量条件下，800～900nm波段内各频点的能量转换效率，可见能量转换效率随着泵浦能量的升高而提高，在896nm附近，能量转换效率最大，当泵浦能量为200mJ时，转换效率可达42%。注意到532nm的泵浦激光是由Nd:YAG激光器的基频光1.064μm倍频而来，相对于1.064μm激光，896nm激光的能量转换效率约为25%。

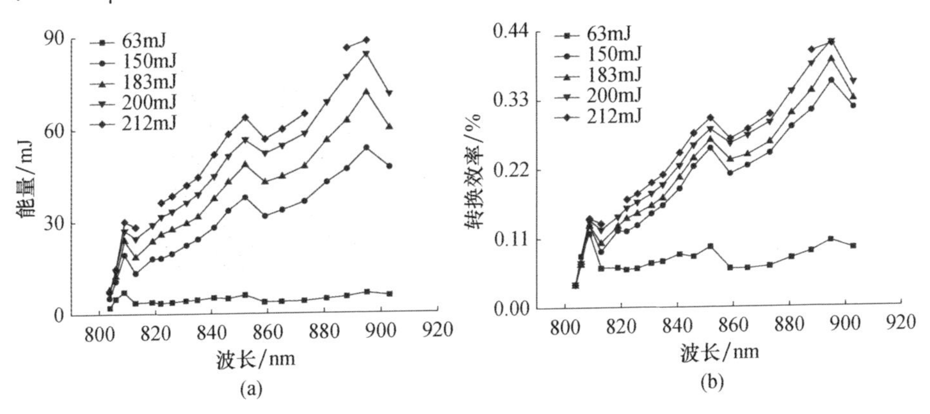

图6-34 各泵浦能量下800～900nm波段内各频点的能量调谐曲线和转换效率

（a）脉冲能量；（b）能量转换效率。

试验同时测量了865nm OPO激光的脉冲波形，如图6-35所示。由波形可知其脉冲宽度约为3ns，即试验可得最大的脉冲峰值功率约为25MW。

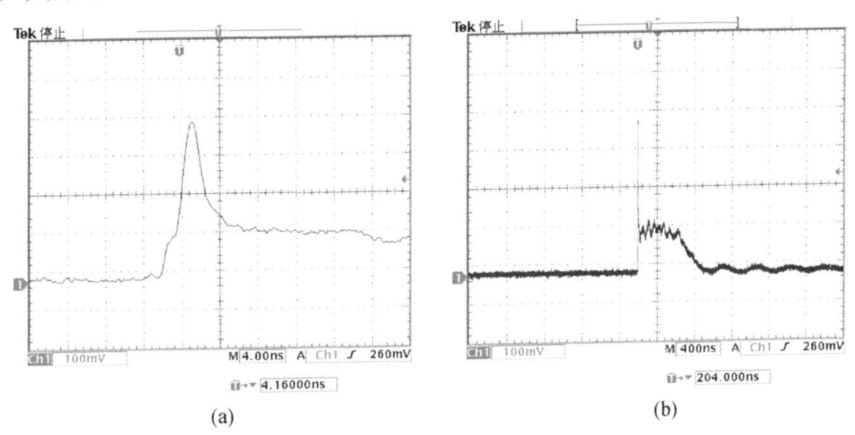

图6-35 865nm OPO激光的脉冲波形

（a）展开波形；（b）整体波形。

利用光束分析仪观察了850nm激光的光斑强度分布，此Nd:YAG激光器谐振级的电压为700V，如图6-36所示。

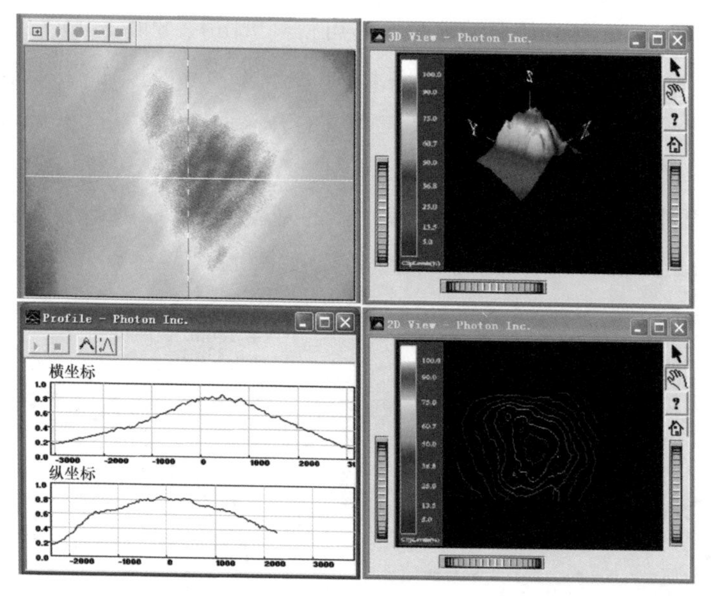

图6-36 Nd:YAG激光器谐振级电压为700V时，850nm激光的光斑强度分布

由图6-36可见，其光斑较为均匀，光强分布可近似为高斯分布。其余波段变频激光的脉冲波形、光束质量与800～900nm激光类似，不再一一给出。

2. 1.1～1.2μm 近红外变频激光

利用光栅单色仪及能量计对各调谐波长点的能量进行实际测量，得到了如图6-37所示的1.1～1.2μm OPO激光波长-能量调谐曲线。

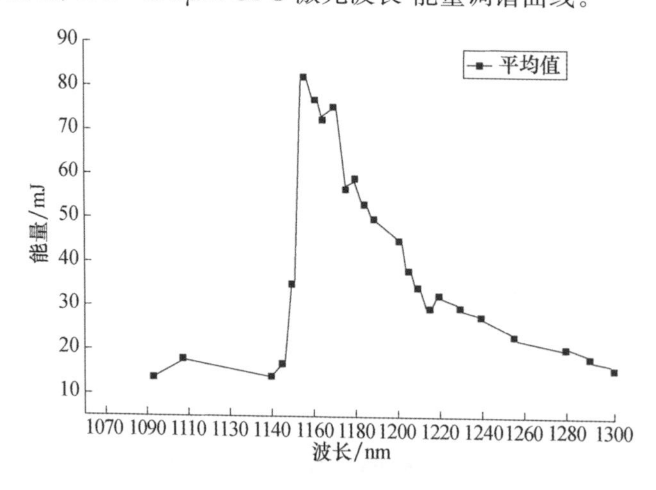

图6-37 1.1～1.2μm OPO激光波长-能量调谐曲线

由图6-37可见，在1.1～1.2μm波段内，可获得最大单脉冲能量接近90mJ，能量转换效率最大为44%，由于该波段OPO激光是由1.064μm激光的倍频532nm激光泵浦得到，因而相对于1.064μm基频光，其能量转换效率可达26%。

3.3～5μm中红外变频激光

利用光栅光谱仪和能量计，对中红外波段各调谐频点的能量进行了测量，得到如图6-38所示的3～5μm OPO激光波长-能量调谐曲线。

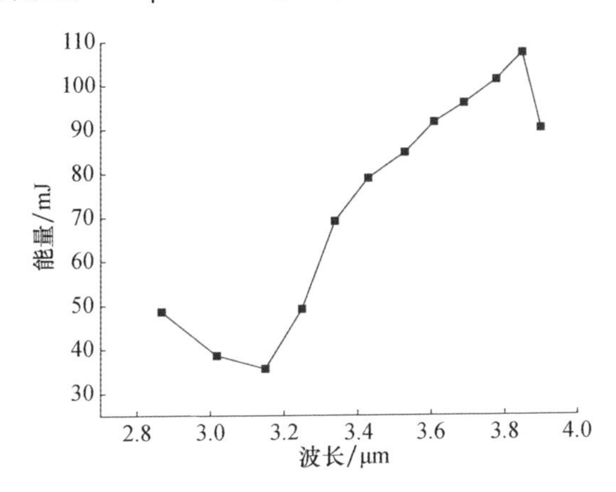

图6-38 3～5μm OPO激光波长-能量调谐曲线

由图6-38可见，在3～5μm波段范围内，可实现单脉冲能量大于100mJ的激光输出，其脉冲宽度约为10ns，峰值功率大于10MW。

6.2.3 基于变频激光的光学目标主动探测技术

宽变频激光干扰技术的作战对象主要为各类光电观瞄设备以及复合光电制导武器等。当敌方武器处于被动工作模式时，如何确定其工作波段成为实施有效干扰的首要问题。利用光学系统的"猫眼"效应可以对加装固定波段滤光片的CCD成像系统的通光波段进行有效探测。

实际中经常用作干扰的是波长为532nm、1.06μm和3.8μm等的常用激光，来袭光电武器的探测器前可能加装了一个针对上述波长的带阻滤光片，以阻止这些波长的激光通过，而其他波长光的通过基本不受影响。利用这些波段被防护的激光照射来袭的光电武器时，由于它们不能进入探测器，因而没有"猫眼"效应回波。此时需要利用变频激光，绕开这些被防护的波段，进入探测器，从而对探测器的工作波段和最佳干扰激光频率进行有效探测。

6.2.3.1 光电武器模拟光学系统激光回波光斑检测

为了直观表现“猫眼”效应的特点，观察“猫眼”回波光斑的分布情况，便于确定回波探测器的放置位置，进行可见激光的“猫眼”回波光斑的检测试验，如图 6-39 所示。激光经银膜反射镜反射后，再通过白纸板中心小圆孔，传输至 12m 以外的光电武器光学系统模拟单元，其包括滤光片、聚焦透镜、焦平面板。激光经滤光片后，由聚焦透镜会聚至焦平面板，焦平面板反射部分激光能量，再沿原光路返回，由于激光具有一定的发散角，回波激光将在白纸板中心小圆孔周围形成光斑分布。试验中，进行了不同波段滤光片、不同焦距透镜条件下“猫眼”效应回波光斑的探测，不同焦距的透镜可模拟不同视场角的光电武器系统，焦距越短视场越大、探测距离越小，焦距越长视场越小、探测距离则越大。通常距离较近的光电观瞄装备的光学系统焦距较短些，而光电制导武器光学系统多为长焦距的。图 6-39 中 He-Ne 激光为准直光。

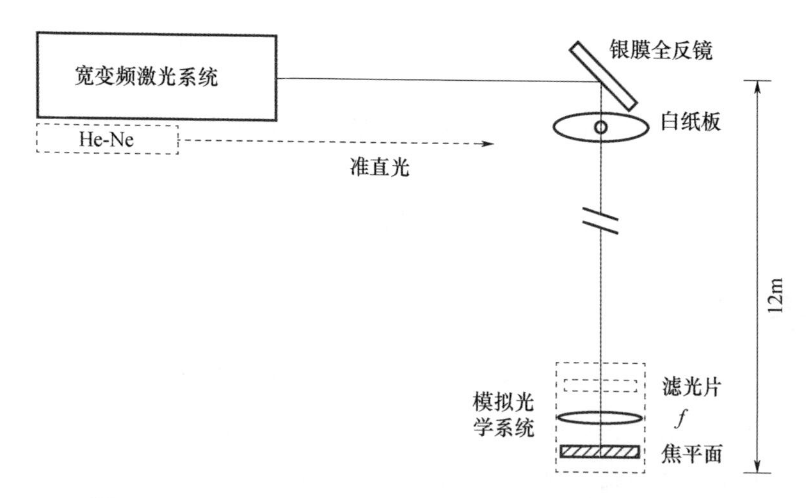

图 6-39 3～5μm 模拟光学系统“猫眼”效应回波光斑检测试验

1. 532nm 脉冲激光“猫眼”回波光斑

532nm 脉冲激光由反射镜反射至滤光片、聚焦透镜、焦平面板单元。聚焦透镜焦距取 $f=150$mm，焦平面处分别放置白色金属挡板、白色相纸，以及拿走挡板（或相纸）时，拍摄得到的回波光斑照片如图 6-40 所示。可见，当拿走金属挡板或相纸后，由于缺少反射体使回波消失。

由于脉冲激光聚焦后峰值功率密度很高，容易损坏 CCD 光敏面，所以试验中只采用了金属挡板和相纸模拟 CCD 光敏面的反射。

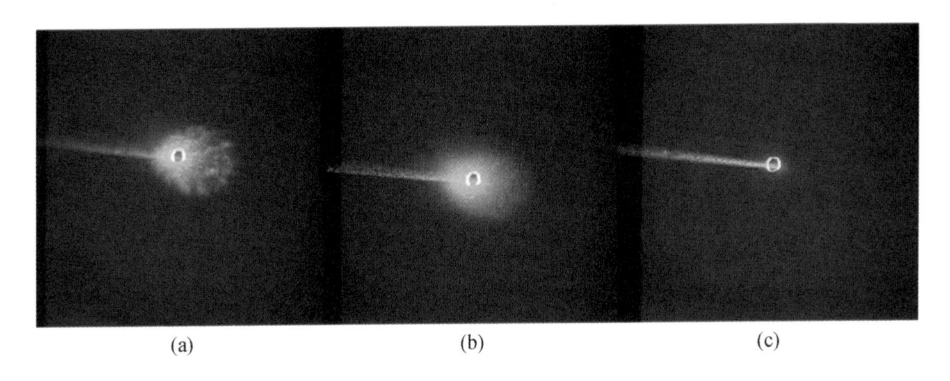

(a) (b) (c)

图 6-40 532nm 脉冲激光照射时的“猫眼”效应回波光斑

(a) 白色金属挡板；(b) 白色相纸；(c) 拿走挡板或相纸时。

2. 735nm 脉冲激光“猫眼”回波光斑

宽变频干扰激光系统输出的红色 735nm 脉冲激光，聚焦透镜焦距 f 分别为 50mm、100mm、150mm，焦平面位置处放置白色金属挡板以模拟探测器单元的表面反射。其中，透镜距白纸板距离约为 12m，白纸板中心小圆孔直径约为 16mm。735nm 脉冲激光照射时的“猫眼”效应回波光斑如图 6-41 所示。可见透镜焦距越长（视场小），相同距离上，回波光斑越小，亮度越强。将焦平面挡板挡住或拿走，则回波光斑消失。

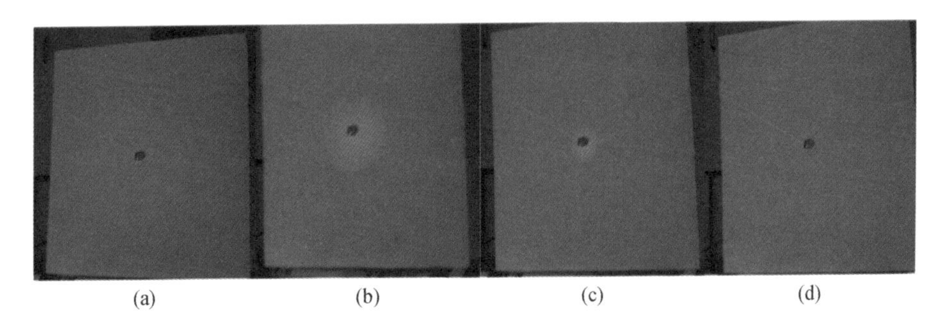

(a) (b) (c) (d)

图 6-41 735nm 脉冲激光照射时的“猫眼”效应回波光斑

(a) f=50mm；(b) f =100mm；(c) f =150mm；(d) 挡板挡住或拿走。

3. 加装了滤光片时的激光回波光斑

在光电武器的模拟光学系统前加装了中心波长分别为 532nm、735nm、850nm、1.06μm 带通滤光片时，依次观察各波长激光的“猫眼”效应回波光斑，结果如表 6-2 所列。

表 6-2　加装了带通滤光片时的激光“猫眼”效应回波光斑

滤光片通带波长	照射激光波长	“猫眼”效应回波光斑
532nm	532nm	有
	735nm	无
735nm	532nm	无
	735nm	有
850nm	532nm	无
	735nm	无
1.06μm	532nm	无
	735nm	无

由表 6-2 可知，只有当激光波长与滤光片的通带波长相同时，才能观察到光学系统的“猫眼”效应回波光斑，此波长正是光学系统光电探测器的响应波长。

在光电武器的模拟光学系统前加装了中心波长分别为 532nm、735nm、850nm、1.06μm 带阻反射滤光片时，依次观察各波长激光的“猫眼”效应回波光斑，结果如表 6-3 所列。

表 6-3　加装了带阻滤光片时的激光“猫眼”效应回波光斑

滤光片反射波长	照射激光波长	“猫眼”效应回波光斑
532nm	532nm	无
	735nm	有
735nm	532nm	有
	735nm	无
850nm	532nm	有
	735nm	有
1.06μm	532nm	有
	735nm	有

由表 6-3 可知，当照射激光波长与带阻滤光片的反射波长一致时，由于光波不能进入光电探测器，因而回波光斑消失；而利用变频激光绕过防护波段，可探测到光电探测器的“猫眼”效应回波光斑。

6.2.3.2 光电武器模拟光学系统激光回波脉冲探测

实战条件下，可利用光电探测器来探测光电武器模拟光学系统的激光回波信号，利用光电探测器的输出来判断激光回波信号的有无和大小，并以此判断光电武器的工作波段和最佳干扰激光频率。

回波脉冲探测试验框图如图6-42所示，分别利用1064nm、532nm、850nm、880nm波长激光进行了回波脉冲探测试验，其中前两种为Nd:YAG及其倍频脉冲激光，后两种为OPO产生的变频脉冲激光。试验中为了增大探测距离，回波探测器与“猫眼”单元（透镜 f + 焦平面）之间的距离延长到25.8m。

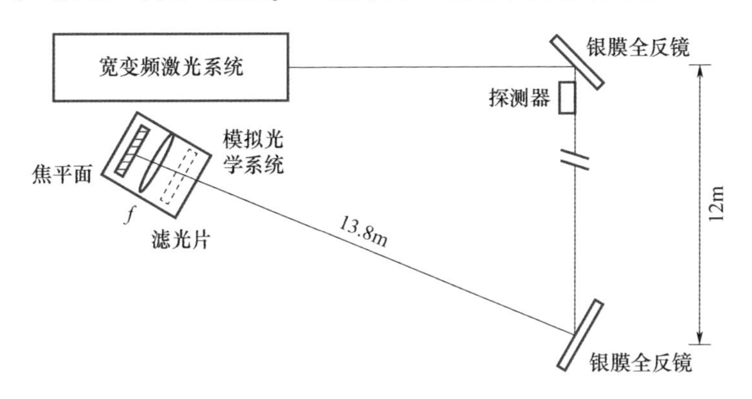

图6-42 模拟光学系统“猫眼”效应回波脉冲探测试验框图

1. 1.06μm脉冲激光“猫眼”回波信号

首先探测1.06μm脉冲激光的“猫眼”回波脉冲信号。聚焦透镜焦距 f 分别为50mm、100mm、150mm，焦平面位置处放置白色金属挡板以模拟探测器单元的表面反射。PIN管快速光电探测器与数字示波器连接，显示回波脉冲波形。

在未加滤光片的条件下，聚焦透镜焦距 f 分别为50mm、100mm、150mm时测得1.06μm激光回波脉冲波形的幅度分别如图6-43所示，注意到 f 为50mm的波形图中纵坐标一格为50mV，而 f 为100mm和150mm的波形图中纵坐标一格为100mV，可见 f 为50mm时回波强度是 f 为100mm、150mm时的二分之一左右。此结论与激光回波光斑拍摄的试验结论相同，即透镜焦距越长，激光回波信号越强，信噪比越高。

2. 532nm脉冲激光“猫眼”回波信号

在未加滤光片的条件下，聚焦透镜焦距 f 分别为50mm、100mm、150mm时测得的532nm激光回波脉冲波形分别如图6-44所示，可见随着透镜焦距的不断加大，“猫眼”效应回波信号也逐渐加强。

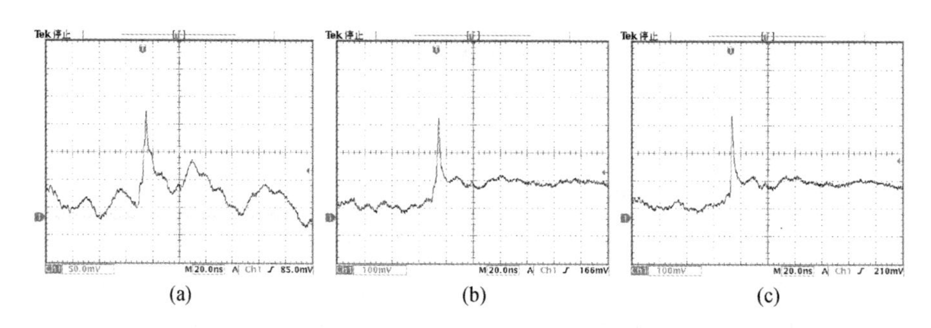

图 6-43　未加滤光片时测得的 1.06μm 激光回波脉冲波形

（a）f=50mm；（b）f=100mm；（c）f=150mm。

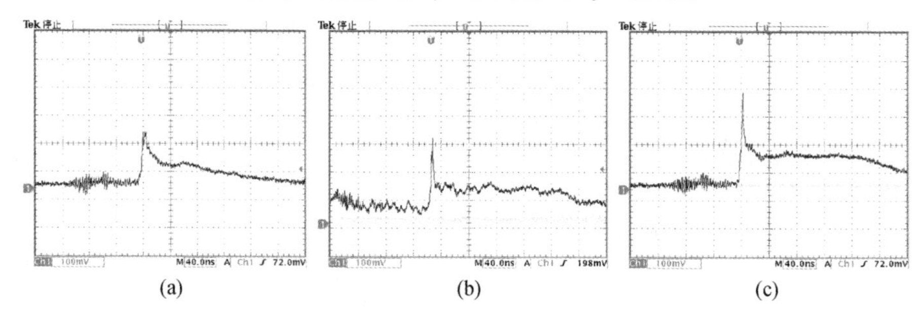

图 6-44　未加滤光片时测得的 532nm 激光回波脉冲波形

（a）f=50mm；（b）f=100mm；（c）f=150mm。

利用 850nm 和 880nm 变频激光进行的光学系统“猫眼”效应回波脉冲探测波形与 532nm 和 1.06μm 激光情况类似，这里不再赘述。

由变频激光对光电武器的模拟光学系统的主动探测试验结果可知，利用变频激光可对加装滤光片的模拟光学系统的工作波段实施有源探测，并以此来判断对光电武器实施干扰的最佳激光波长。试验验证了变频激光对光电武器光学系统进行主动探测的可行性，利用变频激光可判别具有抗干扰措施的光电武器光学系统工作波段。

6.3　宽变频激光干扰系统测试试验

6.3.1　变频激光干扰机理

以电视制导导引头为例，在实际中经常用作干扰的是波长为 532nm 和 1.06μm 的激光，来袭制导武器有可能加装针对上述波长的滤光片以对抗激光干扰。在 CCD 前加装 532nm 或 1.06μm 带阻滤光片，阻止 532nm 和 1.06μm 附近的光透过，其他波段的光可以透过。假设滤光片带宽为 50nm，在 532nm 和 1.06μm 处透过率最小为 0.1，其余波段上最大透过率为 0.9。把滤光片的透过率与原 CCD 的量子效率对应相乘即可得到现在的光子效率，如图 6-45（b）所示。由图 6-45（b）中可见，加上 532nm 和 1.06μm 带阻滤光片后，光子响应率曲线在 532nm 和 1.06μm 处量子效率下降很大，几乎没有响应，其他波段的光子响应率都仅略有下降。利用 original 软件可计算加滤光片的饱和阈值曲线，如图 6-46 所示。饱和阈值随波长变化的关系基本不变，仅数值略有增加，但在 532nm 和 1.06μm 处，饱和阈值 $I_{0,\text{th}}$ 显增加。在 532nm 处，$I_{0,\text{th}}$ 为 247.8W/m²，在 1.06μm 处，$I_{0,\text{th}}$ 为 4719.4W/m²。可见，在带阻滤光片中心波长处，探测器饱和阈值 $I_{0,\text{th}}$ 增加明显，对 CCD 构成有效干扰的难度显著加大。

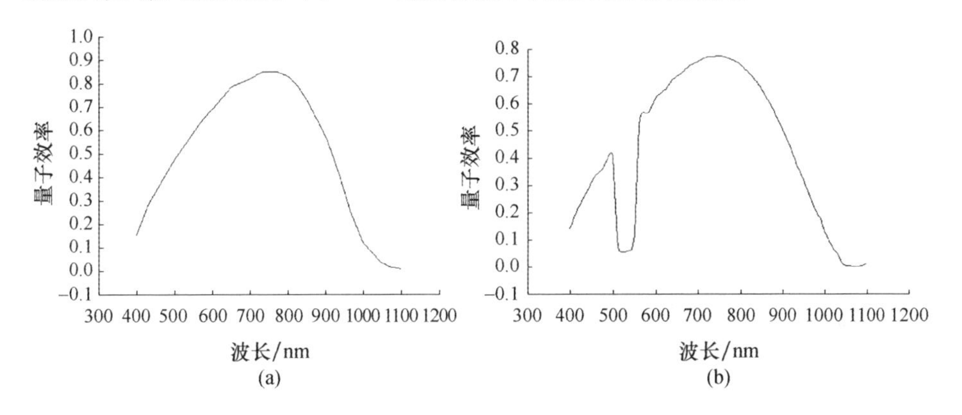

图 6-45 有无滤光片条件下 CCD 的量子效率曲线

（a）无滤光片；（b）加装 532nm、1.06μm 带阻滤光片。

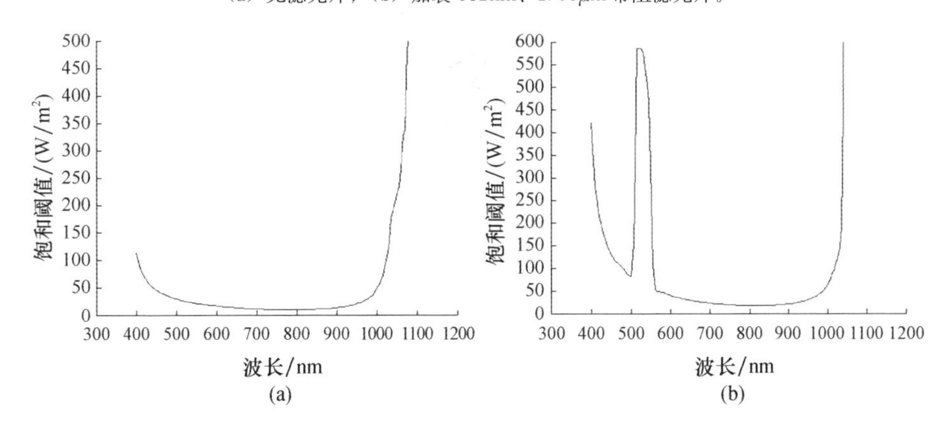

图 6-46 有无滤光片条件下 CCD 饱和阈值与波长 λ 的关系曲线

（a）无滤光片；（b）加装 532nm、1.06μm 带阻滤光片。

可见，对于加装了加固光电防护措施的光电制导武器和观瞄设备，需利用变频激光，绕开这些被防护的波段，进入探测器，以实施有效干扰。

为验证对远距离可见光、近红外、中红外波段成像光电武器的干扰有效性，进行宽变频激光干扰效果验证试验。试验中，利用 CCD 探测可见光、近红外波段变频激光的干扰效果，利用 3～5μm 红外热像仪探测中红外波段变频激光的干扰效果。试验分室内缩比和外场试验两部分。

6.3.2 可见光、近红外波段变频激光干扰试验

6.3.2.1 不同波长激光干扰 CCD 探测器测试试验

试验中采用 OPO 技术产生的 800～900nm、1.1～1.2μm 的可调谐激光进行了初步的干扰试验，先后选用 532nm 、880nm、1.06μm 和 1.14μm 变频激光对 CCD 进行干扰，并对干扰结果进行了比较。试验中对各波长激光能量进行了衰减，使进入 CCD 探头的激光功率密度较低，以便观察可恢复饱和干扰情况。不同波长激光辐照 CCD 时的干扰效果如图 6-47 所示。

图 6-47 不同波长激光辐照 CCD 时的干扰效果

(a) 未干扰时；(b) 532nm 激光干扰；(c) 880nm 激光干扰；
(d) 1.06μm 激光干扰；(e) 1.14μm 激光干扰。

从图 6-47 可以看出，只要在 CCD 探测器的响应波段内，各频点激光均可对 CCD 成像过程实施有效干扰，只是干扰强度有所差别，其中由于响应灵敏度的影响，532nm、880nm、1.06μm 激光的饱和干扰效果明显优于 1.14μm 激光。

6.3.2.2 不同能量激光对 CCD 的干扰和破坏测试试验

为避开 1.06μm、532nm 等可能被防护的常见波段，利用 OPO 系统调谐出的 865nm 激光对 CCD 探测器进行干扰试验。通过改变脉冲 Nd:YAG 激光器的谐振腔电压，使得输出激光能量相应改变，研究对于同一波长脉冲激光，不同能量，对同一位置 CCD 探测器系统的干扰效果，干扰效果如图 6-48 所示。

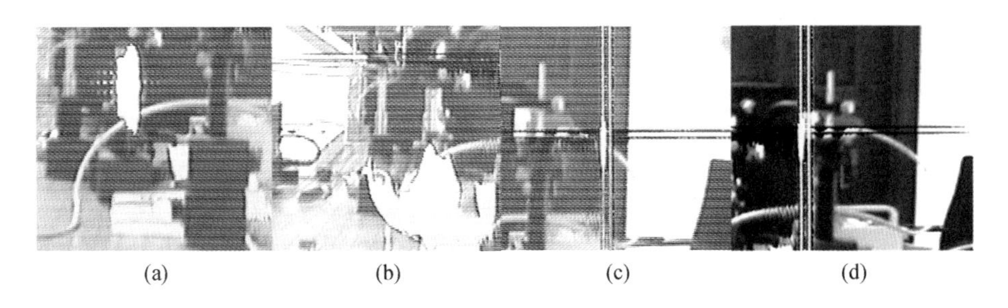

图 6-48 不同能量 865nm 激光对 CCD 的干扰效果

(a) 2.4mJ 激光干扰效果；(b) 6.0mJ 激光干扰效果 ；
(c) 9.9mJ 激光干扰效果 ；(d) 干扰结束后 CCD 成像。

由图 6-48 可见，当 865nm 激光能量为 2.4mJ 时，出现局部饱和现象；当增加能量到 6.0mJ 时，局部饱和区域面积扩大，并在约两个脉冲后出现坏点，坏点不可恢复；当能量为 9.9mJ 时，出现了不可恢复的器件损伤。

6.3.2.3 不同重复频率变频激光对成像跟踪过程的干扰测试试验

试验所使用的设备主要有宽变频激光干扰系统、CCD 相机、三维转台伺服系统、白色遥控式电动小汽车、衰减片、计算机等。目标图像跟踪算法采用“颜色和形状”双特征提取方式。如图 6-49 所示为宽变频激光系统样机对成像跟踪过程的干扰试验框图。

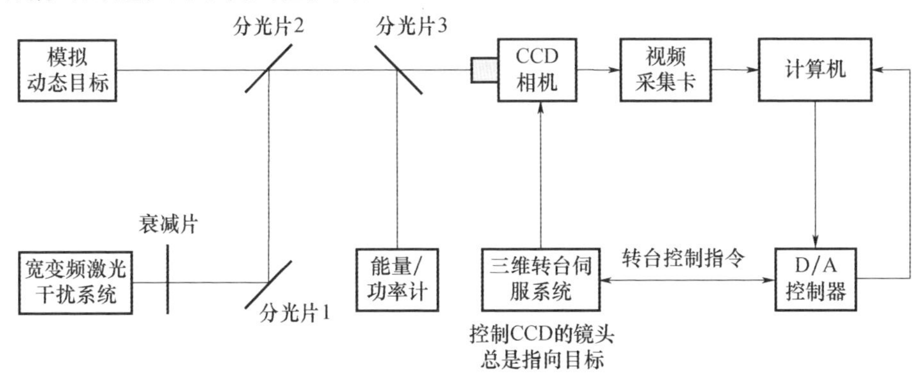

图 6-49 宽变频激光系统样机对成像跟踪过程的干扰试验框图

利用 532nm、880nm 和 1060nm 变频激光，对 CCD 探测器的成像跟踪过程进行了不同重频激光条件下的干扰试验，得到了干扰效果与激光重频间的变化关系。由于三种波长激光的试验结论基本相同，这里仅以 880nm 激光干扰试验为例进行说明，干扰效果图如图 6-50（a）～（d）所示。

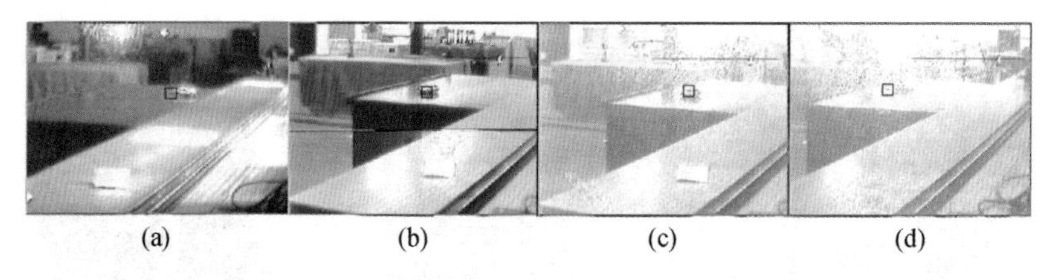

图 6-50　不同重复频率下的激光致眩干扰效果图

（a）1Hz；（b）5Hz ；（c）10Hz ；（d）15Hz。

由图 6-50 中可以看出，随着重复频率的提高，干扰强度逐渐增大，但重复频率为 1Hz 和 5Hz 时，波门均能稳定跟踪目标；当重复频率提升至 10Hz 以上时，目标丢失。将试验中的目标与跟踪波门的坐标导出，进行比较，如图 6-51（a）～（d）所示。重复频率为 1Hz 时，虽与目标真实位置略有偏差，但总体上还是在真实目标的周围“徘徊”；当重复频率提升至 5Hz 时，由于干扰强度加大，与实际目标的偏差加大，但最后经过算法的自调整，还是找回了目标；当重复频率提升至 10Hz 时，实际目标与跟踪波门的跟踪结果出现严重误差，跟踪失败；当重复频率为 15Hz 时，波门解除跟踪更快，对 CCD 实施有效干扰所需时间更短。

通过以上室内的成像跟踪干扰测试试验，可以得出这样的结论：高效的 CCD 成像跟踪干扰试验需要干扰激光具有高重复频率、高峰值功率、可见至近红外波长范围。高峰值功率激光脉冲不仅可以远距离地饱和干扰成像过程，而且会损伤成像器件。

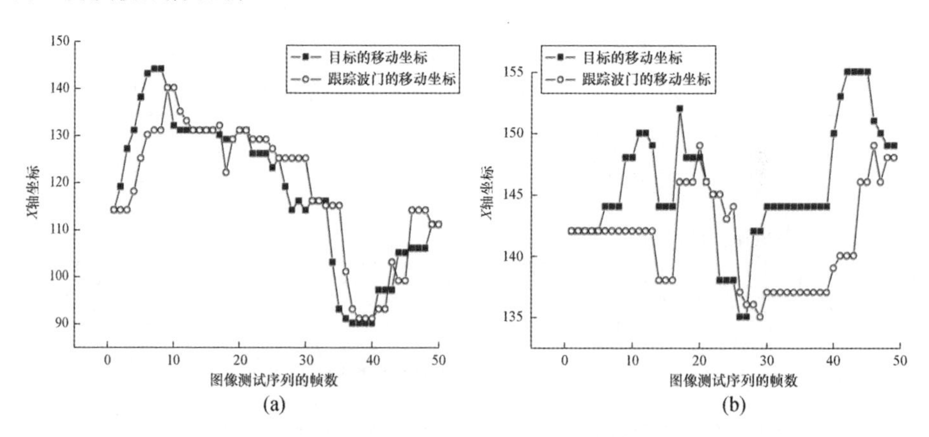

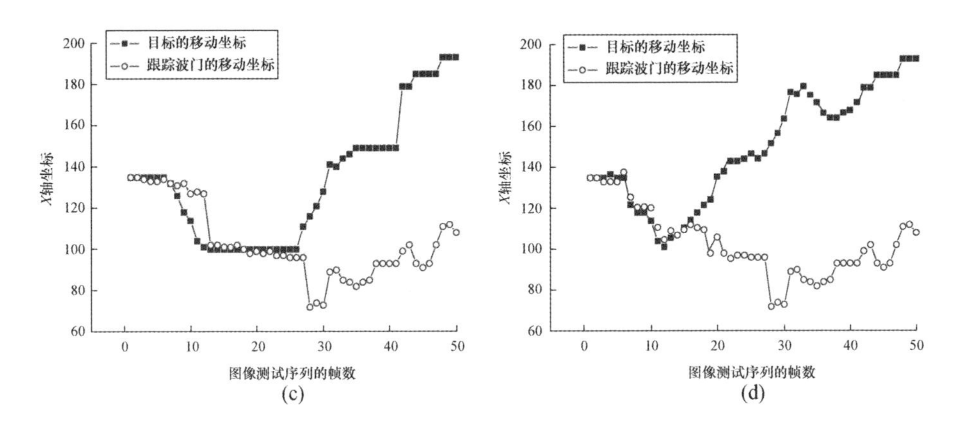

图 6-51 不同重复频率下实际目标与跟踪波门的坐标比较

(a) 1Hz；(b) 5Hz；(c) 10Hz；(d) 15Hz。

6.3.3 中红外波段变频激光干扰测试试验

在室内 10m 干扰距离下，利用 40mJ 3.8μm 中红外变频激光对中红外热像仪进行了饱和干扰试验，为避免红外热像仪器件损坏，在热像仪前加装了衰减倍数不同的系列衰减片。不同衰减倍数条件下热像仪的干扰效果如表 6-4 所列，75dB 衰减条件下的激光亮斑图像如图 6-52 所示。结果可见，在短作用距离条件下，热像仪极易受到 40mJ 中红外变频激光的干扰。

表 6-4 不同衰减倍数条件下热像仪的干扰效果

衰减倍数/dB	试验现象	干扰效果
79	未见激光光斑	没有效果
78	微弱激光光斑	临界状态，亮斑图像闪烁
77	清晰激光光斑	激光亮斑明显
76	清晰激光光斑	激光亮斑明显
75	清晰激光光斑	激光亮斑明显

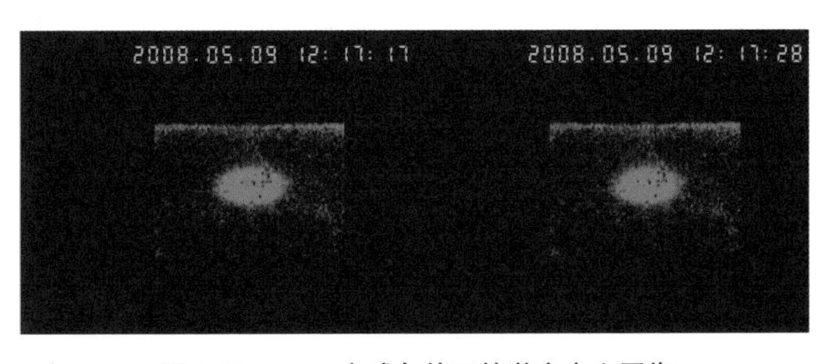

图 6-52 75dB 衰减条件下的激光亮斑图像

6.4 宽变频激光干扰系统应用

6.4.1 可见光、近红外波段变频激光干扰效果验证

如图 6-53 所示为宽变频激光干扰模拟电视导引头试验框图。首先利用焦距为 200mm 的圆形柱面镜对 700～900nm 波段变频激光光斑的扁长方向进行压缩，将其整形为圆形光斑，再由扩束镜对其发散角进行压缩，提高远场光斑的能量集中度。对其他近红外波段变频激光的整形方法类似。利用衰减片可以对干扰激光强度进行调节。模拟电视导引头图像由计算机采集。

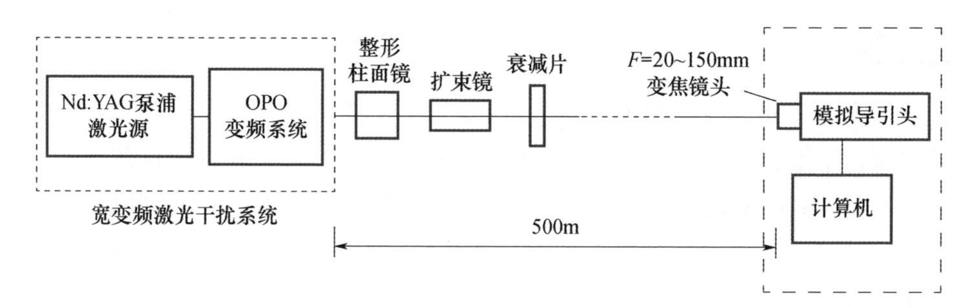

图 6-53　宽变频激光干扰模拟电视导引头试验框图

分别采用 532nm、735nm、850nm、1060nm 变频激光对模拟电视导引头进行干扰试验，各波长干扰激光都能对模拟电视导引头进行有效干扰，其中 532nm 激光干扰效果最明显，这可能与所使用模拟电视导引头的敏感波长比较靠近该波段有关。宽变频激光干扰模拟电视导引头试验结果如图 6-54 所示，不同波长和能量的激光束可以使模拟电视导引头出现致眩饱和、部分损伤以及完全损伤。

利用可见光近红外变频激光对模拟电视导引头成像过程的干扰实验表明：尽管 CCD 响应波段范围内的激光均能对模拟电视导引头实施有效干扰，但若敌方观瞄设备或电视制导武器加装窄带滤波片以衰减常用的固定频点激光（例如 1.06μm 或 532nm 激光），则该激光不能对敌方观瞄设备或电视制导武器实施有效干扰，而利用多波段宽变频激光干扰技术，可不受窄带滤波器限制，避开此防护波段进入探测器，成功对敌方武器实施有效干扰，体现出多波段宽变频激光的干扰优势。

图 6-54 宽变频激光干扰模拟电视导引头试验结果

（a）干扰前成像图；（b）致眩干扰时成像图；（c）部分损伤时成像图；（d）完全损伤时成像图。

6.4.2 中红外波段变频激光干扰效果验证

选择通视距离大于 1km 的两地作为试验场地，分别架设变频激光干扰系统和模拟红外成像导引头，且互相瞄准；在激光发射窗口前放置衰减片，发射单脉冲能量为 40mJ 的中红外变频激光；依次减小衰减倍数，观察红外成像质量，考察干扰效果。当衰减倍数减小为 15dB 时，观察到较为明显的干扰效果，如图 6-55 所示。

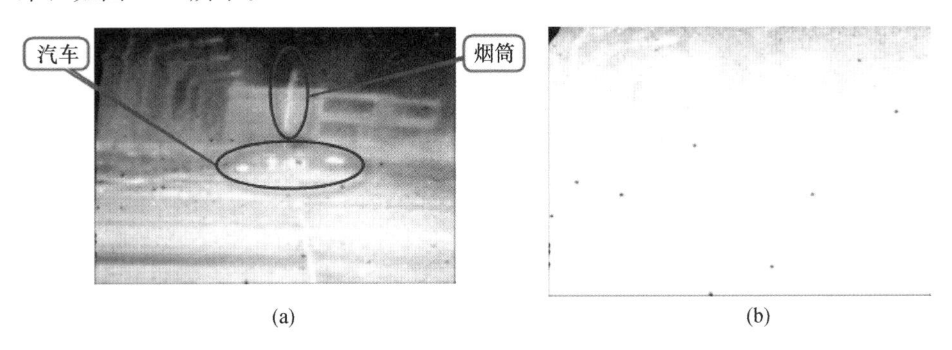

图 6-55 宽变频激光干扰模拟红外成像导引头试验

（a）干扰前模拟红外成像导引头成像图；（b）干扰时模拟红外成像导引头成像图。

由图 6-55 可见，经过 15dB 衰减后的 40mJ、3.8μm 波段中红外变频激光，可对 1km 以外的模拟红外成像导引头实施有效饱和干扰。

1. 模拟红外成像导引头的光学增益

通过下式计算模拟红外成像导引头的光学增益：

$$G=\left(\frac{D}{f\theta}\right)^2 \tag{6-4}$$

式中：G 为模拟红外成像导引头的光学增益；D 为模拟红外成像导引头的光学接收口径，取 130mm；f 为模拟红外成像导引头的光学系统焦距，取 100mm；θ 为激光光学系统出射光束的束散角，取 2mrad；计算得 $G=0.42\times10^6$。

2. 3～5μm 激光在大气中的透过率

利用 LOWTRAN 软件可以计算出 3～5μm 激光在大气中传播的透过率（表 6-5）。试验时大气能见度为 5km。

表 6-5　3～5μm 激光在大气中传播的透过率

距离/km	1	2	3	4	5	6	7	7.8
透过率 $e^{-\alpha R}$	0.907	0.822	0.745	0.676	0.613	0.556	0.505	0.467

3. 模拟红外成像导引头靶面处的激光能量密度

通过下式计算模拟红外成像导引头靶面处的能量密度：

$$\rho=\frac{E\,e^{-\alpha R}}{\pi\left(\frac{R\theta}{2}\right)^2}=\frac{4E\,e^{-\alpha R}}{\pi R^2\theta^2} \tag{6-5}$$

式中：R 为干扰距离（km）；ρ 为距离激光发射窗口 R 处的激光能量密度（mJ/cm^2）；E 为单个激光脉冲能量（mJ）；θ 为激光光学系统出射光束的束散角，取 2mrad；$e^{-\alpha R}$ 为激光透过 Rkm 大气后的能量衰减系数。

4. 模拟红外成像导引头的饱和阈值

通过下式计算模拟红外成像导引头的饱和阈值：

$$\eta=\rho G \tag{6-6}$$

室内试验计算得 $\eta_1=0.62J/cm^2$；室外试验计算得 $\eta_2=0.6J/cm^2$，两者基本一致。

5. 一定距离处干扰模拟红外成像导引头所需能量计算

得到 3～5μm 激光在大气中的透过率、模拟红外成像导引头的饱和阈值及其光学增益等参数，就可以通过下式计算出一定距离处干扰模拟红外成像导引头所需的能量。

$$E=\frac{\pi R^2\theta^2\eta}{4G\mathrm{e}^{-\alpha R}} \tag{6-7}$$

式中：E 为单个激光脉冲能量（mJ）；R 为干扰距离（km）；θ 为激光光学系统出射光束的束散角，取 2mrad；η 为模拟红外成像导引头的饱和阈值；$\mathrm{e}^{-\alpha R}$ 为激光透过 Rkm 大气后的能量衰减系数；G 为红外热像仪的光学增益。

干扰距离与激光能量的关系如表 6-6 所列。

表 6-6 干扰距离与激光能量的关系

干扰距离/km	1	2	3	4	5	6
透过率 $\mathrm{e}^{-\alpha R}$	0.907	0.822	0.745	0.676	0.613	0.556
激光能量/mJ	1.42	6.25	15.5	30.4	52.4	83.2

由数据分析计算可以看出，宽变频激光干扰系统激光能量为 100mJ，对模拟红外成像导引头的干扰距离可以达到 6km 以上。

参考文献

[1] 钟鸣，任钢．3～5μm 中红外激光对抗武器系统［J］．四川兵工学报，2007（01）：7-10.

[2] 孙睿．新型非线性光学晶体 $RbBe_2BO_3F_2$ 的非线性光学特性研究［D］．北京：北京工业大学，2013.

[3] 李秦川，杨亚培，刘爽，等．相位共轭谐振腔改善激光器波前像差特性研究［J］．光学与光电技术，2013（01）：24-27.

[4] 张志利，孙利群，田芊．半导体泵浦双向固体环型激光器的单纵模实现［J］．激光技术，2003（02）：61-63.

[5] 李锋．LD 泵浦全固体蓝光激光器的理论与实验研究［D］．西安：西北大学，2007.

[6] 王德良，赵刚，路英宾，等．固体激光热致退偏效应的一种补偿方法［J］．激光技术，2008，32（06）：561-562，571.

[7] 沈兆国，董涛，羊毅，等．光纤激光器泵浦光参量振荡器［J］．激光与红外，2014（05）：32-35.

[8] 任钢，钟鸣，李彤，等．光参量振荡器在红外对抗中的应用研究［J］．红外与激光工程，2006（S1）：213-216.

[9] 苗杰光，檀慧明，边会坤．纳秒近红外 KTP 光学参量振荡器的理论设计［J］．光学精密工程，2006（03）：39-44.

[10] 王礼，吴先友，李哲，等. 中红外光参变振荡非线性晶体及器件研究进展 [J]. 激光技术，2011 (04)：5-11.

[11] 王平，柴金华. 中红外磷锗锌光参量振荡器的参量对比与分析 [J]. 激光与红外，2009 (02)：8-12.

[12] 李朝阳，黄骝，蔡山. 纳秒光参量振荡器的综述 [J]. 激光技术，2003 (02)：37-39.

第7章 激光驾束制导对抗半实物仿真测试系统

目前，激光制导对抗技术及其系统应用越来越广，功能越来越多，复杂程度也越来越高，这就对系统设计、系统调试及系统维护工作提出了更高要求。另外，随着针对激光制导武器的激光告警、高重频激光干扰、激光诱偏干扰、宽频段激光干扰等对抗手段的飞速发展，如何对激光制导对抗装备的性能进行测试已经成为急需解决的问题，在研制、生产和使用过程中，由于缺乏性能指标的测试手段和平台，严重影响了激光制导对抗装备整体性能的提升，当前国内外研究机构主要是在激光制导对抗装备研制过程中，通过搭建半实物仿真测试系统，针对特定型号装备进行性能指标的测试和功能检验。相对而言，制导对抗过程参数测试较少，对适用测试对象要求较高，测试手段较为单一。从某种程度上来说，激光制导对抗半实物仿真测试系统的发展还远远滞后于激光制导对抗装备的发展需求，具体表现在以下三个方面：

（1）缺乏激光制导模拟装置。目前的激光制导模拟装置主要由激光目标指示模拟器、激光半主动制导模拟导引头等部分所构成，主要用于单一激光半主动制导模拟，没有涵盖激光驾束、主动等制导方式的模拟装置，无法满足现有激光制导对抗装备的性能测试需求。

（2）缺少激光制导对抗过程参数测试。由于现有的激光制导对抗测试系统，主要针对装备本身的性能指标进行测试，而对制导对抗过程参数检测和差异性分析较少，难以满足激光制导对抗演练的需求。

（3）缺少功能较为完善且具有可扩展性的对抗装备测试平台。在激光制导对抗装备研制过程中，往往需要配套研制一个测试系统对新研制的装备进行仿真测试，不仅耗时费力，而且只能针对所研制的装备进行测试，功能较为单一，可扩展性不强。

激光驾束制导对抗半实物仿真测试系统是以激光驾束制导对抗装备提供综合测试条件为目标，突破激光驾束制导对抗测试系统设计，以及综合测试功能实现中涉及的各项关键技术，研究激光驾束制导对抗半实物仿真测试系统，用于相关生产和使用部门进行性能测试和完好性检测，为装备系统的研制及应用提供技术支撑。在装备系统的研发及其试验中，将半实物仿真技术与测试技术相结合，设计一套综合测试系统，既可以在试验环节提供良好的调试和维护环境，也可以减少靶试次数，从而为系统的试验、鉴定、验收等环节提供重要的技术数据。

7.1 系统组成与工作过程

7.1.1 组成与功能

激光驾束制导对抗半实物仿真测试系统由激光驾束制导对抗测试系统以及信息处理终端等组成，其一般配置如表 7-1 所列。

表 7-1 激光驾束制导对抗半实物仿真测试系统配置

<table>
<tr><th>序号</th><th>装置类型</th><th>组成单元</th><th>组成模块</th></tr>
<tr><td rowspan="9">1</td><td rowspan="9">激光驾束制导对抗测试系统</td><td rowspan="5">激光驾束制导照射器</td><td>发射光学系统模块</td></tr>
<tr><td>变焦光学系统模块</td></tr>
<tr><td>调制码盘模块</td></tr>
<tr><td>偏振光编码模块</td></tr>
<tr><td>激光器</td></tr>
<tr><td rowspan="4">激光驾束制导接收机</td><td>接收光学系统模块</td></tr>
<tr><td>探测电路模块</td></tr>
<tr><td>解码电路模块</td></tr>
<tr><td>信号处理电路模块</td></tr>
</table>

续表

序号	装置类型	组成单元	组成模块
2	信息处理终端	硬件单元	接口电路模块
			控制电路模块
		软件单元	位置解算及精度分析模块
			信号分析模块
			参数输入模块
			测试输入管理模块

激光驾束制导对抗半实物仿真测试系统组成如图 7-1 所示。

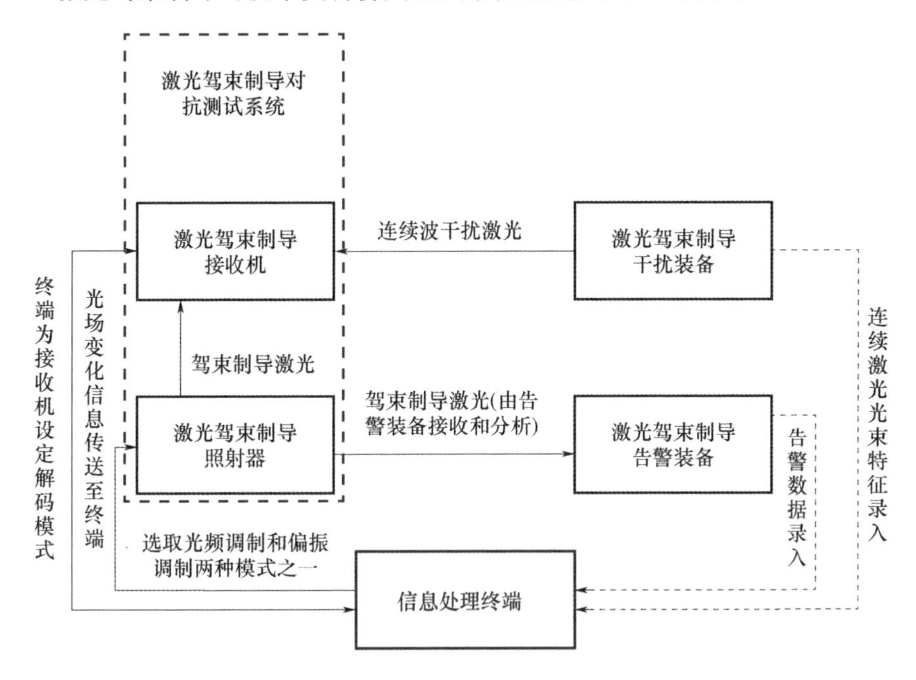

图 7-1 激光驾束制导对抗半实物仿真测试系统组成

由图 7-1 可见，激光驾束制导对抗测试系统由激光驾束制导照射器和激光驾束制导接收机两部分组成。在装备应用中，激光驾束制导属于遥控制导，一般由控制站发出经过编码的引导波束，导弹在其中飞行，并由导引头实时感知其在波束中的相对位置，由此产生引导指令，控制修正导弹的飞行姿态与方向，最终引导导弹飞向目标。当目标的反射光经过瞄准望远系统成像在分划板上时，目标像经转像系统成正像，人眼通过目镜则可观察到远距离的物体。此时，发射系统发射激光束，经聚焦系统聚焦至调制盘上，调制盘则将激光束进行空间调制、频率编码，再经转像系统，投射至调制盘的外码道上。简言之，就是通过同一调制盘的内码道和外码道，经中间转像系统而形成空间交错 90°由调制盘时空调制的激光束，再经变焦系统投射到空间，最终形成包含有 5 种频率信息的激光信息场。因瞄准望远系统光轴和变焦系统的光轴在空间上是平行的，当瞄准无穷远处目标时，从变焦系统出射的激光束也指向了同一物体，进而可以引导导弹沿着激光束飞向目标，直至命中。

基于此，根据对激光驾束制导原理分析，在半实物仿真测试系统中，激光驾束制导照射器组成示意图如图 7-2 所示。

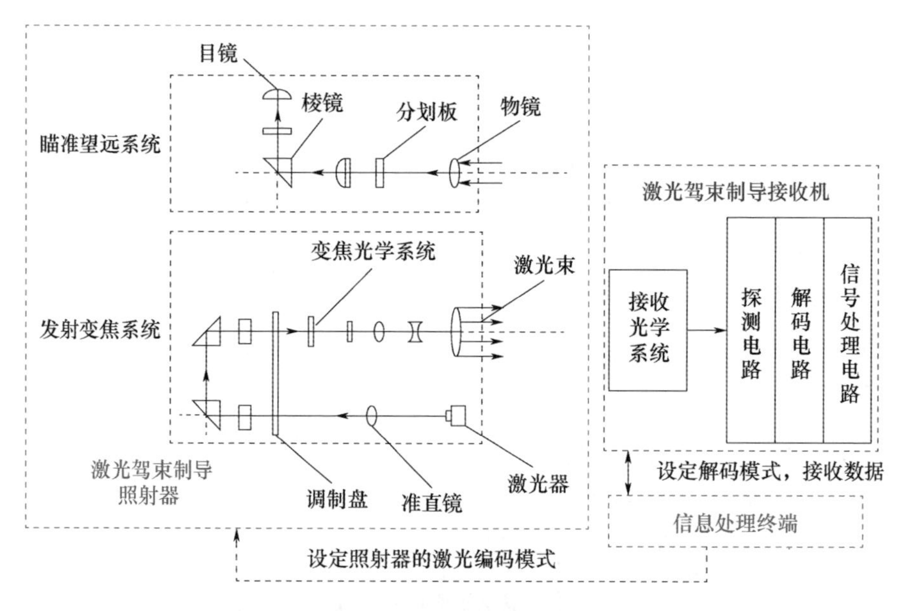

图 7-2　激光驾束制导对抗半实物仿真系统组成示意图

在激光驾束制导照射器设计中，充分考虑了编解码可调、波长可调、可全程变焦、数据可导出等半实物仿真测试系统应具备的基本功能。在外形设计上，适于地面三脚架架设，且操作灵活方便。由图 7-2 可见，在激光驾束制导对抗测试系统中，激光驾束制导照射器起着瞄准目标和对激光进行编码形成引导光束的作用，其调制编码模式包括光频调制和偏振调制两种，测试应用前由信息处理终端选定。激光驾束制导接收机用于接收引导光束给出的方位信息，经解码、信息处理后形成指令，送至信息处理终端对制导状态进行监控。

激光驾束制导对抗半实物仿真测试系统软件界面如图 7-3 所示。

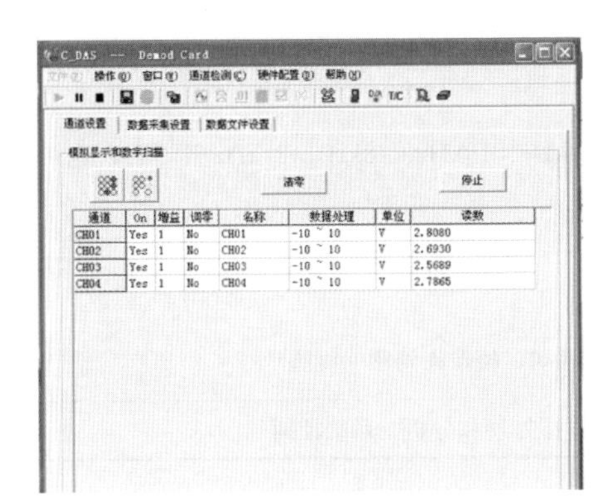

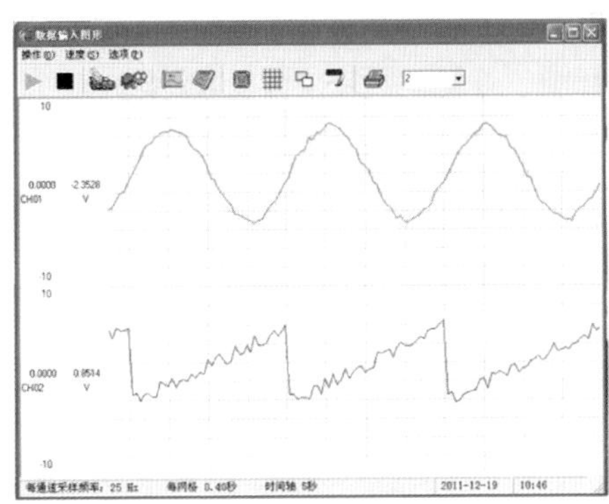

图 7-3　激光驾束制导对抗半实物仿真测试系统软件界面

针对激光驾束制导对抗半实物仿真测试系统的研究与设计，有以下突出特点：①可对制导及对抗原理与参数指标进行合理性研究，可对元部件进行优选及故障预研究；②半实物仿真测试系统的试验数据可作为全面考察导引头模型的正确性及其是否能达到技术指标要求的重要支撑，也可为导引头的设计与研制提供数据依据；③测试系统可为激光制导装备的制导率、抗干扰能力和环境适应性等相关研究提供一个测试环境，为导引头静态和动态的指标测试提供一个硬件、软件的试验平台；④为激光制导对抗装备的性能改进及评估提供综合测试环境。简单地讲，激光制导对抗半实物仿真测试系统可认为是将系统放在实验室内进行的“制导对抗试验”，这种试验不仅可以达到理解、评估、确认等目的，同时也可以为质量改进、减少费用、缩短周期等提供支持。

激光驾束制导对抗半实物仿真测试系统总体技术指标如下：

（1）工作波段：1.06μm；

（2）接收灵敏度：10nW；

（3）激光发射功率：≥1W；

（4）激光发散角：≤3mrad；

（5）波门设置精度：≤1μs；

（6）激光调制方式：编码调制、码盘调制；

（7）工作方式：驾束制导对抗。

各组成部分的主要技术指标如表 7-2 所列。

表 7-2 激光驾束制导对抗半实物仿真测试系统主要技术指标

激光驾束制导对抗测试系统	① 工作波段：1.06μm，10.6μm（可选）； ② 接收灵敏度：10nW； ③ 工作频率：9kHz、12kHz、15kHz、18kHz、21kHz 等 5 种；也可通过外部设置； ④ 激光发射功率：1W； ⑤ 激光发散角：≤3mrad； ⑥ 激光调制方式：码盘调制，偏振光调制（可选）
信息处理终端	系统自检、数据采集、数据处理和分析、系统控制

7.1.2 工作过程

激光驾束制导是制导弹沿着激光光束飞向目标的制导方式，可做到“指哪打哪”，工作原理是：首先由地面激光发射系统向目标发射经编码的激光光束，并控制武器在光束中飞行，光束中心线始终指向目标，当制导弹偏离激光束光轴时，导引头上的接收机和解算装置会检测出飞行偏差信息，利用该偏差可形成控制信号并修正导弹向光束光轴方向靠近，使得导弹能够沿着光束轴线飞行，直至命中目标。

激光驾束制导作战示意图如图 7-4 所示。首先，利用光学系统瞄准目标，形成瞄准线并把它作为坐标基准线；其次，光束投射器则不断向目标（或预测的前置点）发射经过调制编码的激光束，调制使光束在横截面内的强度分布成为瞄准点在该面上所处方位的函数；最后，导弹沿瞄准线（瞄准镜入瞳中心与目标的连线）发射并被笼罩于编码激光束中，弹尾的激光接收机从上述调制光束感知导弹相对于光束中心线的方位，经过弹上计算机解算和电信号处理，变成修正飞行方向的控制信号，使导弹沿着瞄准线飞行。因为瞄准线（与激光束的中心线重合）一直指向目标，故导弹总趋于沿瞄准线前进。一旦偏离，则弹上产生误差信号控制舵翼进行修正。目标运动时，只要瞄准具保持对目标的精确跟踪，则调制激光束就“咬”住它不放，导弹就能击中目标。

激光驾束制导中，光束调制编码器是核心部分。在相关文献中及已装备的制导武器上，主要的实现方案是采用空间调制光束位置或能量输出的办法。按编码技术分类有以下几种，即条束编码（RBS-70 属于这一类）、飞点扫描（用一细光束在垂直视线平面投出一个“点”，按一定形状对视场扫描）、相位调制（利用相位和脉冲宽度确定导弹在光束中的位置，以色列的“马帕斯”属于这一类)、调频调制(用轮辐式调制盘作章动运动，对发射光束进行调制)、空间数字调频编码(使光束在垂直视线平面内不同部位有不同频率，而且是数字化的)。以上编码方式其实质是通过对激光辐射强度进行空间调制编码，产生含有方位信息的光束。另一种新的可行的空间编码方式是利用激光辐射的偏振特性进行编码[1]。表 7-3 列出驾束制导的几种典型空间编码方案的比较。

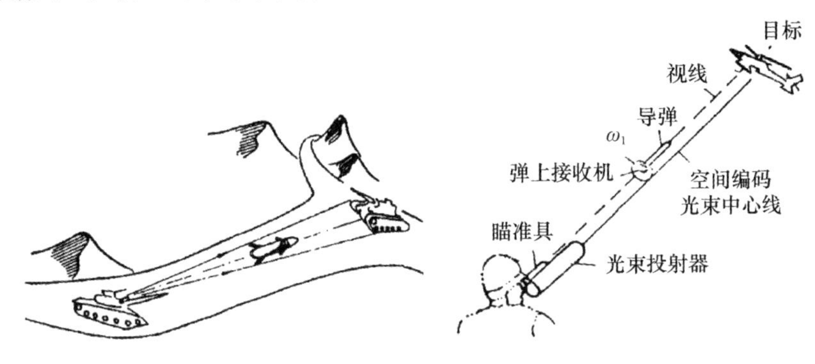

图 7-4 激光驾束制导作战示意图

表 7-3 几种典型空间编码方案的比较

编码方案	功能	结构类型	实现难易	激光器种类	解码难易	制导距离	光束轴与瞄准轴校准	修正量加入	成本
全光束调制盘实现相位或调频调制	确定导弹的位置	光机	易	重复频>5kHz 脉冲、连续	易	近	较难	困难	不高
条束编码	确定导弹的位置，线速度修正	光机	较难	重复频>5kHz 脉冲、连续	较难	略远	不难	较难	略高
数字编码	确定导弹的位置	光机	较难	重复频>5kHz 脉冲、连续	易	近	不难	困难	略高
飞点扫描	确定导弹的位置，速度修正，多目标制导	声光、光机	一般	重复频>5kHz 脉冲、连续	较难	略远	不难	可以	略高
空间偏振编码	确定导弹的位置，线速度修正	电光、光机	易	脉冲、连续加调制	较难	远	易	可以	不高

从表7-3中可以看出，五种编码方式各有优缺点。从应用上分析，基于调制盘的相位或调频调制、空间偏振编码实现难度不高，基于此类编码方式的导弹型号也较多。为此，本系统采用了调制盘（码盘）调制和空间偏振编码调制两种方式。其对抗测试中所涉及的关键技术也是围绕这两种方式的编解码展开的。

激光驾束制导对抗半实物仿真测试系统可根据被测激光制导对抗装备的基本参数信息，设置激光驾束制导对抗测试系统的工作模式和参数，将待测的激光制导对抗装备置于系统的测试回路中，进行激光制导对抗过程模拟；通过检测激光驾束制导对抗测试系统输出信号的变化，分析被测激光制导对抗装备的性能；通过对制导对抗过程参数的提取分析，检验激光制导对抗装备动态性能。

激光驾束制导对抗半实物仿真测试系统的工作工程如下。

（1）根据拟测试的激光驾束制导对抗装备的种类，通过信息处理终端装定激光驾束制导照射器和激光驾束制导接收机参数。

（2）将待测的激光驾束制导对抗装备置于激光驾束制导对抗测试系统的测试回路中。其中，在激光驾束制导告警装备测试中，通过使用激光驾束制导照射器上与激光光轴一致的望远镜调整驾束制导激光出射方向，使之准确进入待测告警装备的接收光敏面上。在激光驾束制导干扰装备测试中，通过使用望远镜使得干扰装备出射光被激光驾束制导接收机响应。

（3）开启待测激光驾束制导对抗装备，进行综合性能测试。其中，在激光驾束制导告警装备测试中，通过信息处理终端控制激光驾束制导照射器出射激光的编码方式、输出功率、发散角等参数，从而完成告警装备在多种激光编码方式、多个告警距离下的综合性能测试；在激光驾束制导干扰装备测试中，通过信息处理终端控制激光驾束制导接收机解码方式、接收角度等参数，从而完成干扰装备的综合性能测试。

（4）利用信息处理终端相关软件，根据被测对抗装备和对抗测试系统输出以及所装定参数，定量计算被测激光驾束制导对抗装备的性能参数，建立其综合性能指标数据库。

7.2 关键技术

7.2.1 激光驾束制导发射光频信息场模拟技术

激光驾束制导是激光制导的一种方式，它是靠激光信息场中的编码来控制导弹的飞行。因此，激光信息场的产生是检验激光驾束制导对抗系统所不可缺少的必要条件，在制导对抗系统研制和试验过程中，采用实装激光制导仪发射激光以产生激光信息场是不经济的，安全也不易受控。因此，利用信息场模拟技术助力激光驾束制导对抗装备的技术研究和研制，是装备系统生产周期中的重要环节。如图 7-5 所示为激光驾束制导武器的发射光频信息接收示意图。

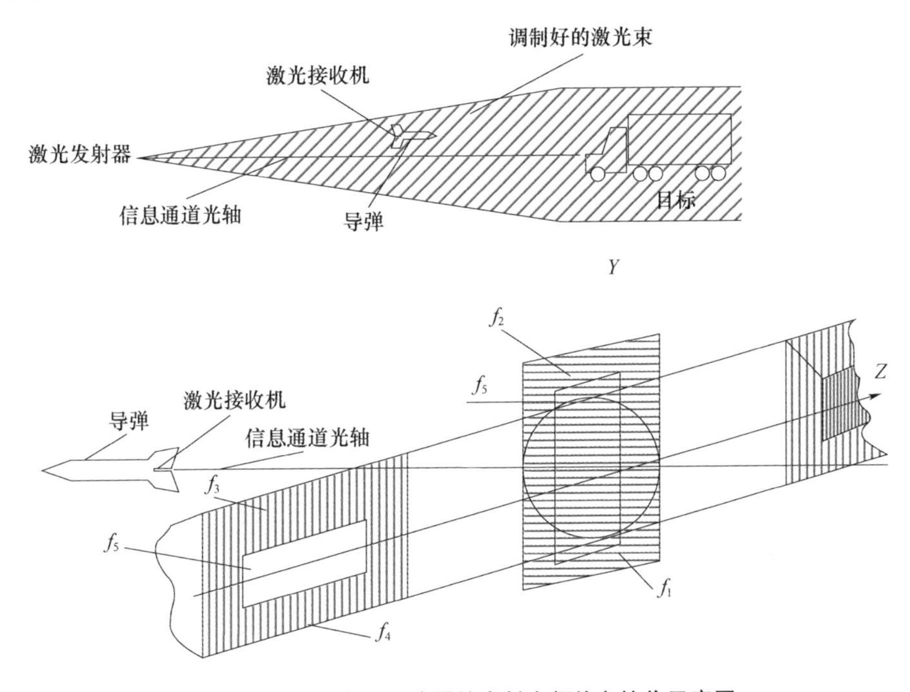

图 7-5 激光驾束制导武器的发射光频信息接收示意图

1. 信息场模拟原理

激光驾束制导一般过程：由地面发射系统向目标发射扫描的激光编码光束，导弹在激光束中飞行，弹尾的接收装置接收激光编码信息，当弹体偏离激光束光轴时，便会产生偏差信息，激光接收机接收并检测出该飞行误差信号，形成控制指令，控制导弹向光轴靠近，最终使得导弹沿着光束轴线飞行，直至命中目标。激光调制的目的则是保证导弹能够准确接收信息，判断自身位置并修正误差量，进而提高命中率的重要举措，因此，调制技术是激光驾束制导的关键技术之一。激光空间频率编码是一种基于码盘调制的编码方式，它的优点是抗干扰性能好、解码简单易实现、对光强分布均匀性要求不高，不足之处则是对调制盘转速稳定性要求苛刻。调制系统包括两块边缘刻有光栅图形的调制盘，分别产生俯仰和偏航的调制信号，如图 7-6 所示。

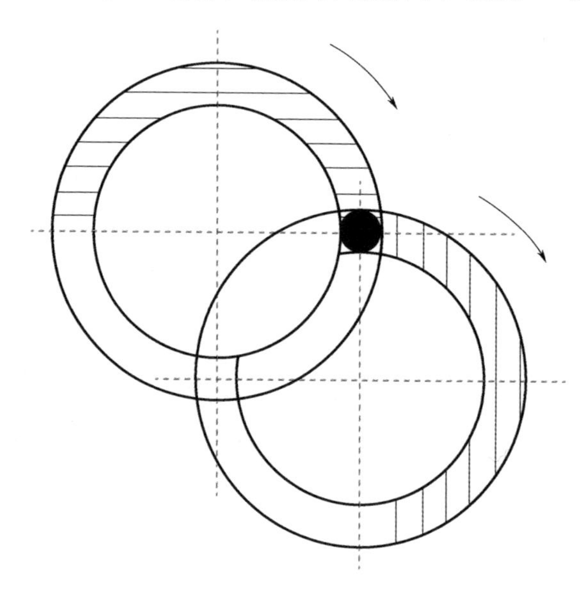

图 7-6　俯仰和偏航调制盘的相互位置

两个调制盘以相同的速度旋转，激光光斑照射在两个调制盘周边上调制光栅的交接处，在调制盘周期的前半周内，偏航通道调制盘切割连续激光束，形成的控制光场内有 f_1、f_5 和 f_2 激光脉冲信号，在左右方向的不同位置上，f_1 和 f_2 激光脉冲的持续时间不同；在调制盘的后半周期内，由俯仰通道调制盘的图形切割连续激光束，形成的控制光场内有 f_3、f_5 和 f_4 激光脉冲信号，这样，在调制盘的一个周期内，激光脉冲信号分时出现 f_1、f_5、f_2、f_3、f_5、f_4，各频率的持续时间 t_{f_1}、t_{f_5}、t_{f_2}、t_{f_3}、t_{f_5}、t_{f_4} 的大小随激光斑中位置不同而变化[2]。

当处于激光束中的导弹尾部激光接收机接收到信号后，经弹上电路处理，检出各频率所占时间，就可确定导弹在激光场中的位置。

指令定义：在一个调制周期中，偏航或俯仰调制信号中两个频率信息的占空比之差，即

$$
\begin{aligned}
r_x &= 2\left(t_{f_1} - t_{f_1}\right)/T = 2\Delta t_{12}/T \\
r_y &= 2\left(t_3 - t_4\right)/T = 2\Delta t_{34}/T
\end{aligned}
\tag{7-1}
$$

当导弹处于激光信息场中心时，$t_{f_1}=t_{f_2}$、$t_{f_3}=t_{f_4}$，所以，$r_x=0$、$r_y=0$。

当导弹不在激光信息场中心时，$t_{f_1}\neq t_{f_2}$、$t_{f_3}\neq t_{f_4}$，所以，$-1\leqslant r_x\leqslant 1$、$-1\leqslant r_y\leqslant 1$。

2. 信息场模拟硬件设计

信息场模拟的设计与实现可以用分立元件的数字电路或模拟电路来实现，也可以用单片微机控制的信号发生器来实现。信息场硬件的模拟件必须反映信息场距离的变化和不同位置上频率信号f_1、f_2、f_3、f_4、f_5的持续时间t_{f_1}、t_{f_2}、t_{f_3}、t_{f_4}、t_{f_5}的变化，最终输出不同频率和不同持续时间的激光信号。系统采用单片微型计算机系统 8098 控制 5 个频率的信号发生器，根据导弹在信息场偏差距离的不同，分时输出不同频率、不同持续时间的f_1、f_2、f_3、f_4、f_5频率的电信号或光信号。

对于硬件模拟单片微机的选择，可以选用 MCS-51 系列的 8051 单片机，其成本低、性能稳定、可靠。但由于 8051 单片机内没有 A/D 转换器，当距离变化的模拟量信号输入到单片机系统时，需要外加 A/D 转换器，这样一来，增加系统硬件的复杂度，成本反而增加。而 MCS-96 系列的 8098 单片机，其功能全，指令丰富，芯片内带有 4 个 10 位 A/D 转换器。这样，模拟量信号可直接输入到 8098 单片机上，微型计算机系统软件简化，可靠性反而增加。经过对比分析，决定选用 8098 单片机作为信息场模拟器控制微型计算机。

为产生f_1、f_2、f_3、f_4、f_5频率的电信号，首先采用 ICL8038 高精度波形发生器，5 片 ILC8038 分别产生 5 个频率f_1、f_2、f_3、f_4、f_5的振荡信号波形；而后，各频率的持续时间t_{f_1}、t_{f_2}、t_{f_3}、t_{f_4}、t_{f_5}由 8098 单片机进行控制，8098 输出的数据指令控制多路开关，最后由单片机内部的定时器按t_{f_1}、t_{f_2}、t_{f_3}、t_{f_4}、t_{f_5}的大小分别选通f_1、f_2、f_3、f_4、f_5频率的振荡器，并由多路开关输出。输出结果：首先是电信号，该信号可供装置内部电路的测试和调整使用。其次是输出的电信号驱动红外光管，产生红外光信号，可供模拟接收机调试使用。如图 7-7 所示为信息场模拟器的结构组成。

从信息场调制系数的变化规律可以得出模拟器应该能线性地接收两个通道（俯仰偏航通道）正负偏差模拟量信号的结论。单片机对偏差距离进行计算时，首先计算出在不同偏差距离时各个频率的持续时间t_{f_1}、t_{f_2}、t_{f_3}、t_{f_4}、t_{f_5}，然后再用计算出的持续时间t_{f_1}、t_{f_2}、t_{f_3}、t_{f_4}、t_{f_5}值去分别控制频率信号的输出。最终，信息场模拟器采用 8098 单片机作为控制机，采用 8255110 芯片作为系统持续时间的输出，采用 2764 只读存储器作为单片机系统软件的存储元件。考虑到 8098 单片机内部 A/D 转换器只接收 0～+5V 的模拟量电压信号，因此，对于信息场的距离负偏差量必须加以转换方能工作。一般工作过程如下：首先由 8098 单片机根据偏差距离S_x和S_z，计算出持续时间t_{f_1}、

t_{f_2}、t_{f_3}、t_{f_4}、t_{f_5}，再用持续时间去控制多路开关 AD7501 集成芯片，并从多路开关输出频率f_1、f_2、f_3、f_4、f_5分时的电信号或光信号。

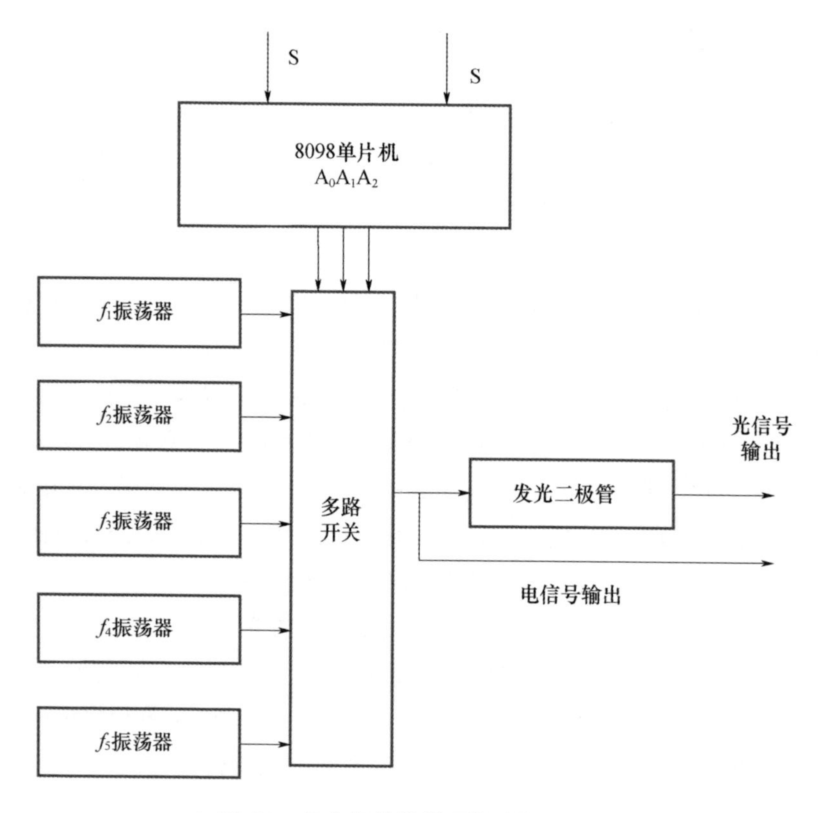

图 7-7　信息场模拟器硬件结构组成图

3. 信息场模拟软件设计

8098 单片机是一款功能强大的单片微型计算机，内部有 4 路 10 位 A/D 转换器，有 256 单元的内部数据存储器、定时器和中断系统，并有丰富的指令系统，特别是具有 16×16 位的乘法指令，为计算提供了很大的方便。由于波形的输出需严格按照调制盘的调制规律产生，不允许有任何的间断和停顿，这对于控制软件的设计要求很高。单片机是串行运行的微型计算机，既要连续输出，又要 A/D 转换和计算。因此，以中断的形式将 A/D 转换安排在输出最长持续时间的输出内，既保证一定的 A/D 转换时间，又不影响持续时间的输出。信息场模拟软件主程序框图如图 7-8 所示。

单片机初始化和第一次设置各频率波形持续时间t_{f_1}、t_{f_2}、t_{f_3}、t_{f_4}、t_{f_5}定时值；根据 PORT2. 2 的值，调用通道测试和控制场输出子程序。

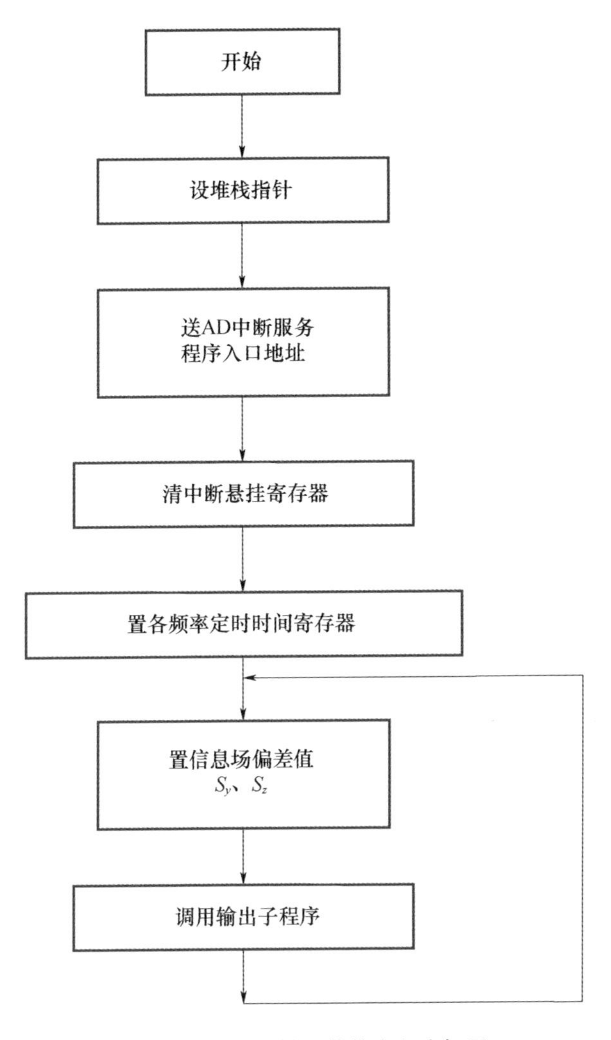

图 7-8　信息场模拟软件主程序框图

输出子程序如图 7-9 所示。它的功能是输出数据至多路开关，同时判断哪个频率的持续时间最长，在最长的持续时间段内产生中断，另由 A/D 转换中断服务子程序去采样S_y和S_z，并转换成 10 倍数字量。

8098 单片机的高速输出单元 HSO 控制 A/D 转换的启动与否，并由高速输出单元 HSO 的命令字 HSO-COMMAND 来设定 A/D 转换的启动时间。将S_y和S_z的转换值存放在单片机内部存储器里，并计算各频率的定时时间数值，将定时时间数值存放在相应的存储器中，以备下一个周期定时时间用。为确保模拟系统能正常工作，A/D 转换中断服务子程序的运行时间必须小于 3ms。否则，将影响单片机系统的正常运行。

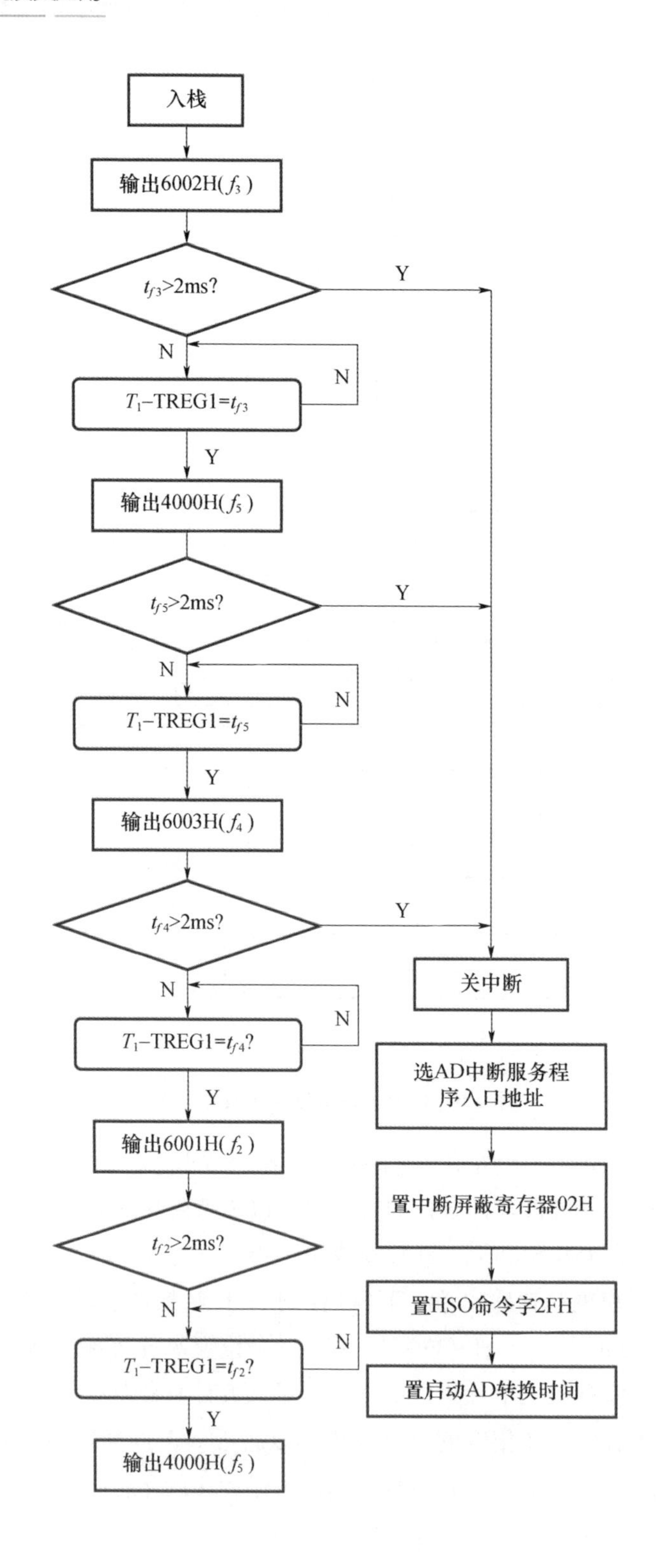

入栈
输出6002H(f_3)
t_{f3}>2ms?
Y
N
T_1−TREG1=t_{f3}
N
Y
输出4000H(f_5)
t_{f5}>2ms?
Y
N
T_1−TREG1=t_{f5}
N
Y
输出6003H(f_4)
t_{f4}>2ms?
Y
N
T_1−TREG1=t_{f4}?
N
Y
输出6001H(f_2)
t_{f2}>2ms?
N
T_1−TREG1=t_{f2}?
N
Y
输出4000H(f_5)
关中断
选AD中断服务程序入口地址
置中断屏蔽寄存器02H
置HSO命令字2FH
置启动AD转换时间

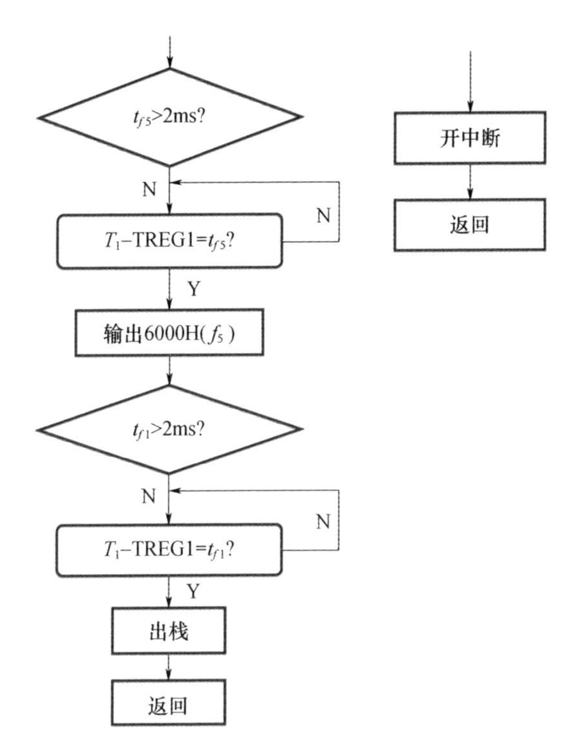

图 7-9 信息场模拟主要子程序框图

4. 模拟结果及分析

信息场模拟系统根据激光信息场的指令定义设计出对应不同的频率持续时间，单片机主程序初始化所选指令值后，控制多路开关进而实现输出相应指令值的电信号，指令值模拟分辨率设定为 0.01，即指令从 0 到 1 分成 100 个点模拟信号输出。这样，偏航和俯仰两个方向共模拟输出 40000 个点。实际激光场是一个圆形光斑，全部位于模拟区域内，光场指令分布示意图如图 7-10 所示。

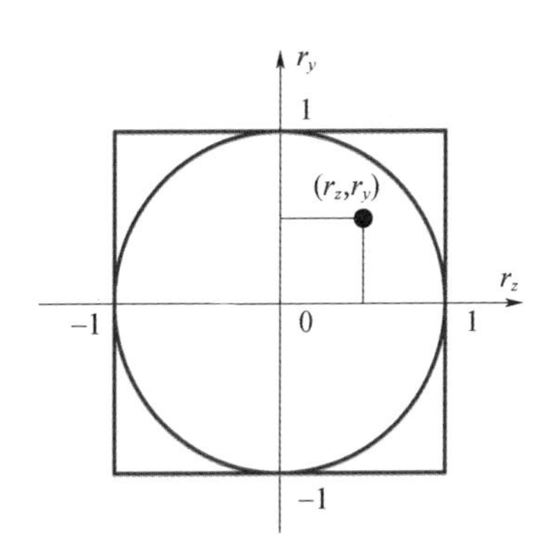

图 7-10 光场指令分布示意图

光场中任意一点对应一个确定的（r_z，r_y）指令值，通过设定不同指令值，光场中任意点的光模拟信号就可以通过模拟装置输出。试验中对输出频率及不同指令值进行了检测，结果显示：频率准确度达到 0.34%，指令值稳定度达到 6×10^{-4}，完全可以达到模拟激光驾束制导光场的目的[3]。因此，将模拟软硬件应用于激光驾束制导对抗测试系统。

7.2.2 激光驾束制导偏振光发射编码模拟技术

编码调制是激光驾束制导系统的核心，同理，激光驾束制导对抗半实物仿真测试系统的编码调制也很重要，一般调制方式采用铌酸锂晶体的电光效应进行空间偏振编码调制。

1. 偏振光发射编码模拟原理与设计

二维同步空间偏振编码过程如图 7-11 所示，偏振光学编码系统光路中垂直放置双泡克耳斯光楔、水平放置双泡克耳斯光楔，垂直放置的双泡克耳斯光楔在脉冲电压作用下对偏振方向平行于 y 轴的线偏振光进行偏振调制，上半部分引起相位差δ，产生右旋偏振光，下半部分产生左旋偏振光，即

$0<\delta\leqslant\frac{\pi}{2}$（顶部对于$\frac{\pi}{2}$，是右旋圆偏振光）

$\delta=0$（线偏振光）

$-\frac{\pi}{2}\leqslant\delta<0$（底部对于$-\frac{\pi}{2}$，是左旋圆偏振光）

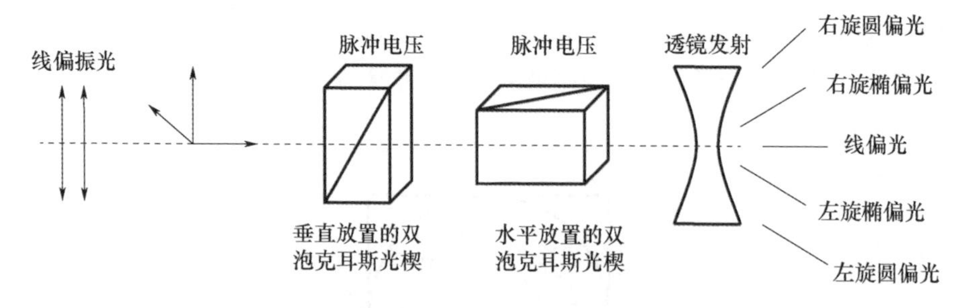

图 7-11　二维同步空间偏振编码过程

同理，对水平放置的双泡克耳斯光楔，在轴线左右两边分别产生左旋、右旋偏振光。再经发射透镜将平行光以一定的发散角出射，形成具有交替信号的制导光场。

由图 7-13 可以看出，在偏振光发射编码模拟模块中，双泡克耳斯光楔为关键器件。双泡克耳斯光楔效应存在于非中心对称的单轴晶体中，这种效应在晶体内部引起的相位延迟与外加电场强度成正比。在横向加电压情况下，经研究，采用铌酸锂晶体较为合适，取泡克耳斯光楔的光轴和通光方向均沿 z 轴、沿 x 轴方向加电压。在电场作用下，折射率椭球的感应主轴的取向发生了变化[4]，如图 7-12 所示。

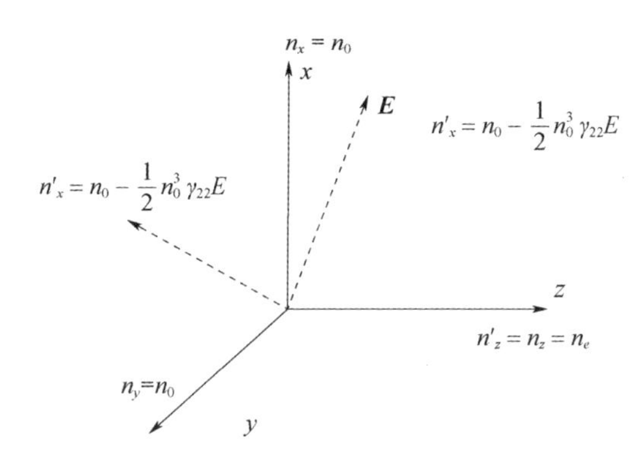

图 7-12　场沿 x 轴作用下晶体的主折射率变化示意图

则光通过长为l_1的晶体后，在新的折射率主轴 x' 与 y' 的两个分量产生的相位差为

$$\delta_1 = \frac{2\pi}{\lambda}(n'_x - n'_y)\ l = \frac{2\pi}{\lambda}n_0^3\gamma_{22}E_1 l_1 \tag{7-2}$$

为了产生不同偏振梯度的椭圆偏振光，则相位差要求是渐变的，且为了使整个双泡克耳斯光楔在中线部位 $\delta=0$，及上半部分 $0<\delta\leqslant\frac{\pi}{2}$，下半部分 $-\frac{\pi}{2}\leqslant\delta<0$，应使上下两个单泡克耳斯光楔的电场作用的快慢光方向取反，下面三棱柱形状的单泡克耳斯光楔有：

$$n'_x = n_0 - \frac{1}{2}n_0^3\gamma_{22}E_2 \tag{7-3}$$

$$n'_y = n_0 + \frac{1}{2}n_0^3\gamma_{22}E_2 \tag{7-4}$$

$$\delta_2 = \frac{2\pi}{\lambda}(n'_x - n'y)\ l_2 = -\frac{2\pi}{\lambda}n_0^3\gamma_{22}E_2 l_2 \tag{7-5}$$

混合编码示意图如图 7-13 所示，长为 L，高为 d 的双泡克耳斯光楔，在高度 h 位置处通过的偏振光所产生的相位差为

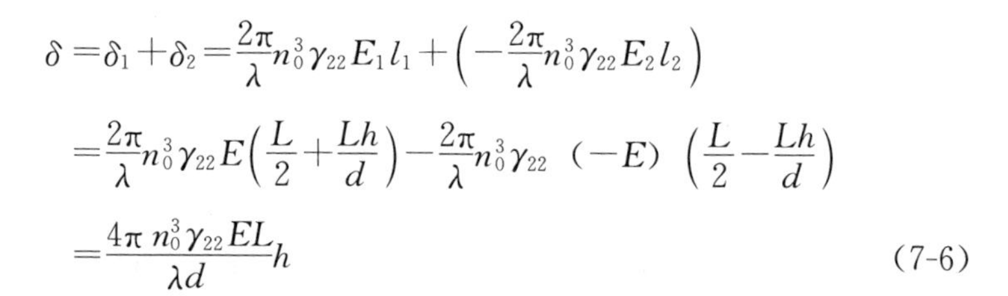

$$
\begin{aligned}
\delta &= \delta_1 + \delta_2 = \frac{2\pi}{\lambda} n_0^3 \gamma_{22} E_1 l_1 + \left(-\frac{2\pi}{\lambda} n_0^3 \gamma_{22} E_2 l_2 \right) \\
&= \frac{2\pi}{\lambda} n_0^3 \gamma_{22} E \left(\frac{L}{2} + \frac{Lh}{d} \right) - \frac{2\pi}{\lambda} n_0^3 \gamma_{22} \ (-E) \ \left(\frac{L}{2} - \frac{Lh}{d} \right) \\
&= \frac{4\pi\, n_0^3 \gamma_{22} EL}{\lambda d} h
\end{aligned}
\tag{7-6}
$$

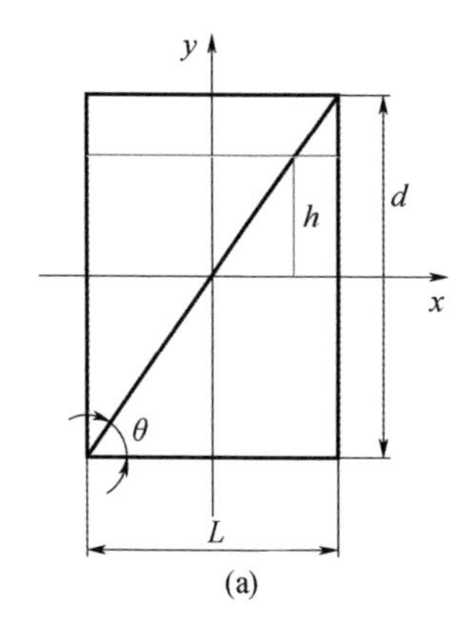

(a)

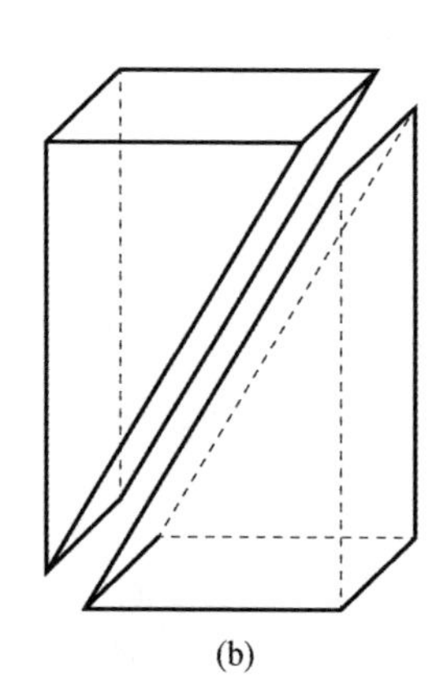
(b)

图 7-13 混合编码示意图

(a) 沿 x 轴截面图；(b) 立体图。

由式（7-6）可知，$\delta=\delta\ (h)$ 经过编码器成为垂直位置的线性函数，$\delta=\delta\ (h)$ 为对应不同的椭圆偏振光，这时从上半部分出射的光由线偏振光过渡到右旋圆偏振光，下半部分则由线偏振光过渡到左旋圆偏振光。光通过晶体后就携带了位置信息，从而实现了编码。当电压为$V_x = E \times W = \frac{\lambda}{4\pi^3 \gamma} \times \frac{W}{L}$（$W$ 为沿 x 轴方向的宽度；d 为高度；L 为沿 z 轴方向的长度）时，分别在上下边缘产生正负相位差。因为光束为圆形，要求远场图也为圆形，故 W 和 d 近似相等。

在激光驾束制导编码器部分，电场与晶体光轴和光束光轴在晶体中通过方向垂直，沿图 7-15 坐标系 x 轴方向，感应快慢轴与 x 成 45°，即 $\theta=45°$，所以双泡克耳斯光楔的琼斯矩阵为

$$
\boldsymbol{G} = \cos\frac{\delta}{2} \begin{bmatrix} 1 & -\mathrm{i}\tan\frac{\delta}{2} \\ -\mathrm{i}\tan\frac{\delta}{2} & 1 \end{bmatrix} \tag{7-7}
$$

线偏振入射光矢量 $\boldsymbol{E}_1$ 经过双泡克耳斯光楔后输出光矢量 $\boldsymbol{E}_2$ 为

$$\boldsymbol{E}_2=\boldsymbol{G}\times\boldsymbol{E}_2=\cos\frac{\delta}{2}\begin{bmatrix}1 & -\mathrm{i}\tan\frac{\delta}{2}\\ -\mathrm{i}\tan\frac{\delta}{2} & 1\end{bmatrix}\begin{bmatrix}0\\1\end{bmatrix}=\begin{bmatrix}-\mathrm{i}\sin\frac{\delta}{2}\\ \cos\frac{\delta}{2}\end{bmatrix} \tag{7-8}$$

根据相位差 δ 的取值不同，输出光矢量同时发生改变，由双泡克耳斯光楔的调制特性和空间偏振编码的梯度分布的要求，把 δ 按 5 个取值范围进行讨论。

在双泡克耳斯光楔顶部，$\delta=\frac{\pi}{2}$

$$\boldsymbol{E}_2=\begin{bmatrix}-\mathrm{i}\\1\end{bmatrix} \tag{7-9}$$

输出光矢量是右旋圆偏振光；

在双泡克耳斯光楔中上部，$0<\delta<\frac{\pi}{2}$

$$\boldsymbol{E}_2=\begin{bmatrix}-\mathrm{i}\sin\frac{\delta}{2}\\ \cos\frac{\delta}{2}\end{bmatrix} \tag{7-10}$$

$$\frac{E_y}{E_x}=\mathrm{i}\cot\frac{\delta}{2} \tag{7-11}$$

且 $\cot\frac{\delta}{2}>1$，$\cot\frac{\delta}{2}$ 随着 δ 的增大而减小，椭圆度减小，即由接近于线偏振光的椭圆偏振光向圆偏振光过渡，输出光矢量是右旋椭圆偏振光。

在双泡克耳斯光楔中线，$\delta=0$

$$\boldsymbol{E}_2=\begin{bmatrix}0\\1\end{bmatrix} \tag{7-12}$$

输出光矢量是偏振方向在 y 轴方向上的线偏振光；

在双泡克耳斯光楔中下部，$0<\delta<\frac{\pi}{2}$

$$\boldsymbol{E}_2=\begin{bmatrix}-\mathrm{i}\sin\frac{\delta}{2}\\ \cos\frac{\delta}{2}\end{bmatrix} \tag{7-13}$$

$$\frac{E_y}{E_x}=\mathrm{i}\cot\frac{\delta}{2} \tag{7-14}$$

且 $\cot\frac{\delta}{2}<-1$，$\cot\frac{\delta}{2}$ 随着 δ 的增大而减小，椭圆度减小，即由接近于线

偏振光的椭圆偏振光向圆偏振光过渡，输出光矢量是右旋椭圆偏振光。

在双泡克耳斯光楔顶部，$\delta=-\frac{\pi}{2}$

$$\boldsymbol{E}_2=\begin{pmatrix} i \\ 1 \end{pmatrix} \tag{7-15}$$

输出光矢量是左旋圆偏振光。

同理，对于水平放置的双泡克耳斯光楔，得到梯度分布的椭圆偏振光。

7.2.3 激光驾束制导偏振光信息接收模拟技术

激光束经编码器偏振调制后，向目标发射光束。由于不同编码方向、椭圆度和旋向的偏振光代表着不同的空间位置，因此检测出偏振光的这些信息，即可解算出武器飞行轨迹偏离目标中心的方向和大小，这便是导引头系统所需完成的任务。激光驾束制导系统中接收光学系统位于仿真导引头系统的最前端，它的任务是接收带有位置信息的激光束，并进行光学调制，便于后续数据处理。实际装备中，接收光学系统结构精密、复杂[5]，且解码固定不可变，无法直接应用于半实物仿真测试系统，因此需在激光驾束制导对抗测试系统中对接收技术进行模拟。

1. 椭圆偏振光测定原理分析

常用的椭圆偏振光测定就是在试验上测定表示偏振状态的参量，即主轴系下椭圆偏振光的长轴在指定坐标系中的方位角 ψ 及长、短轴之比 $\tan\varepsilon=A_2/A_1$（椭圆度）和旋向；或直角坐标系中椭圆偏振光两分量的振幅比 $\tan\beta=a_2/a_1$ 及相位差 δ，椭圆偏振光示意图如图 7-14 所示。

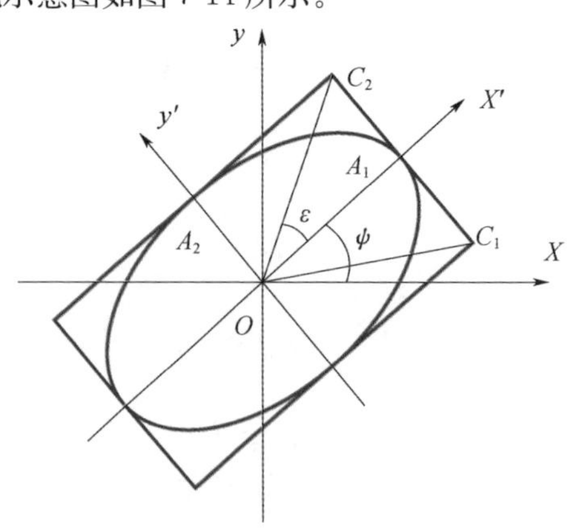

图 7-14　椭圆偏振光示意图

在系统中，采用的是检偏器和四分之一波片检验的方法，首先用检偏器测定椭圆长轴的方位角 ψ。设在椭圆主轴坐标系（x'，y'）中，该椭圆的琼斯矢量为$\begin{bmatrix} A_1 \\ \mathrm{i}A_2 \end{bmatrix}$，检偏器透光轴方向与 x'轴夹角为 θ，则出射光的琼斯矢量为

$$\begin{bmatrix} \cos^2\theta & \frac{1}{2}\sin(2\theta) \\ \frac{1}{2}\sin(2\theta) & \sin^2\theta \end{bmatrix} \tag{7-16}$$

由此算得出射光的琼斯矢量为

$$\boldsymbol{E}_{出}=\boldsymbol{G}\boldsymbol{E}_{入}=\begin{bmatrix} \cos^2\theta & \frac{1}{2}\sin(2\theta) \\ \frac{1}{2}\sin(2\theta) & \sin^2\theta \end{bmatrix}\begin{bmatrix} A_1 \\ \mathrm{i}A_2 \end{bmatrix}=\begin{bmatrix} A_1\cos^2\theta+\frac{1}{2}\mathrm{i}A_2\sin(2\theta) \\ \frac{1}{2}A_1\sin(2\theta)+\mathrm{i}A_2\sin^2\theta \end{bmatrix} \tag{7-17}$$

故出射光的强度为

$$I(\theta)=\left|A_1\cos^2\theta+\frac{1}{2}\mathrm{i}A_2\sin(2\theta)\right|^2+\left|\frac{1}{2}A_1\sin(2\theta)+\mathrm{i}A_2\sin^2\theta\right|^2 \tag{7-18}$$

当旋转检偏器时，透射光强将随之发生变化。当检偏器的透光轴方向与长轴方向 x'重合，即 $\theta=0°$或 180°时，有最大透射光强 $I(\theta)=A_1^2$；而当相互垂直，即 $\theta=90°$或 270°时，有最小光强 $I(\theta)=A_2^2$。由此可以通过旋转检偏器找到光强最大的位置，从而确定长轴与预定的 X 轴之间的夹角 ψ。然后，用四分之一波片和检偏器测定椭圆度 $\tan\varepsilon=A_2/A_1$ 和旋向。在用检偏器找到椭圆长轴方位的前提下，在检偏器前插入四分之一波片，并旋转四分之一波片使之出现最大透射光强，则表明波片快轴方向与椭圆长轴方向一致。由于四分之一波片产生$\delta_{\lambda/4}=\pi/2$ 的相位差，若入射椭圆偏振光两垂直分量间的$\delta_\lambda=\pi/2$（左旋时），得出射光的$\delta_{出}=\pi$，出射线偏振光的光矢量在 x'，y 坐标系中的二、四象限；若$\delta_\lambda=-\pi/2$（右旋时），则$\delta_{出}=0$（对应图 7-14 中 OC_2 方位）。测量时，旋转检偏器首先找到消光位置，与此垂直的方向就是出射线偏振光的方位，便可得到 ε 角，进而得到椭圆度 $\tan|\varepsilon|=A_2/A_1$，其旋向可由线偏振光的象限得出。

2. 接收光学系统设计

接收光学系统的设计是以上述椭圆偏振光测定方法为参考，并根据激光

驾束制导模拟特点进行改进。通常的椭圆偏振光测定方法，需要人为的旋转检偏器和四分之一波片，来测得椭圆偏振光的偏振状态参量。而在激光驾束制导对抗半实物仿真测试系统设计中，接收译码装置需要高速实时地检测偏振信号，且处于无人操作状态。这就意味着接收光学系统中所用器件的相对位置必须固定，再结合后续译码电路，对要检测椭圆偏振光的偏振状态参量，可以将椭圆偏振光长、短轴的光强值，分别转化为电流值，用电信号进行相关的处理。所以，在接收光学系统的设计过程中，需要把椭圆偏振光一分为二，分别载有椭圆的长、短轴光强信号，再分别送至两个光电转化通道，进行后续译码处理[6]。

在激光驾束制导对抗测试系统中，偏振光接收光学系统的设计如图 7-15 所示。其中 B 为带通滤波器；W 为四分之一波片；F 为分束棱镜；P_1、P_2 为线性偏振滤波片；I_x、I_y为输出光强经光电转化后的电流值。

整个接收过程用数学公式可描述为

$$\boldsymbol{E}_1=\boldsymbol{G}\cdot\boldsymbol{E}_2 \tag{7-19}$$

式中：$\boldsymbol{E}_1$、$\boldsymbol{E}_2$分别为入射光矢量和出射光矢量；$\boldsymbol{G}$ 为四分之一波片的琼斯矩阵。这里假设四分之一波片的快轴方向与分束棱镜内新的折射率主轴方向 Y' 平行，则 $\boldsymbol{G}$ 可表示为

$$\boldsymbol{G}=\frac{1}{\sqrt{2}}\begin{bmatrix}1 & \mathrm{i}\\ \mathrm{i} & 1\end{bmatrix} \tag{7-20}$$

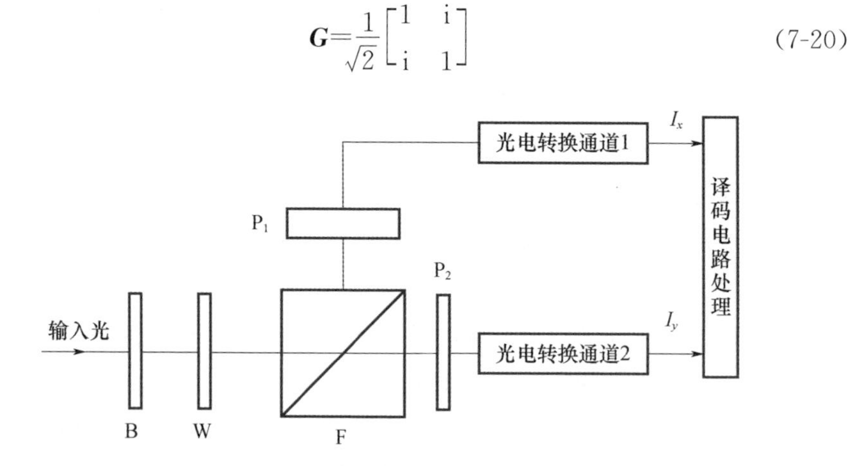

图 7-15　偏振光接收光学系统的设计

远场分布的光场可用式 $\boldsymbol{E}_2=\begin{bmatrix}\mathrm{i}\sin\ (\delta/2)\\ \cos\ (\delta/2)\end{bmatrix}$（这里就相当于入射光矢量），代入式（7-19）可得

$$\boldsymbol{E}_3=\frac{1}{\sqrt{2}}\begin{bmatrix}\mathrm{i}\sin(\delta/2) & +\mathrm{i}\cos(\delta/2)\\ \cos(\delta/2) & -\sin(\delta/2)\end{bmatrix} \tag{7-21}$$

也是椭圆偏振光的一般形式。

根据分束棱镜理论，由式（7-21）可得

$$I_x=E_{3x}^2=K[\sin(\delta/2)+\cos(\delta/2)]^2 \tag{7-22}$$

$$I_y=E_{3y}^2=K[\sin(\delta/2)-\cos(\delta/2)]^2 \tag{7-23}$$

式中：K 为比例系数。

为消除系数 K 的影响，同时易便于后续电路处理，考虑采用两种数据处理方法：一是直接相除，即 I_x/I_y；二是采用和差比的方法。由式（7-22）和式（7-23）可得

$$\frac{I_x}{I_y}=\frac{K[\sin(\delta/2)+\cos(\delta/2)]^2}{K[\sin(\delta/2)-\cos(\delta/2)]^2}=\tan^2(\delta/2+\pi/4) \tag{7-24}$$

采用和差比的方法所得结果为

$$\frac{I_x-I_y}{I_x+I_y}=\frac{[\sin(\delta/2)+\cos(\delta/2)]^2-[\cos(\delta/2)-\sin(\delta/2)]^2}{[\sin(\delta/2)+\cos(\delta/2)]^2+[\cos(\delta/2)-\sin(\delta/2)]^2}=\sin\delta \tag{7-25}$$

比较分析两种方法：前一种处理方式所得的数据值从 0 到无穷大，变化范围太大；后一种处理方式所得数据的变化范围为 $-1\sim+1$，易于后续译码电路的处理。因此，在激光驾束制导对抗半实物仿真测试系统设计中采用和差比的数据处理方法。

3. 自旋消除机理分析

在接收光学系统中，假定发射系统的坐标轴与接收系统的坐标轴的轴向一致。在系统设计中，为了模拟由于大气环境等因素所造成的制导系统旋转的影响，采用了四分之一波片消除轴向偏差的措施。

假定两个正交放置的检偏器的透光轴分别处于接收系统的 X 轴和 Y 轴，设 θ 为波片的相位延迟角，因为波片的快轴方向和 X 轴成 45°，所以在这一坐标系中，波片的琼斯矩阵可表示为

$$\boldsymbol{G}=\begin{bmatrix}\cos\dfrac{\theta}{2} & -\mathrm{i}\sin\dfrac{\theta}{2}\\ -\mathrm{i}\sin\dfrac{\theta}{2} & \cos\dfrac{\theta}{2}\end{bmatrix} \tag{7-26}$$

设椭圆偏振光的长、短轴分别为 a、b，令 $c=\pm\dfrac{a}{b}$，正号代表左旋，负号

代表右旋，则椭圆偏振光在发射系统坐标系中归一化的琼斯矢量为

$$\boldsymbol{E}=\frac{1}{b\sqrt{c^2+1}}\begin{bmatrix}c\\ \mathrm{i}\end{bmatrix} \tag{7-27}$$

假设在某一瞬间，接收系统发生了 φ 角旋转，则椭圆偏振光在接收系统 X、Y 坐标系中的琼斯矢量变为

$$\begin{aligned}\boldsymbol{E}'&=\frac{1}{\sqrt{c^2+1}}\begin{bmatrix}\cos\varphi & -\sin\varphi\\ \sin\varphi & \cos\varphi\end{bmatrix}\begin{bmatrix}c\\ \mathrm{i}\end{bmatrix}\\ &=\frac{1}{\sqrt{c^2+1}}\begin{bmatrix}c\cdot\cos\varphi-\mathrm{i}\sin\kappa\\ c\cdot\sin\varphi+\mathrm{i}\cos\varphi\end{bmatrix}\end{aligned} \tag{7-28}$$

当椭圆偏振光经过波片后，其出射光在 X、Y 坐标系中的琼斯矢量为

$$\boldsymbol{E}''=\boldsymbol{G}\times\boldsymbol{E}'$$

$$=\frac{1}{\sqrt{c^2+1}}\begin{bmatrix}\cos\varphi\left(c\cdot\cos\frac{\theta}{2}+\sin\frac{\theta}{2}\right)-i\sin\varphi\left(c\cdot\cos\frac{\theta}{2}+\sin\frac{\theta}{2}\right)\\ \sin\varphi\left(c\cdot\cos\frac{\theta}{2}-\sin\frac{\theta}{2}\right)-i\cos\varphi\left(c\cdot\cos\frac{\theta}{2}-\sin\frac{\theta}{2}\right)\end{bmatrix} \tag{7-29}$$

则I_x、I_y分别为

$$I_x=E''_x\times E''^{*}_x \tag{7-30}$$

$$I_y=E''_y\times E''^{*}_y \tag{7-31}$$

用差和比公式计算出：

$$\frac{I_x-I_y}{I_x+I_y}=\frac{1}{c^2+1}\left[(c^2-1)\cos\theta\cos(2\varphi)+2c\sin\theta\right] \tag{7-32}$$

令 $f=\frac{I_x-I_y}{I_x+I_y}$，当 $\theta=\frac{\pi}{2}$时，

$$f=\frac{2c}{c^2+1} \tag{7-33}$$

由此可见，四分之一波片恰好把自旋产生的 φ 角误差消除，使得接收系统与自旋无关。

7.2.4 激光驾束制导模拟接收机设计技术

1. 探测器选型分析

接收光学系统将发射的椭圆偏振光转化为分别代表椭圆长轴和短轴的两路线偏振光，而后使用光电探测器进行光电转换，并由处理电路解算出系统

偏离目标中心的大小和方向。为此，光电探测器的选型十分重要。结合激光驾束制导对抗半实物仿真测试系统应用的特点，对于光电探测器的选择，应符合以下几个条件：

（1）响应率要高。响应率是描述探测器灵敏度的参量，应尽量选取峰值波长与所用光源波长一致的探测器。

（2）噪声低。引起电信号起伏不定的干扰称为“噪声”，不同的效应均可能产生不同噪声，噪声主要有五种类型：散粒噪声、热噪声、产生-复合噪声、温度噪声和电流噪声。在选型时尽可能选择低噪声的光电探测器。

（3）探测率高。探测率是指探测器能测量的最小辐射量的量化术语，探测器的探测率取决于探测过程中的内在噪声，NEP 为探测器可探测到的最小辐射。选型时当然是探测率越高越好。

（4）上升时间快，它决定了探测器最高工作频率。

（5）线性度好。线性度是描述探测器的光电特性或光照特性曲线中输出信号与输入信号保持线性关系的程度。线性度好坏直接影响测量结果和后续的数据处理。

综上所述，接收系统拟采用硅 PIN 光电二极管，器件型号为 2CU56；光敏面积为 6mm×6mm；光电流≥96μA；暗电流≤0.1μA；最大反向工作电压为 20V。其输出信噪比一般表达式为

$$\mathrm{SNR}=\frac{I_S}{I_n}\approx\frac{P_r\ (\eta e/h\mu)}{(4kTB\,F_n/R_{\mathrm{eq}})} \tag{7-34}$$

式中：P_r为探测器接收信号的功率；e 为电子电荷；h 为普朗克常数；η 为量子效率；R_{eq}为等效负载电阻；k 为玻尔兹曼常数；B 为接收机带宽；F_n为倍增系数。

2. 接收机电路总体设计

模拟接收机电路的总体设计有以下基本要求：

（1）接收、处理响应快；

（2）信息量大，且必须实时处理；

（3）电路体积小，功耗低。

接收处理电路总体上由五部分组成，包括前置放大、滤波器、A/D 转换、数据处理以及模拟姿态控制装置，并以软、硬件结合的方式来实现相应的功能，硬件电路的总体设计方案如图 7-16 所示。

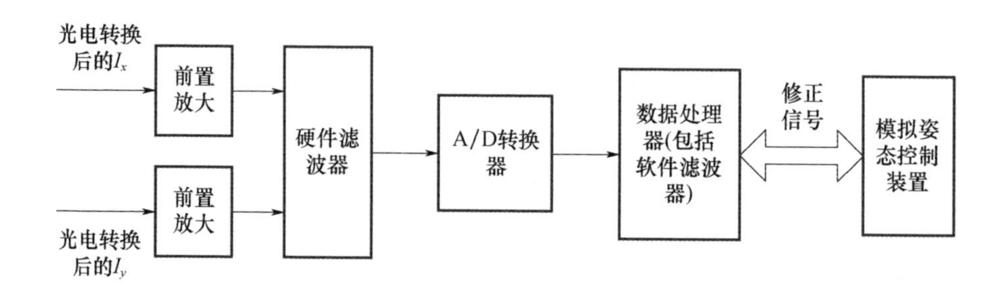

图 7-16 接收电路硬件总体设计方案

数据处理器是接收处理电路的核心器件，完成数据的计算、存储、显示和传输。目前最常用的数据处理器有单片机和 DSP 数字信号处理器。为降低功耗，缩小电路系统体积，我们选用单片机作为数据处理的控制器，即可达到接收译码系统的设计要求。

3. 前置放大机理分析与电路设计

经光电转换后的电信号是很微弱的，通常只有 pA 量级，因此，需要通过放大才能精确地测量出。但是，由于背景噪声、电路噪声、元器件噪声的影响，要做到高精度测量有较大的难度。因此，前置放大电路的设计要求是低噪声，高增益，低输出阻抗，大的动态范围，良好的抗颤噪声能力，这样才能提高信号检测的灵敏度和精度。此外，前置放大电路必须有信号频率范围所需的带宽和高稳定性，以确保输出信号有高的信噪比。

对于放大电路，根据放大电路的输入、输出特性通常可分为四种类型，分别是电压放大、电流放大、互阻放大和互导放大。在实际应用中，选择互阻放大最为合适，即输入电流值、输出电压值。经分析可知，要降低前置放大电路的噪声，首先要选择低噪声放大器；其次要限制放大器输出信号的带宽；第三还要设法补偿已引起的相位滞后，以抑制噪声增益曲线的峰值。

本设计中的放大电路属于数字化的放大电路，主要目标是提取出五种频率的脉冲信号。所以对放大电路的要求可从以下两方面来考虑：一是在保证五种频率信号通过的前提下，要使放大电路的每一级带宽尽量窄，以减小噪声；二是要求放大电路偏置电压尽量小，即放大器的输出波形中心点尽可能靠近零，这样，就可以避免随着信号的放大、限幅导致正相端信号过高，造成部分频率信号丢失，以保证在一定的入射光功率情况下，从放大电路输出端可以得到完整的频率信号；此外，要求通过放大电路的信号动态范围不可过大，以免造成放大电路饱和或发生自激[7]。通过对系统信号的计算分析，最终将放大电路的放大倍数设定为 106。本系统的设计中选择了低噪声、高精度、高速运算放大器 OP37G。根据频率的带宽和增益带宽积，把放大电路设置为三级，如图 7-17 所示。

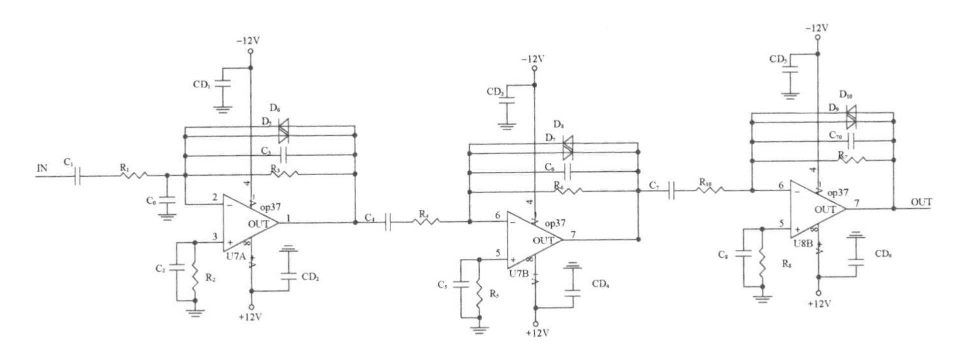

图 7-17　三级的放大电路

如图 7-17 所示为交流限幅放大电路，把每级拆开来看，与上面所述的低通滤波器有三点不同。一是在每一级的输入端加入耦合电容 C_1、C_4、C_7，它们的作用是使电路的低频特性发生改变，致使每一级都变成带通滤波器，目的是为了滤除低频的阳光分量。根据实测，阳光的频率一般小于 2kHz，基于此来确定三个电容的值。二是在反馈电路并联了两个二极管来限幅，限幅的目的是把强光减弱，正常情况下，有用信号并不会达到限幅的阈值，只有非有用的强背景光信号才会被限幅，这样可以防止放大器饱和。三是在第一级的输入电路增加了 RC 环节。这样，可以使滤波器的过渡带变窄，衰减斜率的值加大，也更大程度地减小了高频噪声。

在自然光的背景下进行调试过程中，将模拟激光照射器放置于距接收放大电路 5m 左右，采集放大电路的各级信号。由于距离较近，激光传输距离较短，因此信号较强，在第二级就发生了深度饱和。虽然每一级都是相对于放大器的负输入端限幅，但由于二极管的伏安特性，随着电流的增加，电压也会小幅度地增大。因此，放大电路的最后输出与第二级不同，为 1.27V，输出的偏移电压约为 3.7mV。

由上述调试试验可以看出：由于二极管限幅的作用，放大电路的信号波形在第三级甚至第二级就已经是方波，过大的信号被二极管限幅，而波形的失真并不影响频率信号的提取，反而通过限幅确保了放大器的工作正常。最后的输出电压恒定为 1.2V 左右，这完全满足后续整形电路的要求。此外，由于在光电转换部分采用了具有低偏置的 I/V 转换，以及低噪声、低偏置的运算放大器，因此放大电路的输出偏移电压很小，对 5 种频率信号的传输并不

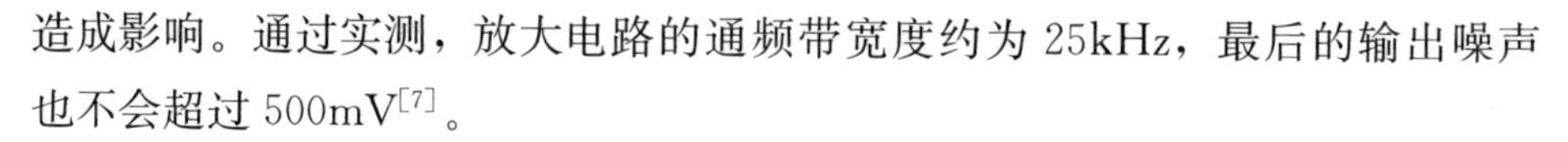

造成影响。通过实测，放大电路的通频带宽度约为 25kHz，最后的输出噪声也不会超过 500mV[7]。

4. 信号处理与分析电路设计

在激光接收机工作时，激光调制方式中两种频率相接处以及场与场之间相交接处可能产生混频现象，所以有必要对信号进行处理以降低混频现象及其影响。信号处理一般包括整形电路、选频及处理单元和 D/A 转换电路三部分。整形电路主要是把放大后的信号变成数字脉冲信号并设置适当的阈值电压来克服噪声的干扰。选频及处理单元主要是用单片机对整形后的脉冲信号进行鉴别，并计算出方位和俯仰的偏移量。D/A 转换电路则是把方位和俯仰偏移信号进行 A/D 转换，反馈给方位模拟控制部件。

在这里整形电路选用 LMV7219 比较器，旨在把模拟的电压信号转换成数字信号。由此以来，5 种频率信号就被转换为 5 种占空比为 1∶1 的方波，该方波再送给单片机进行处理。在这部分电路中，为进一步提高整形电路的性能还使用了精密基准电压参考 MAX6120，它具有±1%的精确度，可以给出准确且稳定的参考电压值。

如图 7-18 所示为整形电路。其中，MAX6120 输出恒定的 1.2V 经电阻分压作为比较器的阈值电压。由于 R_2 接在比较器的负输入端，其电流的变化受到限制，目的是确保阈值电压稳定。在调试过程中发现，经限幅放大的激光调制信号一般大于 0.5V，基于此设定阈值电压为 0.5V，这样就很好地滤掉了幅值小于 0.5V 的噪声，即减小了噪声对后续电路的影响。通过比较器后，输出 0～5V 的脉冲信号。图 7-18 中电容 C_1 的作用是避免输入信号慢变化时产生寄生反馈，也有助于减小电信号在转换区域的振动。

整形电路输出的数字脉冲信号完全满足单片机的要求，可直接输入到单片机进行处理和计算。本设计所使用的是 Atmel 公司的 AVR 单片机 ATmega 16 型，它是一款 8 位单片机，芯片内部集成了较大容量的存储器和丰富强大的硬件接口电路，具有 16KB 系统内可编程 Flash。在系统设计中，由于对接收机的体积要求严格，因此选择使用 TQFP 封装。如图 7-19 所示为选频及处理单元的硬件电路图，使用 D 口作为信号的输入端，A 口和 C 口作为信号的输出端。单片机对输入的信号进行鉴别，计算出方位和俯仰的偏差信号。其中 A 口输出 Z 方向的偏差量，C 口输出 Y 方向的偏差量。1、2、3 脚分别为 MOSI、MISO、SCK 作为程序下载口线。单片机由外部有源晶振提供时钟，并增加了外部复位电路，以提高系统的可靠性。

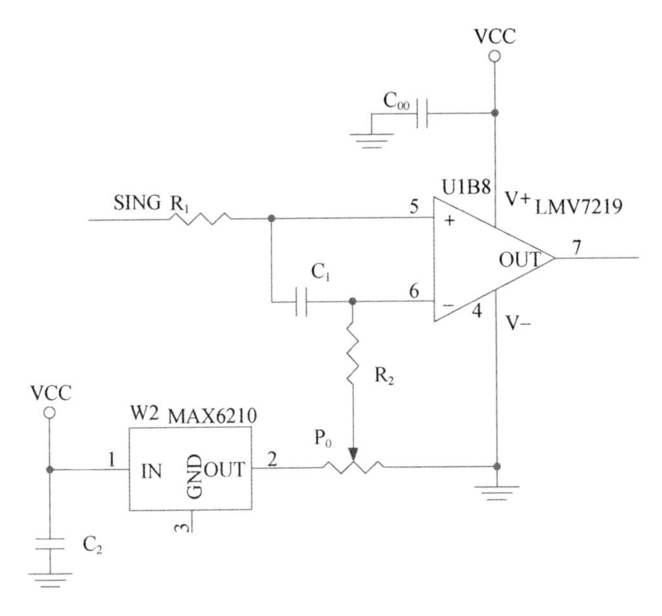

图 7-18 整形电路

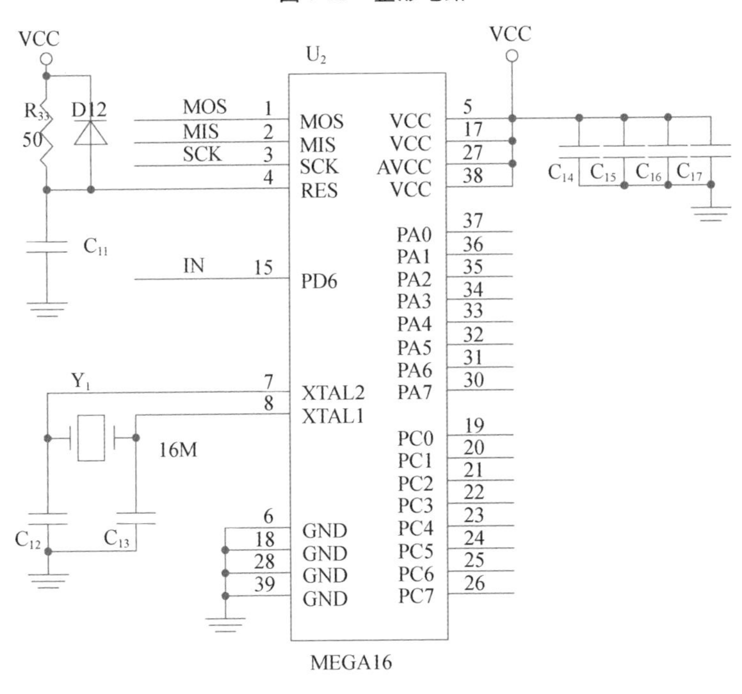

图 7-19 选频及处理单元

电源是电学系统的重要组成，不同的系统对电源的具体要求也是不同的，而电源质量的好坏直接影响到整个系统的性能。电源的稳定性、纹波与噪声的大小是其中两个重要指标，在本系统中，电源是由制导对抗半实物仿真测试系统直接提供的 20V±2V，而激光接收系统所要使用的电源是供给运算放大器使用的±12V，还有供给单片机使用的+5V。

如图 7-20 所示为电源模块电路图，可以把它分成两部分来看。上半部分的作用是把 20V 转换为 5V。其中，WRB2405S-2W 电源模块共有 5 个引脚，1 脚是输入地 AGND，2 脚是电压输入端 Vin，6 脚是电压输出端 Vout，7 脚是输出地 V_0，8 脚是 CS 端。在输入端 2 脚和 1 脚间要求接一电容，而电容的值要根据输入电压而定，一般来讲，当输入电压为 24V 和 48V 时，该处应选 10μF 的电容。CS 端的端子提供了一个连接 DC/DC 转换器输出端与内部主滤波电容的连接点（接电容正极），通过在该端子与第 7 脚端子（接电容的负极）之间接一个小电容可以进一步改善输出纹波和噪声值。对于 2W 及 2W 以上输出功率的产品，在产品的 CS 端与 0V 端之间必须外接一个电容，否则可能造成产品永久损坏（建议使用钽电容）。一般来说，当输出电压为 5V 时，该处应选择 22μf 的电容。输出端 6 脚与地之间的电容 C_3 也是必须接的，该电容的作用是减少输出纹波。若要求进一步减少输入输出纹波，可将电容 C_3 容值适当加大或选用串联等效阻抗值小的电容。一般当产品的工作环境在−40～+85℃时，选择 47μF 的钽电容。下半部分电路的功能是把 20V 转换为±12V。首先在 WRA2412CS 模块输入端加了一个抗干扰滤波器 FILTER2，它主要针对模拟电路中噪声的抑制。经试验证明，加入 FILTER2 后，模块输出端的噪声可以下降到原来的 1/10。WRA2412CS-1W 电源模块的电路连接方法与 WRB2405S-2W 类似，但由于这部分作为模拟电路的电源，所以对抗干扰的要求更高。除在电源模块输入端加抗干扰滤波器外，在模块的输出端又用电子滤波器做了进一步加强[7]。

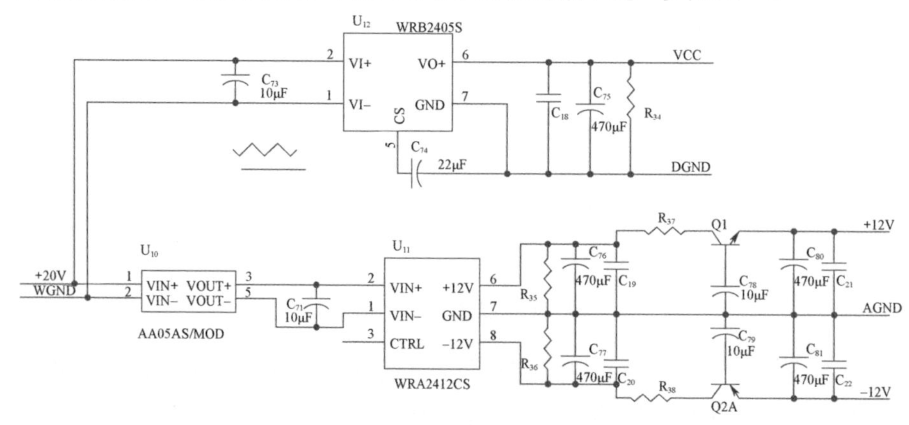

图 7-20　电源模块电路图

5. 硬件电路抗干扰设计

在激光驾束制导对抗测试系统的接收机中，硬件电路中的干扰一般都是以脉冲的形式窜入系统的，其抗干扰包括阳光的抗干扰、供电系统的抗干扰和印制电路设计的抗干扰。

当阳光很强并且在室外进行试验时，接收机与太阳成一定角度，光经聚焦镜头到达光电转换器件时，信号非常大，可能造成光电转换器件发生饱和，且为深度饱和。这样使激光信号无法被提取。对于阳光的干扰问题，系统主要从两方面来进行克服：

(1) 采用光学器件来解决。在接收机镜头上加一个窄带滤波片。原则上讲，滤光片带宽越窄，对抗干扰越有利。但根据实测，激光信号在－40～50℃温度范围内，波长变化量为 17nm，因此，我们选用峰值波长为 1060nm，带宽 40nm，只允许 1040～1080nm 光通过的带通滤光片。这样就使有用的激光信号透过，而无用的阳光信号得到衰减。

(2) 由于阳光分量相对于激光编码信号频率变化缓慢，这里将其视为直流分量，即阳光分量是以低频变化的，我们在放大器的每一级输入端都设置了隔直电容，以此将进入接收机的阳光分量进行低频滤波，减小阳光所产生的噪声。

系统中最严重的干扰来源于电源的污染。电源噪声干扰的主要起因是电源内阻与传输线路内阻，如果没有内阻存在，无论何种噪声都会被电源短路吸收，在线路中不会建立起任何干扰电压。本系统在电路的设计中采用了以下几种抗干扰的方法。

(1) 在电源部分，不仅在电源模块的输入端采用了专用的抗干扰滤波器模块，同时还在输出端使用了电子滤波器作进一步的加强。

(2) 在电路的放大部分，每一级都是一个低通滤波器，尤其在三极限幅放大电路的第一级还增加了一个 RC 环节，使 $f_1 \sim f_5$ 频率信号通过的前提下，截止频率减小，达到减小噪声的目的。

(3) 在每个芯片的电源线上接入一个 0.1μF 的旁路电容，连线应靠近电源端并尽量短，以此来避免噪声的干扰。

(4) 数字地与模拟地一点接地，避免公共阻抗。

印制电路板设计好坏对抗干扰能力影响很大，要求布线尽量简单，符合抗干扰原则。本系统采取了以下几种措施。

(1) 电源线：主电源线和大电流线加粗，电源线和地线的走向尽量与数据传递方向一致。

（2）地线：模拟地、数字地分离，接地线尽量加粗，多点接地；

（3）布线时避免 90°折线，减少高频噪声发射。

（4）尽量避免数据线在走线时出现平行线，使线间的互扰最小，考虑到双面印制板每个过孔产生约 5pF 的等效电容，在走线时尽量用曲线来代替过孔，以减小过孔的数目[8]。

7.3 性能测试

7.3.1 偏振光发射编码模拟试验

在偏振光发射编码模块装配入驾束制导发射机之前，需进行偏振光发射编码试验，其目的是检验发射编码模拟模块中各光电元器件的选择是否可行。尤其是晶体编码器调制信号的稳定性，输出光场特性和晶体的电特性。为制导对抗设备中依托驾束制导发射机的被测装备（如激光驾束制导告警装备）等的测试提供数据分析支撑。发射编码模拟试验如图 7-21 所示。

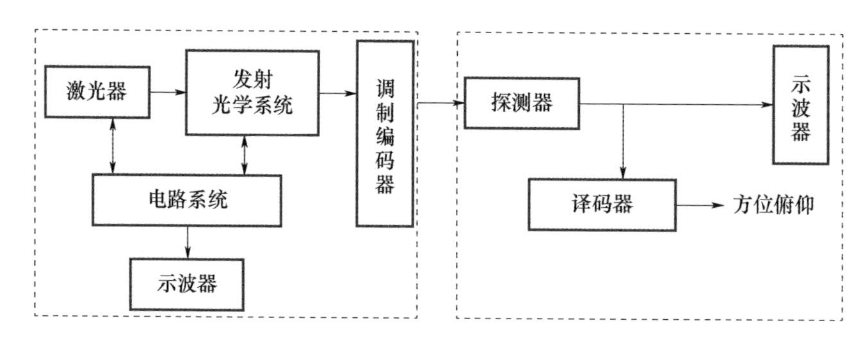

图 7-21 发射编码模拟试验示意图

在室内空间通视的条件下，激光器、发射装置和编码器中心轴线一致，并可调节，接收仪器放在三维接收平台上，接收仪器可上下左右调整，位置也可精确读出。为便于调试，使用氦氖激光器作为光源，发射波长为可见光波段的红光，激光束通过光学发射系统和调制编码器调制成具有空间编码特征的激光信号，接收机首先把光信号会聚到探测器上，探测器再把光信号转换成电信号，电信号通过前置放大器放大并由示波器显示，同时，测量出前置放大器输出信号和噪声的大小，后经译码器译码，最终得出方位和俯仰误差信息。

为了验证编码图形的椭圆度变化状态，即空间偏振编码情况，使起偏方向 $\beta=0$，如图 7-22 所示为偏振光发射编码模拟试验结果，在 xoy 坐标平面上，选取激光束在双泡克耳斯光楔中心（0，0）点入射，连续调节电压 0～500V，每隔 50V 进行测量，测量出对应于每个电压值的输出光矢量的最大值 $I_{\max}$和最小值$I_{\min}$，以及每个最大光强$I_{\max}$和最小光强$I_{\min}$所对应的角度 α。最小光强$I_{\min}$与最大光强$I_{\max}$比值 $f=\dfrac{I_{\min}}{I_{\max}}$，该比值则为对应于双泡克耳斯光楔某确定点输出编码图形的椭圆度。

入射点确定，即 h 为常量，改变调制电压，得到 $\delta\propto E$，即 $\delta\propto U$；则可知入射点确定，电压发生变化对应的每个椭圆度，相当于在光楔两端加固定脉冲电压，在光楔不同高度位置调制的编码图形椭圆度。再依次选择入射点为双泡克耳斯光楔的几个位置，右上处（−2，3.5）、中下处（0，−2）、左下处（2，−2.2），重复上面的步骤。

偏振光发射编码模拟试验结果如图 7-22 所示。图中的实验数据曲线中，以电压 U 为横坐标，最小光强平均值与最大光强平均值的比值 $f=\dfrac{\overline{I_{\min}}}{\overline{I_{\max}}}$为纵坐标，表示相应于一定电压时编码图形的椭圆度，即光束在晶体不同位置入射调制偏振光的椭圆度曲线。

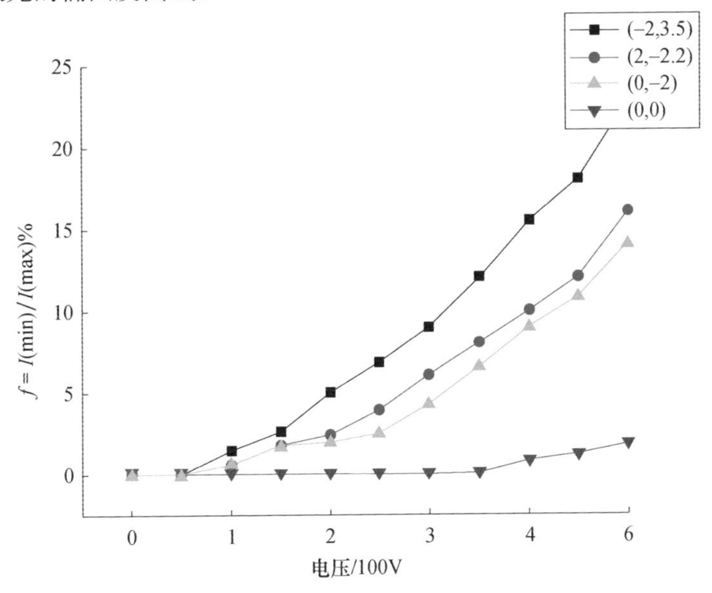

图 7-22　偏振光发射编码模拟试验结果

由上述试验曲线可知，当光束入射到双泡克耳斯光楔的中心位置（0，0）点时，电压从0～500V连续变化，偏振光的椭圆度增加不明显，几乎均接近于线偏振光。这主要由于双泡克耳斯光楔的制造工艺以及试验过程中入射光并未准确地经过双泡克耳斯光楔竖直方向的中心点，即$l_1 \neq l_2$，存在相位差$\delta \neq 0$，所以存在一个很小的相位差，理论上没有达到线偏振光，但排除这些因素的影响，试验结果和理论推算则相符合。

基于图7-22所示的坐标系，在xoy平面上，当激光束入射到双泡克耳斯光楔右上处（−2，3.5）、中下处（0，−2）、左下处（2，−2.2）时，l_1和l_2相差较大，在电压为0时，也存在相位差，随着电压增大，相位差也随之增大，形成了梯度分布的椭圆偏振光。在晶体上的入射点（0，−2）、（2，−2.2）、（−2，3.5）是在y方向上不同高度h情况下，在相同的电压下，光束入射点对应的h值越大，得到的编码图形的椭圆度越大，和上述理论结果相符合。

7.3.2 测试数据采集

激光驾束制导对抗半实物仿真测试系统的光学性能和光电性能必须经过严格的定量测试和分析，才能满足后续的数据分析直至使用，测试内容一般包括：一是激光驾束制导接收系统灵敏度的测试，方法是通过对接收系统输出的数据进行采集，对系统的灵敏度进行计算得出；二是接收系统选频信号的采集，检测检查是否有误选情况，精度是否达到要求，尽量避免误选情况，必须在信号处理阶段解决可能存在的误选情况，倘若出现上述两种情况，都会对偏移量的计算产生影响；三是对模拟接收机定点定焦时指标的测试。

鉴于传统示波器功能比较单一、测试准确度偏差，较之当前的数字式存储示波器，尽管其测试准确度高，且具有较强的数字化处理能力，但是数字示波器通道普遍少，即使具备多通道的功能，价钱也昂贵，并且仪器功能模块固定，不方便用户对仪器进行定义和用户编程。相反，基于数据采集卡，运用软件开发工具，不仅可以使用计算机及其信号采集接口来捕捉信号波形，也能通过图形用户界面对信号完成测量，还可以对多路的实时信号进行同时采集和分析。因此，这里选择DAQP-16数据采集卡作为数据采集工具。

在测试过程中，采集的数据包括接收机的输出参量和选频单元输入输出的信号，接收机最后输出电压范围是±5V，不过系统中要检测的5种频率最高也不超过 25kHz。结合奈奎斯特采样定理：采样频率必须大于 2 倍的信号的最高频率。综上所述以及接收机系统中的 5 种频率的客观需求，DAQP-16 数据采集卡都能满足要求，而且在量程、通道数等各项指标上也都满足测试系统的要求，并且 DAQP-16 数据采集卡能够精确地完成试验中的数据采集任务。

7.3.3 接收机灵敏度测试

接收机灵敏度测试示意图如图 7-23 所示，试验中将模拟接收机固定于距离模拟发射机 200m 的标尺上，标尺所在平面与激光束的传输方向互相垂直。根据试验要求，接收机的位置可在标尺上任意调整。

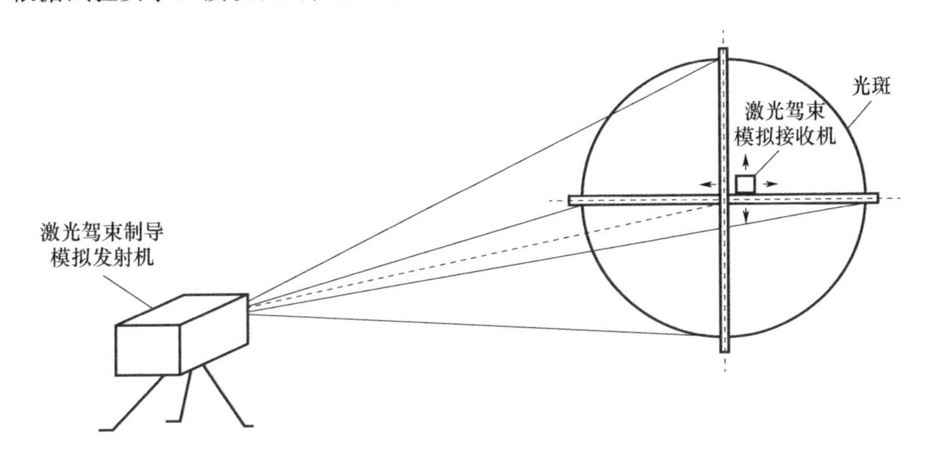

图 7-23　接收机灵敏度测试示意图

在激光驾束制导对抗测试系统中，变焦距系统自动进行变焦。在变焦过程中，垂直于激光传输方向的某一距离的横截面上，激光束的直径是由大向小变化的，单位面积的激光辐照度则是由小向大变化。根据这一原理，就能测量并计算出接收机系统的最小探测功率，即灵敏度。测试过程中，将模拟接收机放在距离模拟激光照射器 200m 处，激光照射器开始全程变焦，同时接收机上电，则光斑直径逐渐减小，而激光辐照度则逐渐增大。当单位面积的激光辐照度值增大到某一程度时，接收机开始工作，这时该值与接收机光学系统的面积相乘即为接收机系统的最小探测功率。

基于以上所述原理，又进行了如下试验，将接收机放在距发射机 200m 标尺零点处进行测量，测试中，变焦起始阶段接收机并没有接收到信号，变焦接近至最大时，接收机才开始工作。此时假设激光能量均匀地分布，这时就可以计算出接收机系统的灵敏度。

设定测试距离为 15m，则在距离驾束制导对抗半实物仿真测试系统 15m 处激光束光斑直径为 0.66m，假定激光束的发散角不变，则随着测试距离的增加，光斑大小随之线性增大。因此 200m 处的光斑面积为 15m 处的 177.8 倍。

当接收机的口径为 20mm，接收机所接收到的激光功率为

$$P_1=P_r\cdot e^{-\mu R}\cdot\frac{\pi\cdot 10^2}{\pi\cdot 3300^2\times 177.8}\tag{7-35}$$

大气衰减系数 $\mu=0.21$，$R=0.2$km，所以接收机所能探测到的最小激光功率为

$$P_1=4.08\text{nW}\tag{7-36}$$

即激光驾束制导对抗测试系统的接收机灵敏度为 4.08nW，满足指标要求。

7.3.4 选频信号测试

根据解码原理，本质上讲方位和俯仰的误差只与各个频率的持续时间τ_1、τ_2、τ_3、τ_4相关，因此只需要把各个频率持续时间测量或计算出来即可，而不需要把真实的偏离误差计算出来，其中各自频率持续时间由光脉冲宽度来反映，严格地讲频率f_1、f_2、f_3、f_4脉冲激光信号的持续时间是随着模拟接收机偏离控制场的距离变化而不同。这样，根据激光接收机接收到的不同频率的激光信号以及该信号持续时间的长短就可以判断此时弹体偏离控制场中心位置的偏离程度信息。选频就是计算出每种频率的持续时间，考虑到电机转动过程中转速不稳，会使穿过码盘的激光编码信号频率也不稳，这就会因为带动码盘旋转的直流电机的转动精度有限，而导致某些频率的值会发生误差，以至于影响对脱靶量精度的计算。所以，在信号处理过程中，允许各个测量频率存在一定范围的误差，经过大量的试验验证和总结，选取频率为 10%的误差能够满足要求。比如，计算f_1频率的持续时间，在±5%范围内的频率值都算作是f_1。

试验中，选取频率误差为 10%时，将接收机放在距制导仪 60m 的标尺上某一位置。从图 7-24 中可以看出，没有出现误选现象，说明在软件中对频率的处理和程序中所采取的抗干扰措施起到了很好的效果，进一步验证了选频情况良好。

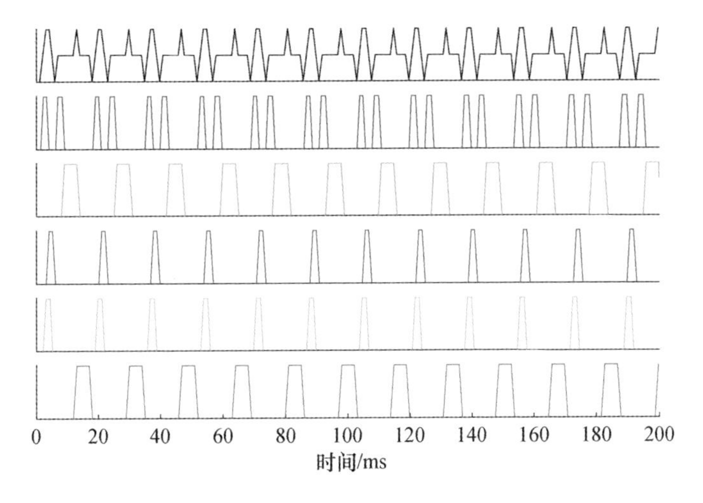

图 7-24　选频信号测试波形

7.3.5 定点定焦测试

为了对目标偏移量信号进行定量分析，现将模拟接收机放置在距离模拟激光照射器 200m 处。接收机定点测量数据表如表 7-4 所列。

表 7-4　接收机定点测量数据表

距离/m	接收机位置		理论值		实测值	
	左右/m	高低/m	Z/V	Y/V	Z/V	Y/V
200	0.1		0.19		1.76	
	0.2		0.37		3.70	
	0.27		0.5		5.00	
	0		0		−0.11	
	−0.1		−0.19		−1.92	
	−0.2		−0.37		−3.85	
	−0.27		−0.5		−4.90	
		0.1		0.19		0.2
		0.2		0.37		0.41
		0.27		0.5		0.5
		0		0		0.02
		−0.1		−0.19		−0.17
		−0.2		−0.37		−0.36
		−0.27		−0.5		−0.5

从实测的数据可以看出，所有的测量值与理论值都有一定的偏差，而在高低方向上的偏差明显大一些，不过总体趋势是正确的，可以接受的，分析主要原因判断是在于200m处的高低瞄准有偏离，距离近时效果则趋于良好。

7.4 激光驾束制导对抗半实物仿真测试系统应用

针对激光制导对抗半实物仿真测试系统在光电对抗装备测试中的应用，开展了一系列室内外试验，包括针对激光驾束制导告警装备、连续激光干扰装备的性能测试。

7.4.1 激光驾束制导告警测试应用

在测试中，参照了国军标的相关要求，利用激光制导对抗半实物仿真测试系统，完成对激光告警设备的告警波长、告警概率、告警抗干扰、告警虚警率等指标的测试和分析。

1. 告警波长测试

告警波长测试是在实验室内完成的。由于在激光驾束制导对抗测试系统中，发射机出射的激光功率较高（最高1W）。因此，在室内短距离条件下，发射机出射光直接入射至激光告警头会造成装备的探测模块损伤。为此，测试试验中采用了激光衰减片，激光驾束制导告警波长测试原理如图7-25所示。

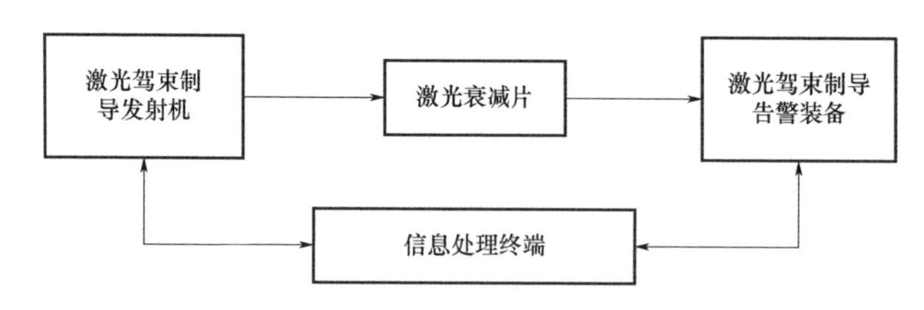

图7-25　激光驾束制导告警波长测试原理

在测试中将激光驾束制导对抗测试系统中的发射机用作激光源，激光出口处加20dB衰减片，模拟远距离探测情况。其测试步骤如下：

（1）按图7-25连接各个装备和系统，并通过信息处理终端，将激光驾束制导照射器参数设置好；

（2）在激光驾束制导照射器的出口处加吸收型衰减片，经衰减的激光辐射亮度应为激光驾束制导动态范围内的中等辐射亮度，通过亮度计监测；

（3）将激光驾束制导照射器的出射激光依次对准激光告警装备的各个光学窗口，发射激光信号，将激光告警装备对 1.06μm 激光信号的告警情况进行记录；

（4）通过信息处理终端，接收激光驾束制导照射器和对被测的激光驾束制导告警装备数据，进行分析，评估测试结果。

告警波长测试记录如表 7-5 和表 7-6 所列。

表 7-5　告警波长测试记录（码盘调制）

告警装备通道序号	测试次数							
	第 1 次	第 2 次	第 3 次	第 4 次	第 5 次	第 6 次	第 7 次	第 8 次
1	√	√	√	√	√	√	√	√
2	√	√	√	√	√	√	√	√
3	√	√	√	√	√	√	√	√
4	√	√	√	√	√	√	√	√
5	√	√	√	√	√	√	√	√
6	√	√	√	√	√	√	√	√
7	√	√	√	√	√	√	√	√
8	√	√	√	√	√	√	√	√
9	√	√	√	√	√	√	√	√
10	√	√	√	√	√	√	√	√
11	√	√	√	√	√	√	√	√
12	√	√	√	√	√	√	√	√
13	√	√	√	√	√	√	√	√
14	√	√	√	√	√	√	√	√
15	√	√	√	√	√	√	√	√
16	√	√	√	√	√	√	√	√
17	√	√	√	√	√	√	√	√
18	√	√	√	√	√	√	√	√
19	√	√	√	√	√	√	√	√
20	√	√	√	√	√	√	√	√

表 7-6　告警波长测试记录（空间偏振编码调制）

告警装备通道序号	测试次数							
	第 1 次	第 2 次	第 3 次	第 4 次	第 5 次	第 6 次	第 7 次	第 8 次
1	√	√	√	√	√	√	√	√
2	√	√	√	√	√	√	√	√
3	√	√	√	√	√	√	√	√
4	√	√	√	√	√	√	√	√
5	√	√	√	√	√	√	√	√
6	√	√	√	√	√	√	√	√
7	√	√	√	√	√	√	√	√
8	√	√	√	√	√	√	√	√
9	√	√	×	√	√	√	√	√
10	√	√	√	√	√	√	√	√
11	√	√	√	√	√	√	√	√
12	√	√	√	√	√	√	√	√
13	√	√	√	√	√	√	√	√
14	√	√	√	√	√	√	√	√
15	√	√	√	√	√	√	√	√
16	√	√	√	√	√	√	√	√
17	√	√	√	√	√	√	√	√
18	√	√	√	√	√	√	√	√
19	√	√	√	√	√	√	√	√
20	√	√	√	√	√	√	√	√

注：×为无告警输出；√为有告警输出。

从表 7-5 和表 7-6 中可以看出，测试的激光驾束制导告警装备在发射机光源分别使用码盘调制和空间偏振编码调制时，除第 9 通道第 3 次测试未能告警外（经分析，试验时光束可能未对准原因），其余每个通道在 8 次测试中都可对其进行告警。激光驾束制导照射器的出射光为 1.06μm 激光，因此，被测激光驾束制导告警装备的告警波长为 1.06μm。

2. 告警探测概率测试

在告警探测概率测试过程中，通过在激光驾束制导照射器前端加上不同衰减比的衰减片，并应用驾束制导光束远距离传输特征反演技术，进行了远近不同距离的告警探测概率测试。激光驾束制导告警探测概率测试原理如图 7-26 所示。

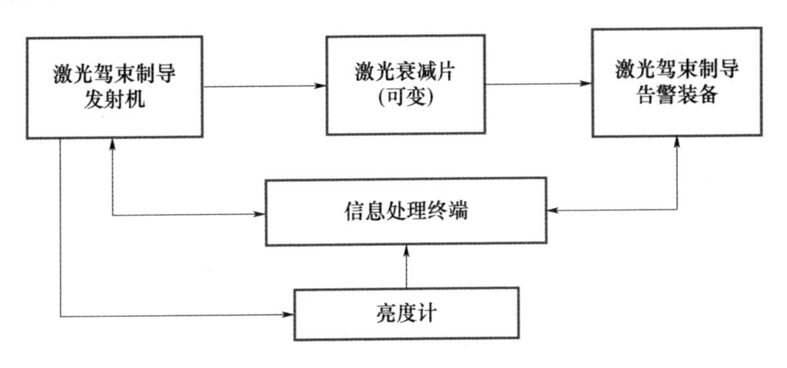

图 7-26　激光驾束制导告警探测概率测试原理

图 7-26 中激光驾束制导对抗测试系统中的发射机为激光源，激光出口处分别加 10～40dB（间隔 5 dB）衰减片，模拟远近不同距离的探测情况。其测试步骤如下：

（1）按图 7-26 所示，连接各个装备和系统，并通过信息处理终端，设置好激光驾束制导照射器参数，选择激光编码方式；

（2）激光驾束制导照射器出口处加吸收型衰减片，经衰减的激光辐射亮度应不超过激光驾束制导告警装备损伤阈值，其亮度实时通过亮度计监测；

（3）信息处理终端根据亮度计读取的发射机激光亮度值，估算告警距离，并应用驾束制导光束远距离传输特征反演算法，控制激光驾束制导照射器所发射的光斑特征；

（4）将激光驾束制导照射器的出射激光对准激光告警装备的各个光学窗口，发射激光信号，将激光告警装备对各个窗口激光信号的告警情况进行记录；

（5）按照 10～40dB，间隔 2dB 的顺序更换衰减片，重复试验步骤（1）～（4）；

（6）通过信息处理终端，接收激光驾束制导照射器和对被测的激光驾束制导告警装备数据，进行分析，评估探测概率测试结果。

数据处理步骤如下：

（1）统计告警响应次数 N_1 和激光源发射批次 N_2。

（2）按下式计算探测概率：

$$P = N_1 / N_2 \times 100\%$$

（3）测几组数据并处理后，取平均值为探测概率。

激光驾束制导告警探测概率测试试验照片如图 7-27 所示。

图 7-27 激光驾束制导告警探测概率测试试验照片

其中，在 30dB 时，码盘调制时告警概率测试如表 7-7 所列，空间偏振编码调制时告警概率测试结果如表 7-8 所列。

表 7-7 码盘调制时告警概率测试结果

告警装备通道序号	告警次数 N_f	漏报次数 A	告警探测概率（N_f-A）/N_f×100%
1	50	0	100%
2	50	0	100%
3	50	0	100%
4	50	0	100%
5	50	1	98%
6	50	0	100%
7	50	0	100%
8	50	0	100%
9	50	1	98%
10	50	0	100%
11	49	1	98%
12	49	0	100%
13	50	0	100%

续表

告警装备通道序号	告警次数 N_f	漏报次数 A	告警探测概率（N_f-A）/N_f×100%
14	50	0	100%
15	50	0	100%
16	49	1	98%
17	50	0	100%
18	50	0	100%
19	50	0	100%
20	50	0	100%

表 7-8　空间偏振编码调制时告警概率测试结果

告警装备通道序号	告警次数 N_f	漏报次数 A	告警探测概率（N_f-A）/N_f×100%
1	50	0	100%
2	50	0	100%
3	50	1	98%
4	50	0	100%
5	50	0	100%
6	50	0	100%
7	50	0	100%
8	50	0	100%
9	50	0	100%
10	50	0	100%
11	49	0	100%
12	49	0	100%
13	50	0	100%
14	50	0	100%
15	50	1	98%
16	49	0	100%
17	50	0	100%
18	50	0	100%
19	50	0	100%
20	50	0	100%

注：衰减片 30dB，对应模拟的告警距离 2km。

由表 7-7 和表 7-8 测试记录结果可以看出，所测试的激光驾束制导告警装备各通道在衰减片为 30dB 时，50 次探测概率优于 98%，即 2km 时的总探测概率约为 99.6%。

衰减片总共更换了 16 次，用于模拟 500～10000m 距离的激光驾束制导告警探测概率。激光驾束制导告警探测概率测试试验曲线如图 7-28 所示。

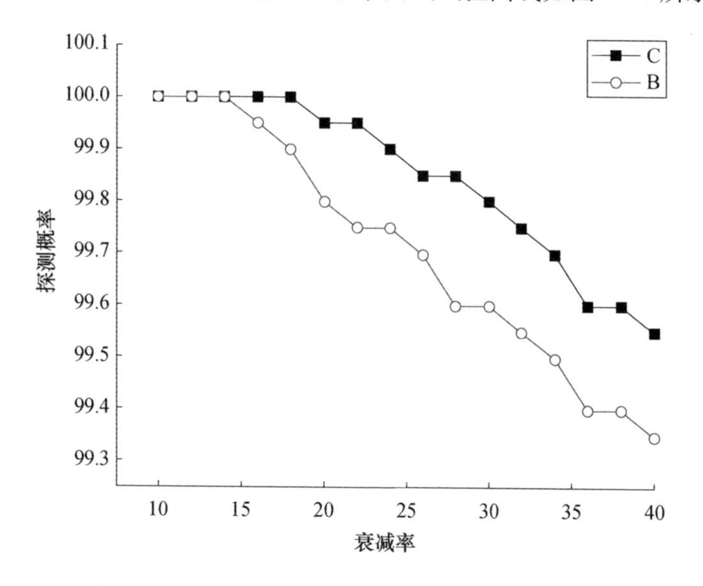

图 7-28　激光驾束制导告警探测概率测试试验曲线

图 7-28 中，B 为码盘调制时的告警探测概率，C 为空间偏振调制时的告警探测概率。从中可以看出，激光驾束制导告警装备告警效果良好，在 500～10000m 距离告警时，探测概率均高于 99%。随着告警距离的增加，探测概率逐渐降低。试验不仅验证了在激光驾束制导对抗测试系统中，光束远距离传输特征反演算法用于探测概率测试的有效性。此外，通过测试可知，该型激光驾束制导告警装备更适用于对采用空间偏振编码方式的激光驾束制导武器实施告警。

3. 告警抗干扰测试

现代战场条件下，激光驾束制导告警装备所处作战环境将十分恶劣，各种光电干扰十分严重。为此，需对告警装备的抗干扰性能进行测试。激光驾束制导告警抗干扰测试原理如图 7-29 所示。

在测试中，用强光手电在激光告警装备旁持续工作，该强光手电具有连续、慢脉冲、快脉冲三种工作模式。试验中应用这三种工作模式，每次持续 2min，测试 10 次，检测告警系统是否有虚警。

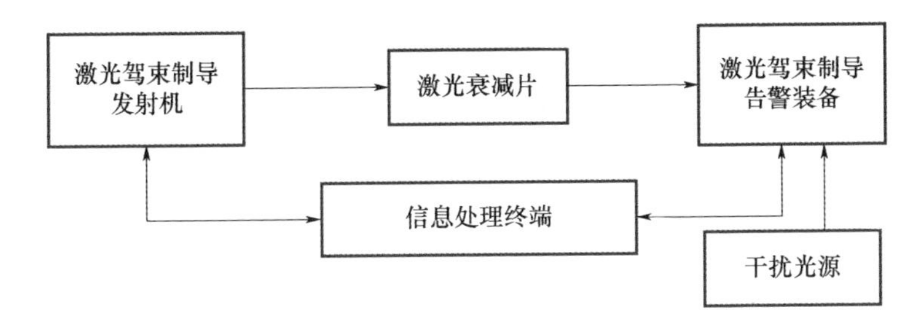

图 7-29 激光驾束制导告警抗干扰测试原理

其中，连续模式时告警系统抗干扰测试结果如表 7-9 所列。

表 7-9 告警系统抗干扰测试结果

测试次数	1	2	3	4	5	6	7	8	9	10
测试结果	√	√	√	√	√	√	√	√	√	√

注：√为无虚警，×为有虚警。

强光手电在对告警装备进行照射的同时，使用信息处理终端采集了告警装备中探测器输出的电压波形，如图 7-30 所示。

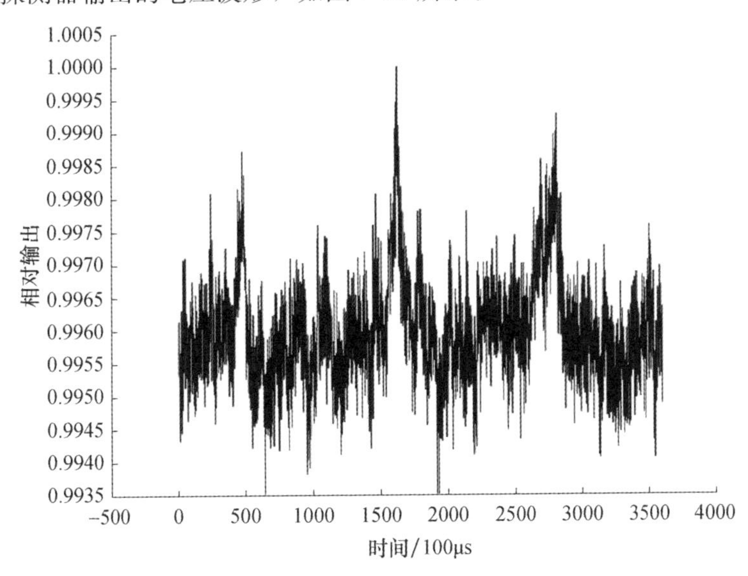

图 7-30 激光驾束制导告警装备在受干扰时的输出波形

从图 7-30 中可以看出，告警装备即使在收到干扰时，探测器输出电压信号的不确定度优于 0.036%，即干扰光对输出造成的影响可以忽略不计。

通过三种模式的干扰试验可以看出，当激光驾束制导对抗测试系统上的

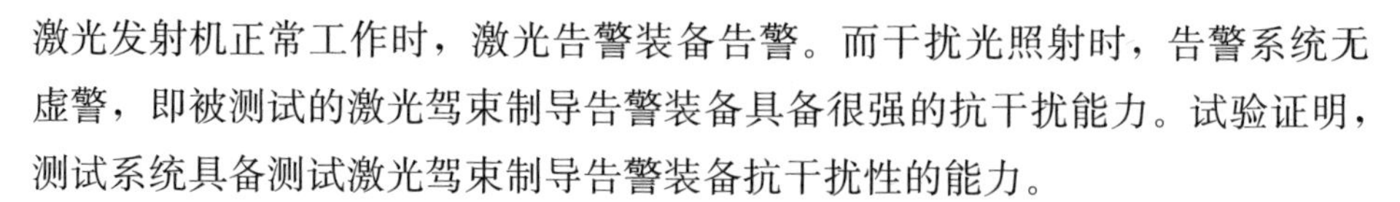

激光发射机正常工作时，激光告警装备告警。而干扰光照射时，告警系统无虚警，即被测试的激光驾束制导告警装备具备很强的抗干扰能力。试验证明，测试系统具备测试激光驾束制导告警装备抗干扰性的能力。

4. 告警虚警率测试

激光告警装备在测试过程中没有出现虚警情况。

由测试结果可知，该型激光告警装备具有较好的性能，符合设计要求。

以上试验说明，激光制导对抗半实物仿真测试系统可提供对激光驾束制导告警装备的综合测试功能，效果良好。

7.4.2 激光驾束制导干扰测试应用

在激光驾束制导干扰测试应用环节，采用对某型用于激光驾束制导干扰的连续激光干扰装备进行性能测试。

试验中，对其连续激光参数、室内外干扰特性等进行了测试。

1. 连续激光参数测试

为评估激光驾束制导干扰装备的性能，需要在信息处理终端中输入其激光参数。为此，使用光电参数通用测试设备，测试了其光束质量和功率稳定性等参数。

激光驾束制导干扰装备光束质量测试原理如图 7-31 所示。

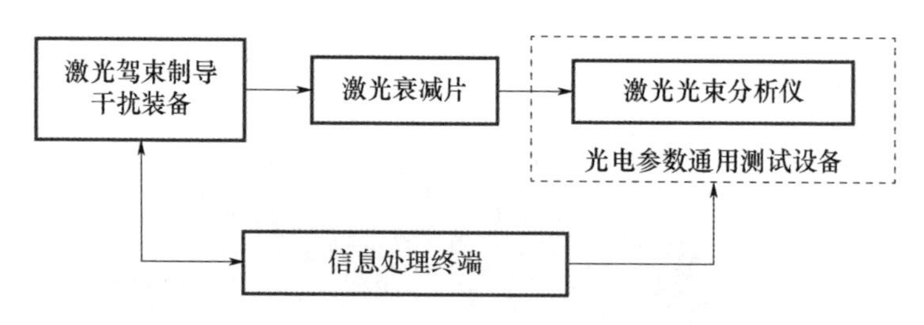

图 7-31　激光驾束制导干扰装备光束质量测试原理

在测试中，信息处理终端用于设置激光驾束干扰装备参数，并接收激光光束分析仪的数据。衰减比为 40dB 的衰减片用于使得干扰装备出射激光功率降到激光光束分析仪的损伤阈值之内。

测试步骤如下：

（1）按图 7-31 所示放置参试设备；

（2）选取 50dB 的衰减片放入测试光路，使得激光光束分析仪在其动态范围内工作；

（3）利用激光光束分析仪，接收激光驾束干扰装备所发射的激光，进行光束质量分析。

如图 7-32 所示为激光驾束制导干扰装备光束质量的测试结果。

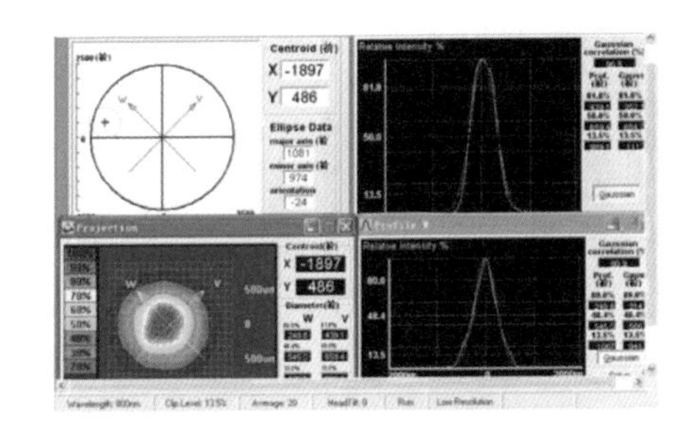

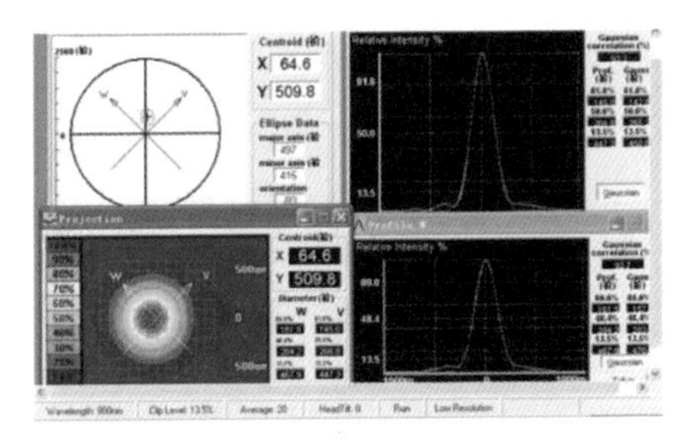

图 7-32　激光驾束制导干扰装备光束质量的测试结果

从图 7-32 中可以看出，被测试的激光驾束制导干扰装备的光束质量较好，特别是其光斑中心能量集中，有助于提高对制导装备的干扰能力。

激光驾束制导干扰装备发射光功率稳定性测试原理如图 7-33 所示。

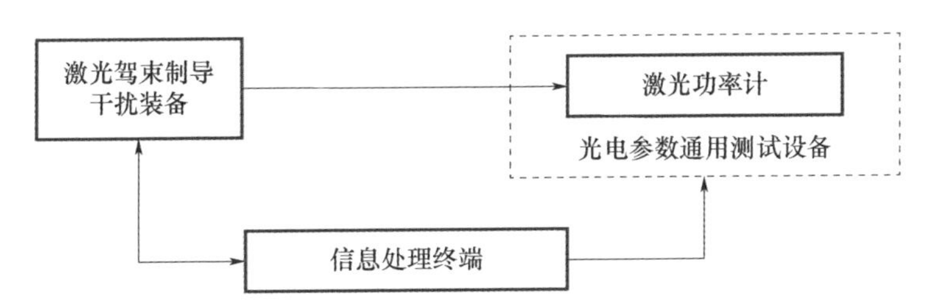

图 7-33　激光驾束制导干扰装备发射光功率稳定性测试原理

在测试中，使用了光电参数通用测试设备中的高功率探头，测试光功率；信息处理终端利用其数据采集接口，实时采集激光功率计输出的电信号，并对其进行稳定性分析，输出稳定性测试曲线。

测试步骤如下：

（1）按图 7-33 所示放置参试设备；

（2）仔细调整激光驾束制导干扰装备的发射光束方向，使得其出射光完全进入激光功率计探头内；

（3）利用信息处理终端，接收功率计所输出的信号值，进行稳定性分析。

如图 7-34 所示为激光驾束制导干扰装备发射光功率稳定性的测试结果。其中，纵坐标为干扰激光的相对功率值，横坐标为干扰激光的功率的测量时间。

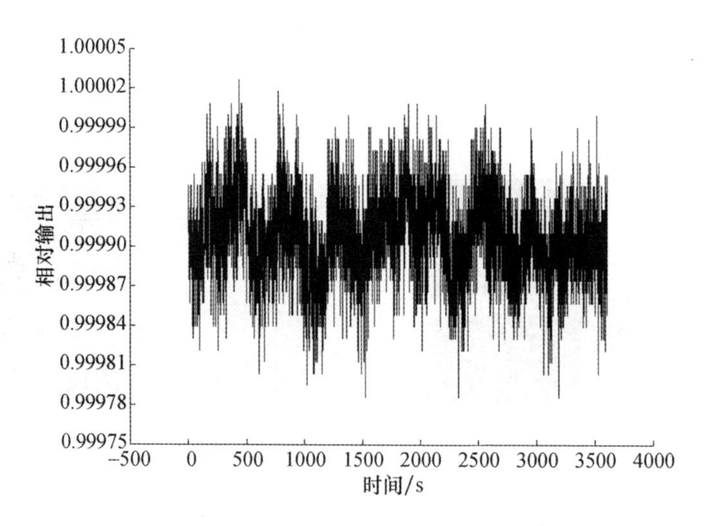

图 7-34　激光驾束制导干扰装备发射光功率稳定性的测试结果

上述测试结果表明，被测的激光驾束制导干扰装备的光束质量和功率稳定性可由光电参数通用测试设备和信息处理终端进行测试，从而为装备的干扰效果测试提供基础数据支持。

2. 室内激光驾束制导干扰装备性能测试

室内激光驾束制导干扰装备性能测试原理如图 7-35 所示。

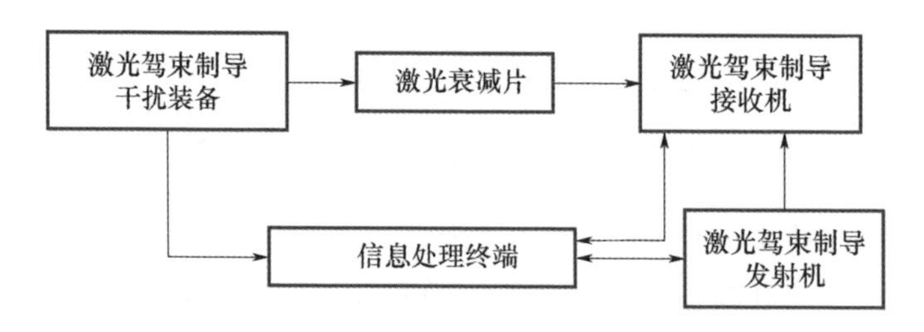

图 7-35　室内激光驾束制导干扰装备性能测试原理

其测试步骤如下：

（1）如图 7-35 所示，连接各个装备和系统，并通过信息处理终端，设置好激光驾束制导接收机参数，选择激光解码方式；

（2）将吸收型衰减片按图示放入测试光路中，衰减后的激光辐射亮度应不超过激光驾束制导接收机的物理损伤阈值，其亮度实时通过光电参数通用测试设备中的亮度计进行实时监测；

（3）信息处理终端根据亮度计读取的干扰装备激光亮度值，估算干扰距离，并设置激光驾束制导对抗测试系统中发射机和接收机的编解码模式；

(4) 将激光驾束制导照射器的出射激光对准接收机光学窗口，不间断地发射激光信号，记录接收机输出数据，在激光驾束制导工作过程中，被测的干扰装备不间断对激光驾束制导接收机实施干扰；

(5) 通过信息处理终端，接收激光驾束制导接收机的输出数据，进行分析，评估干扰效果。

如图 7-36 和图 7-37 所示为激光驾束制导接收机分别在空间偏振编解码和码盘编解码模式工作时的干扰效果曲线。图中，横坐标为测量时间，纵坐标为驾束制导接收机输出信号波动值。

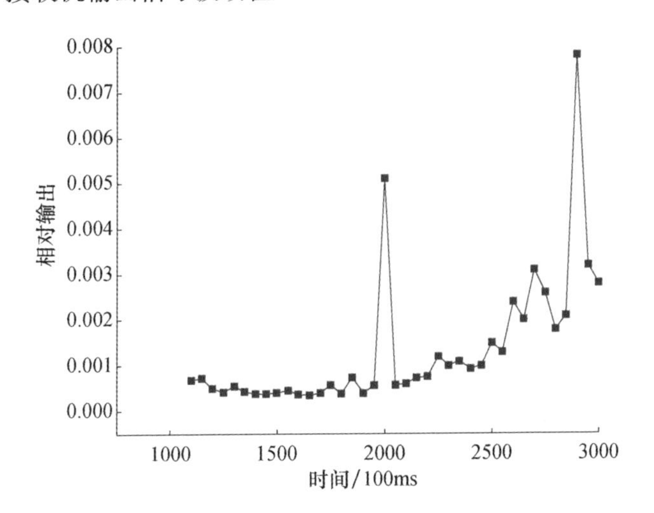

图 7-36 激光驾束制导接收机在受干扰时的输出（空间偏振编解码）

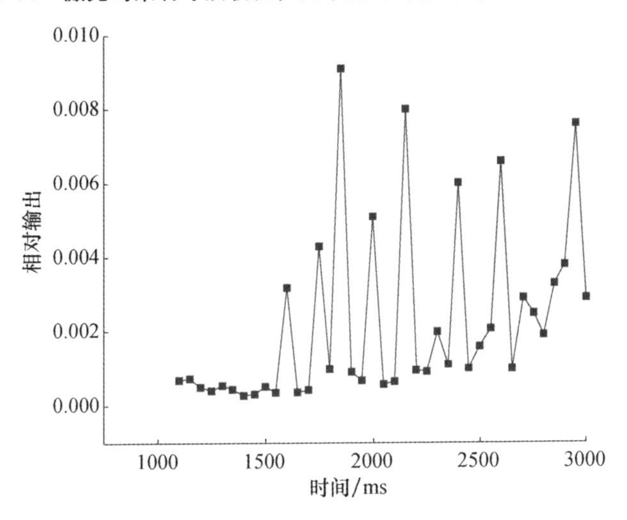

图 7-37 激光驾束制导接收机在受干扰时的输出（码盘编解码）

从图 7-36 和图 7-37 中可以看出，经信息处理终端分析，在空间偏振编解码模式下，激光驾束制导接收机出现两次信号异常，在码盘编解码模式下，出现了 8 次信号异常。

试验表明，被测试的激光驾束制导干扰装备对码盘模式工作的激光驾束制导装备干扰效果优于空间偏振模式工作的制导装备，这也证明了采用空间偏振模式工作的激光驾束制导装备具有较优的抗干扰性能。

3. 外场激光驾束制导干扰装备性能测试

外场激光驾束制导干扰装备性能测试目的是在一定距离处使用激光驾束制导干扰装备照射激光驾束制导接收机，并通过在干扰装备前端加上不同衰减比的衰减片，模拟不同的干扰距离，验证被测试的激光干扰装备在野外条件下，是否可对一定参数设置条件下的激光制导系统进行有效干扰。

天气条件：晴，能见度 15km。

被试设备：激光驾束制导干扰装备。

主要测试设备：激光驾束制导对抗测试系统、示波器、亮度计、激光衰减片、信息处理终端。

外场激光驾束制导干扰装备性能测试试验照片如图 7-38 所示。

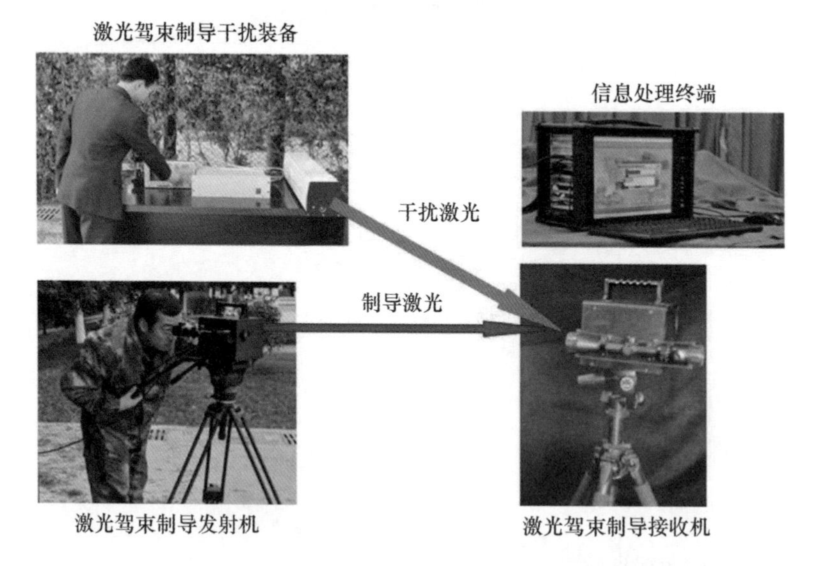

图 7-38　外场激光驾束制导干扰装备性能测试试验照片

此外，在激光驾束制导干扰装备的激光出口处分别加 20～60dB（间隔 5dB）衰减片，其对应干扰测试距离 0.5～10km，其测试步骤如下：

(1) 如图 7-38 所示，完成试验准备，使得测试与被测装备之间满足通视要求；

(2) 利用测距机测量制导干扰装备与接收机、发射机与接收机之间的距离满足 500m 要求；

(3) 利用激光驾束制导接收机、发射机上的望远镜，仔细调整接收机和发射机的位置，使其激光出射面对准激光接收面；

(4) 同样，在被测干扰装备上架设望远镜，仔细调整干扰装备位置，使其激光出射面对准接收机的激光接收面；

(5) 通过信息处理终端，设置好激光驾束制导接收机参数，选择激光解码方式；

(6) 将吸收型衰减片按图示分别放入制导干扰装备和发射机的激光出射口前端，其亮度实时通过光电参数通用测试设备中的亮度计进行实时监测；

(7) 信息处理终端根据亮度计读取的激光亮度值，估算干扰距离，并设置激光驾束制导对抗测试系统中发射机和接收机的编解码模式；

(8) 激光驾束制导照射器和制导干扰装备同时发射激光信号，记录接收机输出数据；

(9) 按照 20～60dB，间隔 5dB 的顺序更换衰减片，重复试验步骤 (1) ～ (8)；

(10) 由信息处理终端接收激光驾束制导接收机的输出数据，对干扰效果进行分析评估。

外场激光驾束制导干扰装备性能测试试验数据如表 7-10 所列。

表 7-10　外场激光驾束制导干扰装备性能测试数据

衰减片的衰减比/dB	模拟干扰距离/km	接收机输出异常信号个数	
		空间偏振模式	码盘模式
20	0.5	128	197
25	0.7	112	176
30	1.2	107	165
35	2.3	98	136
40	4.1	76	119
45	6.6	53	88
50	10	21	56

注：接收机输出信号异常表示接收机信号紊乱，无法准确解算目标方位将其绘制为图形，如图 7-39 所示。

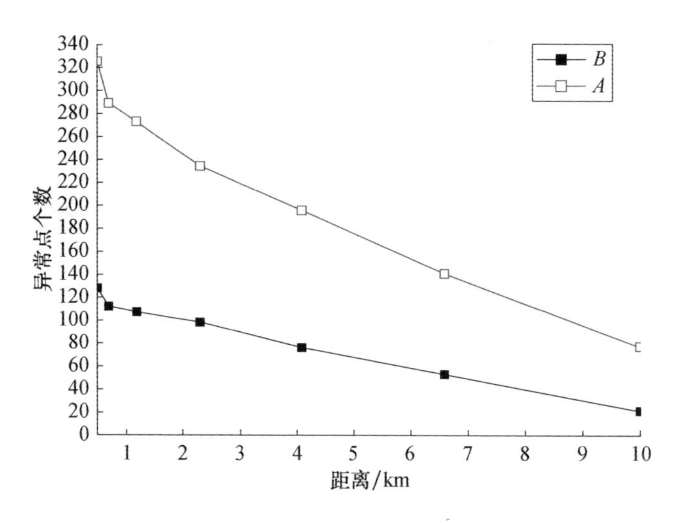

图 7-39 外场激光驾束制导干扰装备性能测试中的异常点

图 7-39 中，x 轴为模拟距离，y 轴为异常点个数，B 为空间偏振模式下的异常点，A 为码盘模式下的异常点。从图中可以看出，被测试的激光干扰装备对 10km 以内的驾束制导系统都可实施干扰（激光干扰装备工作距离一般为 3～7km），其干扰成功率随着干扰距离的增加而降低。

7.4.3 激光驾束制导对抗半实物仿真测试系统应用前景

激光制导武器的出现已有 50 余年。首次由美国在越南战场上使用，用于炸毁像清水河大桥那样的大型目标，其性能即使瞄准稳定目标也会多次脱靶。到了 20 世纪 90 年代初的海湾战争，制导武器已有了长足的发展。以美国为首的多国部队使用了新一代激光制导系统，在对伊拉克的空中打击中达到很高精度。例如，在轰炸伊军防空指挥部时，F117A 投掷的激光制导炸弹，通过屋顶上的通风洞进入室内燃炸。在一次攻击伊空军基地时，一枚激光制导炸弹精确命中飞机掩体，使里面的飞机发生爆炸[9]。利用激光制导武器攻击重要的点状目标，其命中率远高于昂贵的饱和轰炸，效费比大为提高。这种技术革命已改变了现代战争的局面，开辟了现代战争的新纪元。战争对各种武器系统的最基本的要求就是要“准”。因此，现在无论哪一种先进的科学技术问世都会被用到精确制导领域试用一番。目前，各种新型电视制导、红外成像制导、毫米波制导和激光制导武器不断出现。但从综合制导武器的经济性及作战能力，以及当前的科技工业水平诸方面权衡，激光制导武器因其结构简单、对信息处理系统要求比较低、价格便宜而明显地处于领先的地位[10]。

激光制导分为激光驾束制导和激光寻的制导。激光驾束制导是激光束到哪，导弹就到哪；激光寻的制导可分为激光主动寻的和激光半主动寻的制导，其中激光半主动寻的制导是目前激光武器应用最广泛、最成熟的技术。

为了满足激光制导武器的研制、鉴定、测试和评估等工作的需求，国内一些相关科研院所在激光制导武器的半实物仿真系统研究领域做了一些工作。目前，国内建立的关于激光半主动制导武器以及光电对抗的半实物仿真系统，多数是用于激光半主动制导武器的导引头和控制系统的性能测试。如风标式激光制导炸弹的半实物仿真系统，其主要功能是通过建立激光导引头测试环境，检测导引头的静态和动态性能参数，研究导引头的参数变化对系统性能的影响和激光制导武器的战术指标[11]。北京理工大学研制的激光半主动制导导弹的半实物仿真试验系统，其主要功能是通过半实物仿真系统进行模拟打靶，考核直接影响炸弹制导系统动态特性和制导精度的各部件和子系统的性能，为武器系统的性能评定提供了重要的依据[12]。

在国外，美国、俄罗斯、以色列和日本等发达国家，都非常重视半实物仿真技术在激光制导相关测试领域的应用研究，其中美国最为典型。美国得克萨斯仪器公司最早建立了激光制导飞行器的半实物仿真系统，并为后继系统的研制提供了设计蓝本。该仿真系统由混合计算机（由两台 EAI681 模拟计算机、一台 Gould SEL 32/87 数字计算机和一套 HYSHARE 连接系统组成）、目标产生器（由激光器、强度控制器、反射镜和漫反射屏组成）、三轴转台（即卡柯电子公司 S-450R-3 型仿真平台）、作动器加载台等组成。主要用于比例激光导引头的半实物仿真，以及进行导弹作动器控制系统的实验[5]。此外，Harry Diamond 实验室为美国陆军 OTEA（operation test and evaluation agency）研制了一套 LATHES（laser terminal homing engagement simulator）系统，主要用于激光制导武器的联合作战测试和使用人员的培训工作。近年来，世界各国都正在竞相将此类半实物仿真系统进行更加广泛的升级以适应未来更先进的激光导引头的研制。

目前，激光驾束制导对抗技术已大量应用于装备，也出现多种类型激光制导对抗武器装备。军内外等多家单位都先后开展了相关技术研究工作，但缺乏完善的测试系统对研制的样机系统或装备进行系统级综合测试，激光驾束制导对抗半实物仿真测试系统可作为检验激光制导对抗装备及其系统在非破坏、可重复的实验室测试条件下的评估手段。将设计好的激光制导对抗装备实物引入仿真测试回路，可检测和考核其内部光电系统接收目标信息、对抗目标和抗干扰等能力，是激光制导对抗装备研制中的有力工具。为激光制导对抗装备的原理研究、性能评价等提供经济、安全、精确、可控制和可重复的半物理仿真实验条件，对装备在研制、开发、生产过程中，缩短研制周期，节省经费，提高产品性能和质量等方面有着重要意义[13]，也可以用于相关生产部门和使用部门进行性能测试和装备完好性检测，为激光制导对抗装备的研制及应用提供技术支撑。

参考文献

[1] 何颖君．激光驾束制导中空间偏振编码技术及其调制器性能研究［D］．成都：电子科技大学，2006.

[2] 王会峰，张文革，王金娜．激光驾束制导仪光信息场模拟测试技术［J］．激光与红外，2011（09）：37-41.

[3] 李云霞，刘敬海，赵尚弘，等．激光驾束制导光场信息的模拟技术［J］．光子学报，2003（04）：12-14.

[4] 杨利红，柯熙政，赵振杰．基于电光晶体的激光 PPM 偏振调制设计［J］．电子测量技术，2010，（08）：24-27.

[5] 华韡．激光驾束制导仿真测试系统的研究［D］．南京：南京理工大学，2008.

[6] 张传熙．二维偏振编码信号设计与检测技术研究［D］．南京：南京理工大学，2009.

[7] 徐飞飞．激光驾束制导的辐射接收技术［D］．长春：长春理工大学，2008.

[8] 张培铭．XY 工作台实验教学型数控仿真系统研制［D］．长春：东北大学，2009.

[9] 姚勇．光电技术在海湾战争中的作用［J］．红外与激光技术，1992（03）：17-20.

[10] 冯汝鹏，钟德平，法永波．用三轴转台测量激光导引发射、接收视场角数据处理问题的探讨［J］．中国惯性技术学报，2004（04）：67-71.

[11] 张金生，王仕成，徐萍，等．激光制导武器仿真系统设计与研制［J］．电光与控制，2005（02）：59-63.

[12] 贾宏进．激光半主动制导目标指示模拟器的研制［D］．长沙：国防科学技术大学，2003.

[13] 李保中，韩邦杰，李艳晓．光电系统半实物仿真系统技术概述［J］．电光与控制，2010（04）：34-37.